固废与生态材料

王栋民　刘　泽◎主　编

中国建材工业出版社

北　京

图书在版编目（CIP）数据

固废与生态材料 / 王栋民，刘泽主编． —— 北京 ：
中国建材工业出版社，2023.10
ISBN 978-7-5160-3828-4

I．①固… II．①王… ②刘… III．①固体废物利用
②生态型－功能材料 IV．①X705②TB34

中国国家版本馆CIP数据核字（2023）第179892号

固废与生态材料
GUFEI YU SHENGTAI CAILIAO

王栋民　刘　泽　主编

出版发行：中国建材工业出版社
地　　址：北京市海淀区三里河路11号
邮　　编：100831
经　　销：全国各地新华书店
印　　刷：北京印刷集团有限责任公司
开　　本：710mm×1000mm　1/16
印　　张：17.5
字　　数：290千字
版　　次：2023年10月第1版
印　　次：2023年10月第1次
定　　价：88.00元

序

从物质科学的高度把握和探求固废资源化的研究与应用

　　人类认识世界的过程是循序渐进的，如早期的混沌学说、盘古开天地论、阴阳二元论、金木水火土的五行学说等；其中发现化学元素是人类历史上最重大和根本的成就，由此奠定了人类认识物质世界的科学基础。现代物理学和宇宙科学的研究表明，在有限宇宙中，如我们认识到的月球、火星、金星和有限外太空的星球上，其物质的化学元素组成和地球上的是相似的，并且有相同的元素形成和演变规律。这是惊人的发现，为人类认识太空、和平利用太空奠定了物质科学的基础。

　　地球经历了数十亿年特别是近几百万年的发展和变迁，出现了包含植物、动物和人类等有生命的灵性地球。人类社会发展到工业革命后，历经冶炼、煤电、制造、建筑、机械等工业过程，创造了巨大的社会物质财富，为人类的文明和美好生活提供了物质保障。这都与化学元素的分离提取和物质加工利用是分不开的。从化学的角度我们知道有单质、化合物和混合物，有各种物质和材料，由此也形成了工业领域的各个行业和部门。这些行业和部门在生产主产品的同时，不可避免地产生了大量的副产品或者被称为"废弃物"，这些废弃物以固态形式存在，就称之为"固体废弃物"，简称为"固废"，如煤炭工业的固废煤矸石、火电工业的粉煤灰和脱硫石膏、冶金工业的钢渣和矿渣、有色工业的赤泥等。

　　从各行各业的边缘化到国家战略中心化，固废资源化成为解决环境问题、资源替代、能源节约等诸多方面的一个关键"牛鼻子"，其核心在于人类对于物质科学研究的不断深化和技术的突破性进展。在这个方面，中国硅酸盐学会固废与生态材料分会的科学家和工程技术专家做出了不可替代的突出贡献。中国硅酸盐学会固废与生态材料分会理事长王栋民教授在国内领衔提出"固废与生态材料"

的概念，把固废的利用提升并将其纳入材料科学的轨道上来；国内固废资源化领域的同行在该领域做出持之以恒的不懈努力，承担大量国家重点研发项目、国家自然科学基金项目和工业界的重大技术创新项目，使得我国在这一领域的科学技术走在国际前列。

即将出版的《固废与生态材料》专集由国内固废资源化研究领域众多杰出学者就各自致力于研究的专题进行了精彩的论述，从问题与需求、科学原理、技术突破、产业联动、市场拓展、政策引领、民众所愿等各个方面进行了宏观而深入系统的剖析，相信对于我国正在倡导的"双碳"战略、工业可持续发展和生态文明建设均会起到积极的推动作用。

在科学技术的加持下，希望并祝愿人类的明天会更加美好！

缪昌文

中国工程院院士　东南大学教授

中国硅酸盐学会　副理事长

中国硅酸盐学会固废与生态材料分会　名誉理事长

2023 年 9 月 3 日

前　言

固废与生态材料科学与技术的发展方向

　　吴跃女士是《中国建材报》"混凝土与水泥制品"和"固废利用"两个专刊的主编，她工作高效、思维敏捷、亲和力好、组织策划能力强，行动能力更是出类拔萃。她经常出现在工厂、矿山企业一线，也与众多专家学者频繁周旋。她参加我们的学术交流会，总是非常认真地听报告，专注理解和做笔记，她说这是她作为编辑记者非常难得的学习机会，让我非常钦佩。这与我的观点不谋而合，我也一直认为，一个人能够不断地学习和创造，是一个人不断上升和发展的标志。由于工作关系我接触到一位地质科学的院士，他给我提了一系列有关水泥和固废的问题，入木三分，使我深受启发，他却谦虚地说与我谈话让他学习很多，这让我深切感到年龄和地位之高不影响一个人的成长。

　　今年年初，吴跃和我商量，希望组织国内固废领域的专家学者就他们各自的专业学术研究写一篇"雄文"，组成一本建材学术和技术著作。吴跃的提议又一次调动了我在这个领域长期思考的沉淀，这些思考一直在大脑的后台运行，间或跳了出来，又由于琐碎、繁忙的教学与科研工作而被压了下去。这一次在吴跃的推动下，我们认真地做了一些梳理，形成了一些思路和做法。

　　我们筛选和邀请了国内一部分在固废资源化领域深耕的学者就自己最擅长的主题撰写一篇特别的文章，表达在既定领域的研究与思考、观点与方法，指明未来发展方向。这些文章不同于专业学术期刊所发表的非常细致和专门的学术论文，而是就特定固废的大类或者基于固废利用的生态材料领域进行宏观的、全局的、方向引领性的、观点鲜明和突出的学术技术交流和推荐，以期为行业发展指明方向。所以这本书适合为学术界、工业界、行业协会、领导与百姓搭起一座沟通的桥梁。这是第一部，希望开个好头，也希望未来有更多部问世。

这本书共有 22 篇文章，内容涉及煤基固废、冶金固废、工业副产石膏、赤泥、尾矿、垃圾焚烧飞灰、建筑固废、含油污泥等固废品种和低碳胶凝材料、无熟料水泥、再生混凝土、固碳材料与技术、3D 打印材料、再生组合结构、生态修复、矿井充填、碳材料、墙体材料等方面，反映了固废领域的最新发展，对行业未来发展具有重要的指导意义。

刘泽教授作为固废分会的共同发起人和第一届秘书长及现任秘书长，积极协助我为固废与生态材料的科技事业奔走，先后组织五届全国固废年会，为分会创建与发展做了大量工作、发挥了重要作用。在学术领域，他也和我共同在固废资源化与低碳胶凝材料、天然水硬性石灰、市政垃圾焚烧飞灰领域做出开拓性研究，取得积极进展。本次又共同策划、组织和推动国内充满活力的学者撰写学术论文，推动学科与行业发展。

中国工程院院士、中国硅酸盐学会副理事长、中国硅酸盐学会固废与生态材料分会名誉理事长、东南大学教授缪昌文先生一直以来积极关注和大力支持我国固废资源化应用和生态水泥与混凝土可持续发展的学术研究及产业化推进，本次又在百忙中为本书作序，给予我们极大的鼓励和支持。

本书的出版得到了浙江波普环境服务有限公司和北京江磷科技有限公司的大力支持，它们是中国在固废与生态材料领域的龙头骨干企业和活力企业。

最后感谢所有领导、作者、编辑、学术和企业界同行，以及关心我国固废与生态材料事业发展的人士，大家积极的支持是我们前进的不竭动力！

王栋民

中国硅酸盐学会 　常务理事
中国硅酸盐学会固废与生态材料分会 　理 事 长
中国矿业大学（北京） 　教 　授
2023 年 9 月 5 日

目 录

以固废资源化利用和低碳胶凝材料开发为抓手　推动水泥工业
实现深度节能减排和碳中和达标 / 王栋民　刘　泽　王吉祥 ……………… 2

利用大掺量工业固废制备绿色低碳少（无）熟料水泥
/ 蒋正武　高文斌　李　晨 …………………………………………… 13

再生混凝土骨料和微粉的碳固存及性能提升
/ 史才军　毛宇光　欧阳凯 …………………………………………… 24

固废与混凝土 3D 打印建造 / 张亚梅　陈　宇　陈宇宁 ……………… 42

钢 - 再生混凝土组合结构的应用之路 / 王玉银　耿　悦 ……………… 53

垃圾焚烧飞灰安全处置与资源化利用 / 刘　泽　王栋民　刘福立 ……… 68

多工业固废协同制备胶凝类建筑材料技术
/ 刘晓明　武鹏飞　谷佳睿　马善亮 ………………………………… 80

细粒级金属尾矿的综合利用与产业化 / 刘娟红 ……………………… 93

再生块体 - 骨料混凝土及其应用 / 吴　波　赵新宇 ………………… 103

煤基固废用于采煤损毁土地生态修复 / 卓锦德 …………………… 113

工业副产石膏高附加值资源化利用技术及应用
/ 段鹏选　张大江　李　莹 ………………………………………… 124

碳酸化钢渣制备建材制品 / 常　钧 ………………………………… 135

含油污泥基多孔炭材料制备及资源化应用 / 楼紫阳 ……………… 148

铜渣和镍铁渣的资源化利用研究 / 王　强 ……………………… 163

高钛矿渣制备绿色建材的研究及应用 / 卢忠远　李　军　李晓英 ………… 179

赤泥与尾矿绿色低碳矿物复合材料研究及应用
/ 张以河　王新珂　张　娜　吕凤柱　周凤山 ………………… 195

大宗固废在高速铁路工程中的应用研究与实践
/ 李化建　易忠来　王　振　黄法礼 ………………………… 207

尾矿建材资源化产品及其在绿色建筑中的应用 / 李晓光　梁　坤 ………… 223

多元固废基复合胶凝材料 / 陈　平　胡　成 ………………………… 232

镁铝冶金固废制备碳固化胶凝材料及制品
/ 管学茂　刘松辉　张　程　沈园园 ………………………… 243

多源固废制备海绵城市建材 / 寒守卫 …………………………… 253

记者眼中的固废与生态材料 / 吴　跃 …………………………… 263

作者简介

王栋民 中国矿业大学（北京）教授、博士生导师。中国矿业大学（北京）混凝土与环境材料研究院院长，中国硅酸盐学会常务理事，中国硅酸盐学会固废与生态材料分会理事长，国家住房城乡建设部绿色建材产业技术创新战略联盟副理事长，中国建筑材料联合会专家委员会委员。在中国自然资源学会、中国土木工程学会、中国建筑学会、中国煤炭学会、中国混凝土与水泥制品协会、中国水泥协会等多个学术和行业组织有学术任职。

刘 泽 中国矿业大学（北京）教授，博士生导师。中国矿业大学（北京）、美国佐治亚理工学院联合培养博士，美国南卡罗莱纳大学访问学者。现任中国硅酸盐学会固废与生态材料分会秘书长，北京市硅酸盐学会副理事长，北京市建材专业标准化技术委员会委员，中国科协先进材料学会联合体委员，中国硅酸盐学会青年工作委员会副秘书长等。

王吉祥 中国矿大大学（北京）2021级在读博士研究生，研究方向为低碳水泥与混凝土、固废资源化。在相关专业期刊上发表论文5篇，参与编著《碱激发材料》《固体废弃物制备地质聚合物》等专著，参与编制粉煤灰分类标准《燃煤电厂粉煤灰资源化利用分类与实施范例》，授权发明专利1项。

以固废资源化利用和低碳胶凝材料开发为抓手 推动水泥工业实现深度节能减排和碳中和达标

王栋民　刘　泽　王吉祥

1　水泥为人类社会做出巨大贡献的同时也面临着严峻的挑战

水泥混凝土材料是迄今为止人类使用量最大的人造材料。全球每年水泥产量超过 44 亿吨、每年消耗的混凝土超过 140 亿立方米。以水泥工业为基础的水泥混凝土材料，作为最主要的土木工程材料，几乎覆盖了地球上所有的现代人类活动场所，包括住房、都市化与城市建设、道路和基础设施——公路、铁路、机场、大坝、核电站、海洋工程等，水泥工业的发展和成熟奠定了现代人类文明、发展和繁荣的物质基础。

然而，另一方面，如此巨量的水泥需求和工业生产也造成了能源和资源的巨大消耗，尤其是硅酸盐水泥"两磨一烧"的制备工艺，单位产品能耗接近 4000 兆焦耳/吨，生料煅烧过程中石灰石原料的分解以及化石燃料（主要是煤）的燃烧，产生大量的二氧化碳排放，每生产 1 吨水泥熟料排放约 0.95 吨二氧化碳，水泥行业已成为继电力、钢铁行业后的第三大碳排放大户。随着"双碳"战略目标的提出，水泥行业所面临的节能减碳压力空前巨大。尽管针对水泥工业的能效提升技术、燃原料替代技术以及降低水泥熟料因子等措施能够在一定程度上降低水泥生产的碳排放强度，但离实现"碳中和"目标还有相当长的距离，因此发展具有极低二氧化碳排放的新型低碳胶凝材料是目前以及相当一段时期内急需攻克的目标。

2　铝硅酸盐工矿业固废分布的广泛性、危害的巨大性和资源化的紧迫性及其应用前景的光明性

中国作为工业大国，在原材料的开采和冶炼等加工过程中会产出大量的固废，每年新增的尾矿、粉煤灰、煤矸石、冶炼废渣、炉渣、赤泥和脱硫石膏等大宗工业固废接近 40 亿吨，累计堆存量超过 600 亿吨。固废的长期堆放不仅侵占土地资源，并且易造成扬尘、土壤以及地下水污染等环境问题。尽管近年来固废的综合利用水平稳步提升，但目前我国大宗工业固废的综合利用率仍不到 45%，与《关于"十四五"大宗固体废弃物综合利用的指导意见》中提出的到 2025 年大宗固废综合利用率达到 60%，还存在较大差距，尤其赤泥和煤气化渣等，利用率不足 10%。目前，针对大宗工业固废的主要应用途径主要包括：尾矿——二次选矿、制备建材、采空区充填、制作肥料、尾矿复垦等；冶金渣——用作水泥复合材、混凝土掺和料、道路材料、回填材料、建材制品等；煤矸石——用于电力、建材、回填、化工材料等；粉煤灰——用于建材、有价金属提取、土壤改良剂和环保产品等；工业副产石膏——石膏板、石膏砌块、石膏基砂浆以及高强石膏产品等。主要存在利用途径单一、无法形成规模化高附加值产业。这种潜在的铝硅酸盐资

王栋民向全国人大丁仲礼副委员长现场汇报煤矸石资源化利用产业进展（2020 年，河南鹤壁）

源还未被很好地开发和利用。一是因为大宗工业固废资源价值没有得到应有的重视，大宗工业固废既有污染属性，又有极强的资源替代属性；二是部分关键性技术还未得到有效的突破，如赤泥由于成分复杂、碱性高、水分大等因素导致预处理成本高，缺乏高效低成本处置利用技术；煤气化渣因含水率高、过燃碳和芳烃物质多等问题而始终缺乏大规模利用手段。大宗固废的处置利用模式还需进一步创新和提升，如制备碱激发胶凝材料等固废基低碳胶凝材料。

3 碱激发胶凝材料（地质聚合物）提出的重大科学意义和研究取得突出新进展

碱激发胶凝材料是德国化学家和工程师 Kühl 在 1908 年最早提出的。19 世纪 20 至 30 年代，以硫酸盐为主要激发剂的石膏矿渣水泥（现在演变发展为超硫酸盐水泥）在法国、比利时等国得以应用，鉴于该类水泥早期强度发展慢的问题，Purdon 比较系统地研究了强碱对矿渣水化的作用，其相关研究成果促成了以"Le Purdociment"为商标的碱激发胶凝材料的商业化试生产。1957 年 Glukhovsky 首次提出了碱性水泥（alkaline cement）的概念，并提出了 $Me_2O-MO-Al_2O_3-SiO_2-H_2O$ 体系和 $Me_2O-Al_2O_3-SiO_2-H_2O$ 体系的反应机理。Davidovits 在 1979 年前后关于无机防火材料的开发中发明了"Geopolymer"一词并申请了数项应用专利，并将其描述为一种无机聚合物。1985 年，Davidovits 和 Sawyer 申请了"Pyrament"（金字塔牌水泥）的专利，并实现了碱激发混凝土的商业化。进入 21 世纪后，随着人们对于环境气候变化的重视加深，对于低能耗、低二氧化碳排放胶凝材料种类的需求驱动了碱激发胶凝材料的快速发展与广泛研究。2007 年在 RILEM 旗下成立了第一个碱激发材料国际技术委员会（TC 224-AAM），并引导了一项全球范围内关于碱激发材料性能、标准规范的研究，2016 年颁布了首个碱激发胶凝材料和混凝土标准。中国国内于 2015 年成立中国硅酸盐学会固废与生态材料分会，开始组织固废在胶凝材料中的应用等研究，于 2020 年在固废与生态材料分会下专门成立碱激发胶凝材料专家委员会，随后国内开始制定的《矿渣基地聚物混凝土生产技术规程》《地聚物水泥》等标准为这类胶凝材料的规范化和商业化奠定了基础，碱激发胶凝材料逐步开始由实验室研究阶段向产业化应用阶段推进。

4　以铝硅酸盐为基础的低碳胶凝材料是人类社会面向未来 100 年的新型胶凝材料

虽然，碱激发胶凝材料最早提出的目的是为了补充硅酸盐水泥产量的不足，但是发展到今天，碱激发胶凝材料已然成为人们寻求低碳胶凝材料的重要方向之一。首先，其不同于目前的以硅酸盐熟料矿物为主要组成的胶凝体系，直接利用矿渣、粉煤灰等工业固废中的有用成分，无须消耗一次资源；其次，无须煅烧，仅需经过简单的粉磨加工处理，所需的能耗和碳排放极低；再次，碱激发技术的使用范围广，能够实现大多数铝硅酸盐原料的活化，是一种适用于有高温热历史的铝硅酸盐固废转化为胶凝材料的通用技术，具有普适性和可推广性。随着近年来国内外的广泛研究和产业化实践，碱激发胶凝材料的标准体系开始逐步建立和完善，产业技术开始实践和成熟，碱激发胶凝材料的产业化推广开始提上日程。"低碳""绿色""可持续"必然是未来社会的发展主题，碱激发胶凝材料契合了这种发展要求，因此，斗胆断言，以工业固废等铝硅酸盐为基础的低碳胶凝材料必然成为人类社会面向未来 100 年的新型胶凝材料。

国家重点研发项目课题《铝硅质复合低碳水泥》示范生产线——上海百奥恒新材料公司河南焦作工厂（2022 年，河南焦作）

5 利用固废制备地聚物胶凝材料替代传统的硅酸盐水泥是解决中国和国际社会建筑材料面临的资源、能源和环境等重大问题的金钥匙

针对目前的水泥生产技术，水泥产业的碳减排路径任重道远，目前的能效提升技术将单位熟料综合能耗降到 100 千克／吨已是接近极限。目前国内水泥窑燃料替代程度还十分有限，不足 2%，原料替代技术受固废原料差异的影响，以及目前高硅酸三钙熟料体系组成的限制，取代程度有限，只有电石渣取得了良好的成效。电石渣每年产量只有约 3000 万吨，钢渣、镁渣、磷渣等也被用于生料配料，代替石灰石和一部分铁质校正原料；但一方面，几种废渣受原矿资源所限、地域分布不均；另一方面，废渣中氧化镁含量以及重金属含量需要严格控制，因此生料中的取代比例较低，仅可减少 1% ～ 2% 的石灰石和 4% ～ 5% 的煤耗。新型低碳水泥的研发和推广如火如荼，如高贝利特水泥、高贝利特硫铝酸盐水泥、硫硅酸钙水泥、Solidia 水泥等。高贝利特水泥硅酸二钙的含量可达 50%，因此石灰石消耗下降、烧成温度降低，综和能耗下降约 20%；硫硅酸钙水泥将贝利特 - 硫铝酸盐水泥中的主要矿物硅酸二钙和硫铝酸钙调整为硫硅酸钙和硫铝酸钙，有效地降低了熟料的烧成温度，减少了煤耗。Solidia 水泥是一种碳化硅酸钙水泥，可以进一步降低烧成体系中的钙含量（以 CS 和 C_3S_2 矿物为主），减少石灰石的消耗以及煅烧过程中碳排放。另外，Solidia 水泥只有碳化活性的特征使其必须与二氧化碳反应才能形成硬化整体材料，并实现固碳的目标。综合来看，此类低碳水泥技术都还是基于烧成技术路线，尽管通过优化矿物组成，可以降低石灰石的消耗和分解、降低烧成温度，但高温烧成的高能耗弊端是始终无法解决的。据测算，目前的能效提升技术、燃料替代技术、原料替代技术、低碳水泥技术也只能将水泥熟料的单位生产能耗降低至约 0.44 吨 CO_2／吨的水平，因此，水泥行业要实现"碳中和"的目标，还必须借助 CCUS 技术（碳捕集、利用和封存技术），这势必进一步增加水泥的生产成本和消耗更多的能源资源。因此，水泥行业要实现深度减碳和节能减排，必须从根本上做出变革，尽管目前还无非常成熟的胶凝材料体系能够取代硅酸盐水泥所占据的主导地位，但进一步深化免煅烧胶凝材料的研究和产业发展已经势在必行。这不仅关乎水泥以及建材行业自身的长远发展，更关乎全球未来的可持续发展，中国作为负责任的大国，对全世界所做出的碳达峰

碳中和承诺必须得以确切落实。水泥行业作为最主要的碳排放来源，以 2020 年为例，我国水泥行业二氧化碳排放占全国排放总量的 12%，占全国工业过程排放的 60% 以上，二氧化碳排放量达到了 13.7×10^8 吨，随着经济社会的绿色转型，其所面临的节能减碳压力将空前巨大。水泥行业不同于钢铁、电力等行业中的材料具有不可替代性，目前的以固废为主的低碳胶凝材料能够满足大部分的建材产品的制备要求，因此，以碱激发胶凝材料等固废基胶凝材料取代硅酸盐水泥完全具有可行性。

中国矿业大学北京项目组完成国家固废资源化重点专项中试生产（2022 年，宁夏银川）

除此之外，以碱激发胶凝材料为代表的低碳胶凝材料具有免煅烧的极大优势，以工业固废为主的铝硅酸盐类原料只需经过简单加工处理过程就可以与碱激发剂发生反应，形成与普通硅酸盐水泥性能可以比拟的硬化材料。碱激发胶凝材料能够成为替代硅酸盐水泥的主要低碳胶凝材料，主要是因为：

（1）制备碱激发胶凝材料的原材料来源在中国十分丰富并且来源广泛。用于制备碱激发胶凝材料的原材料可分为两类：其中天然原料是指自然界中获得的，除破碎、筛分和粉磨外未经过其他过程处理的原料，主要包括天然火山灰 [砂岩类（石英、长石、云母）、黏土类（高岭石、伊利石、蒙脱石、硅藻土）] 和矿山资源开采中所排放的各类尾矿 [矸石（黏土岩矸石、砂岩矸石、钙质岩矸石、铝质岩矸石）、黄金尾矿、铜锌尾矿、钾尾矿、铜尾矿、闪锌矿浮选尾矿、钼尾矿、硫化矿废石、铜镍尾矿] ；二次原料是指其他生产活动中所排放的各类铝硅酸盐固废，主要包括火法和湿法两种过程中的废弃物。火法过程中又包括工业［高炉矿渣、钢渣（转炉渣、电弧炉渣）、钢包炉渣、硅灰、硅锰渣、铜渣、镍渣、镁渣、煤粉炉粉煤灰、循环流化床粉煤灰、炉底灰、水泥窑灰］、农业（稻壳灰），以及市政固废（垃圾焚烧飞灰）。湿法过程主要包括湿法冶金过程所产生的固废，如锂渣、赤泥、硅钙渣等。以 2020 年为例，我国大宗工业固废产生约 37.87 亿吨，其中尾矿 12.95 亿吨，冶金渣 6.89 亿吨，煤矸石 7.02 亿吨，粉煤灰 6.48 亿吨，赤泥 1.06 亿吨，工业副产石膏 2.30 亿吨。我国 2020 年产生垃圾焚烧飞灰 2.54 亿吨，每年产出稻壳灰约 4000 万吨，因此，广泛且丰富的铝硅酸盐原料来源能够为碱激发胶凝材料等固废基胶凝材料提供保障。

（2）碱激发胶凝材料的碳排放极低，只有普通硅酸盐水泥的 20% ~ 30%，与水泥生产制备相比，以固废为原材料的碱激发胶凝材料等固废基胶凝材料原材料仅需烘干、粉磨等简单处理过程或者无须处理（如粉煤灰等），无煅烧过程，制备过程中没有碳酸盐分解，因此固废基胶凝材料自身的碳排放相当低，而建材产品的主要碳排放来源于胶凝材料的生产和制备。因此，以碱激发胶凝材料等固废基胶凝材料为基础的建材产品，碳排放显著降低，尤其随着欧盟碳边境调节机制（CBAM）法案的通过与实施，水泥行业将加快进入碳交易市场，高额的碳税将进一步拉高水泥产品价格，以低成本固废为主的低碳胶凝材料将更具经济优势，将进一步推动碱激发胶凝材料等低碳胶凝材料进入市场体系。除此之外，在碳交

王栋民在第 16 届国际水泥化学会议（ICCC）上做固废与生态材料专题学术报告
（2023 年，泰国曼谷）

王栋民担任编委会主任的《大宗工业固体废弃物制备绿色建材技术研究丛书》（第一辑）
获得国家出版基金支助和行业关注（2020 年，北京）

易市场下，利废的低碳胶凝材料企业也能够在碳排放指标的交易中获利，从而进一步鼓励更多的建材企业倾向于低碳产品的研发和创新。对于建材产品的下游企业来讲，采用低碳产品能够免除高额的碳税，从而也能够鼓励建材产品市场转向低碳市场。因此，随着水泥行业纳入碳交易市场，以固废利用为主的低碳胶凝材料及其建材产品能够获得更大的优势。

（3）碱激发胶凝材料具有可与硅酸盐水泥产品相比拟的性能甚至更优，与硅酸盐水泥相比，碱激发胶凝材料的早期强度发展更快，力学性能与硅酸盐水泥相当或者更优；碱激发胶凝材料重金属离子和放射性废料固化性能优异，可以用于危险固废或者污染土等的固化以及核废料的处置；碱激发胶凝材料耐酸碱盐侵蚀，耐高温，长期耐久性能优异等，使碱激发胶凝材料在土木工程材料、防火材料、保温材料、3D 打印材料、海洋工程材料、修补 / 加固材料等应用领域具有十分广阔的应用空间。

（4）碱激发胶凝材料是解决一般固废和危险废弃物的优良途径。我国目前环境领域面临的突出问题是固废的问题，每年新增固废接近 40 亿吨，累计堆存量超过 600 亿吨，并且固废的整体综合利用水平不高，不到 60%。因此，堆存的固废逐年累积，对环境尤其是土壤和地下水安全造成严重威胁。碱激发胶凝材料在将固废转化为胶凝材料的同时，也解决了固废原料的堆存问题，环保利好。

因此，利用固废制备地聚物胶凝材料替代传统的硅酸盐水泥是解决中国和国际社会建筑材料面临的资源、能源和环境等重大问题的金钥匙。

6　重大技术突破和重要产业联动为未来行业发展的必然方向

目前针对利废产品的应用还存在缺乏有力政策的支持，如产废企业的"以渣定产"等政策尚未得到国家、地方管理部门和跨行业应用部门的有效支持。技术所处的发展阶段、水平和适用性存在较大差别，技术与资源和区域市场适配性差，对从业人员的专业技术要求较高，系统的低碳水泥专业技术人员、产品销售人员、工程设计人员较少等问题，固废基低碳胶凝材料技术还未能打开市场。重大技术突破和重要产业的紧密联动是推动未来行业发展的必然方向。当技术取得突破性进展时，它们往往会引发产业链上的各个环节的变革和创新，从而带动整个行业的发展。碱激发胶凝材料等固废基低碳胶凝材料的突破不仅将带动上游固废排放产业实现绿色转型，缓解资源环境对经济社会发展约束，又可带动下游建材产品的低碳化创新和变革，低碳水泥重大技术突破和重要产业联动的发展还需要政府、企业和学术界的共同努力。政府可以通过制定相关政策和法规，提供资金支持和优惠政策，推动技术研发和产业创新。企业可以积极投入研发，探索新的商业模式和市场机会。学术界可以进行前沿技术研究，为产业发展提供新的思路和方向。共同推动固废基胶凝材料在水泥行业节能减碳中发挥突出作用。

7　国家政策引导生态产业发展和社会发展要从利益驱动型向友好和谐型过渡的新发展理念出发

我们需要看到，生态低碳产业的发展不能只追求短期收益，国家政策要引导生态低碳产业发展和社会发展从利益驱动型向友好和谐型过渡的新发展理念出发。制定环境友好的政策法规：政府可以出台相关法规和政策，鼓励和支持生态产业的发展。这些法规和政策可以包括环境保护、资源利用、碳排放减少等方面的目标和指标，以推动企业和产业转型升级，实现对环境的友好和谐。提供财政和税收优惠政策：政府可以通过财政和税收政策来引导生态产业的发展。例如，对符合环保标准的企业给予税收减免或减免贷款利率等优惠，以鼓励企业在环境保护和可持续发展方面的投入。建立绿色金融体系：国家可以推动建立绿色金融体系，通过设立绿色基金、绿色债券和绿色信贷等金融工具，为生态产业提供融资支持和投资渠道。这有助于吸引更多资金流向环保领域，推动生态产业的发展。加强技术创新和研发支持：政府可以加大对环境技术创新和研发的支持力度，鼓励企业和科研机构在清洁能源、循环利用、环境监测等领域进行创新研究。这将促进技术进步，提高生态产业的竞争力和可持续发展能力。增强公众参与和意识提升：政府可以加强公众对生态环境保护和可持续发展的意识提升，开展相关的宣传教育和公众参与活动。通过引导和激发公众的环保意识和行动，形成全社会共同推动生态产业发展的良好氛围。

8　以固废资源化利用和低碳胶凝材料开发为抓手　推动水泥工业实现深度节能减排和碳中和达标

从大宗固废的发展格局看，利用粉煤灰、脱硫石膏、冶金渣、尾矿等大宗工业固废制备固废基胶凝材料、碱激发材料以及地聚物等，在工程混凝土以及制品方面都有了很好的示范应用。技术从工艺设备、产品和标准方面不断完善，将在道路工程材料、水利工程材料、生态修复工程、地下管廊工程、海绵城市建设工程、园区和企业基础设施建设工程等领域率先得以广泛应用，随着技术成熟度的不断加深，以固废利用为主的低碳胶凝材料以及产品将成为市场主流，推动水泥以及建材行业达成深度节能减碳目标。最终实现我们提出的根本目标：以固废资源化利用和低碳胶凝材料开发为抓手，推动水泥工业实现深度节能减排和碳中和达标。

作者简介

蒋正武 同济大学特聘教授，先进土木工程材料教育部重点实验室主任，《建筑材料学报》主编，材料科学与工程学院副院长，国家"万人计划"科技创新领军人才、上海市优秀学术带头人。兼任中国建筑学会建材分会副理事长、中国硅酸盐学会理事、中国硅酸盐学会固废分会和水泥分会副理事长、中国建筑学会混凝土基本理论及其应用专业委员会主任、ACI 及 RELEM 中国分会理事、CCC 与 CCR 编委等学术任职。从事可持续水泥基材料、低碳建筑材料、智能自修复水泥基材料、固废资源化等领域研究，先后承担国家 973、重点研发、国家自然科学基金重点、面上等项目 30余项。

高文斌 同济大学博士研究生，师从蒋正武教授，主要研究方向为低碳胶凝材料制备与固废资源化利用，参与导师负责的"十四五"国家重点研发计划课题、国家自然科学基金重点项目、工信部"重点原材料行业碳达峰、碳中和公共服务平台建设"项目子课题等科研项目。

李　晨 博士，同济大学助理教授，加州大学伯克利分校访问学者，上海市"浦江人才"。主要研究水泥混凝土材料碳减排理论、技术及碳排放评价方法，发表论文三十余篇，以第一/通讯作者在 CCR（2）、CCC（4）、RSER、RCR 等期刊发表论文 14 篇（IF>10 的 10 篇）。获得发明专利授权 12 项，软件著作权 2 项。2022 年获评中国硅酸盐学会优秀博士论文奖。

利用大掺量工业固废制备绿色低碳少（无）熟料水泥

蒋正武　高文斌　李　晨

1　高效降低水泥的熟料系数是建材行业"碳达峰"的关键

　　建材行业是国民经济和社会发展的重要基础产业，也是工业领域能源消耗和碳排放的重点行业。在建材行业，硅酸盐水泥是目前最常用的胶凝材料，被广泛应用于大坝、储罐、海港、道路、桥梁、隧道、地铁等建设工程中，在国民经济建设中起着举足轻重的作用。在全世界范围内，除了煤电和钢铁行业之外，水泥是二氧化碳排放量最大的工业部门。我国作为世界水泥生产大国，水泥成为我国最大的碳排放源之一。鉴于二氧化碳是导致全球气温升高的主要温室气体之一，联合国的政府间气候变化专门委员会（IPCC）宣布，到2050年全球必须实现碳中和。中国在2020年联合国大会上也提出了"2030年前碳达峰、2060年前碳中和"的目标。工业和信息化部、发展改革委、生态环境部、住房城乡建设部四部门联合印发的《建材行业碳达峰实施方案》中也提出，确保2030年前建材行业实现碳达峰的战略目标。水泥工业是建材行业二氧化碳排放的大户，也是实现国家"双碳"战略任务的主战场。我国正处于经济高质量发展的关键时期，各类基础工程和大规模城镇化建设对水泥材料需求量巨大，这是硬需求，并将持续相当长的时期。因此，当前水泥工业正面临着满足日益增长的水泥需求的同时减少水泥生产的二氧化碳排放的双重压力。

　　硅酸盐水泥生产包括三个阶段：生料制备、熟料煅烧、熟料与石膏或其他混合材混合粉磨。其中，熟料煅烧是水泥生产过程最关键的工艺环节，同时也是碳排放密集的工艺环节，大约85%的碳排放与熟料煅烧有关。因此，减少水泥中熟料用量是减少水泥生产碳排放最直接、最有效的途径。

　　绿色低碳少（无）熟料水泥是指以经过预处理后具有一定活性的工业固废或天然材料为主要原料，掺入少量水泥熟料（或不掺水泥熟料）以及其他起调节作用的辅助材料配制而成的具有优异力学和耐久性的新型复合水泥。绿色低碳少（无）熟料从根本上改变了目前水泥"两磨一烧"的生产工艺方式，其生产过程不存在高温煅烧工艺流程，大幅度减少了 CO_2、NO_x 等工业废气的排放量，同时能够大量消纳工业固体废弃物，因此，结合固废资源化利用战略，通过高效利用各种工业固废减少水泥中熟料用量是实现固废资源高值化应用和减少水泥生产碳排放最有效的途径。

与其他低碳技术相比，利用大掺量工业固废制备绿色低碳少（无）熟料水泥工艺简单、生产能耗和生产成本低，对原料粉磨或煅烧处理所需的工艺、装备在现有水泥厂均能得到满足，技术成熟度高；同时，这类水泥的使用方法、强度发展特征都与传统水泥接近，具有可推广性。利用大掺量工业固废制备的绿色低碳少（无）熟料水泥是 2030 年碳达峰最有效、最重要的技术方法，在未来水泥绿色低碳转型过程中具有独特的发展潜力和竞争优势。

2　硅酸盐水泥的少熟料化历程

从广义角度来讲，少熟料水泥不是一种特定的水泥，而是通过一种或多种材料替代水泥熟料而制成的一系列复合水泥。目前，用于替代水泥熟料制备少熟料水泥的原料包括煅烧黏土、矿渣、粉煤灰、硅灰、赤泥、钢渣、锂渣等。使用工业固废替代水泥熟料不仅可以降低水泥生产的成本，而且可以通过固废特性调节水泥的性能和强度。在硅酸盐水泥少熟料化的历程中，起初以矿渣、粉煤灰等单一组分取代少量水泥熟料，后来随着矿物掺和料的飞速发展，逐渐出现了矿渣 - 粉煤灰、矿渣 - 钢渣、矿渣 - 磷渣、粉煤灰 - 钢渣等二元组分替代水泥熟料制备复合水泥，再后来石灰石粉也被使用，与粉煤灰、矿粉等辅助胶凝材料一起制备少熟料复合水泥。由此可见，在少熟料水泥的发展历程中，从传统的矿渣复合水泥、粉煤灰复合水泥发展到石灰石煅烧黏土水泥（LC^3），全球水泥熟料系数平均值呈下降趋势，水泥生产过程熟料用量逐渐从 90% 降至 40%，其组分也由最初的二元组分发展到多元组分。其中，最常见、技术最成熟的二元复合水泥包括粉煤灰复合水泥与矿渣复合水泥。现阶段，研究的方向是将水泥熟料系数从 40% 降至 10%，甚至 0% 的新技术。

粉煤灰复合水泥由硅酸盐水泥熟料、20% ~ 40% 的粉煤灰及适量石膏组成。所使用的粉煤灰是火电厂中煤粉燃烧后的副产物，是煤炭燃烧时废气中悬浮的熔融物质凝固而成的一种物质。通常，粉煤灰中未燃尽成分决定了粉煤灰的组成，但粉煤灰的化学组成主要包括 SiO_2、Al_2O_3 以及少量 CaO。一般来讲，亚烟煤或褐煤燃烧产生的粉煤灰钙含量比烟煤或无烟煤高。粉煤灰中的主要晶相包括石英、莫来石、磁铁矿和赤铁矿等。相比于 F 级粉煤灰，C 级粉煤灰钙含量较多，因此 C 级粉煤灰可能含有钙长石（CAS_2）、铝长石（C_2AS）等含钙相，以及各种硅酸钙和铝酸钙。我国绝大部分粉煤灰为 F 级粉煤灰，具有一定火山灰效应，可以与硅酸盐水泥水化形成的氢氧化钙发生化学反应，生成水化硅酸钙或硅铝酸钙凝胶等水化产物。由于火山灰反应的性质，粉煤灰复合水泥的水化速度通常比硅酸盐水泥慢。通常，粉煤灰的反应活性取决于许多因素，包括化学成分、矿物组成、细度、玻璃体含量等。粉煤灰越细，比表面积越大，反应活性越高。与普通硅酸盐水泥相比，粉煤灰复合水泥早期强度低、和易性好、耐腐蚀性好、水化放热量低。

矿渣复合水泥也称之为矿渣硅酸盐水泥。它是由硅酸盐水泥熟料、20% ~ 70% 的矿渣及适量石膏组成。矿渣是水泥的重要混合材，但矿渣的易磨性很差，因此在矿渣复合水泥生产过程中选择合适的粉磨工艺显得尤为重要。目前，应用于复合水泥体系的矿渣主要是粒化高炉矿渣，粒径范围在 0.5 ~ 100μm 之间。粒化高炉矿渣的化学组成主要包括 CaO、SiO_2、Al_2O_3 和 MgO。与硅酸盐水泥熟料相比，矿渣的氧化钙含量通常较低。英国《用于混凝土、砂浆和水泥中的粒化高炉矿渣 第一部分：定义、规范和合格标准》（BS EN 15167-1：2006）标准规定，粒化高炉矿渣中玻璃相含量应超过 67%，通常粒化高炉矿渣中玻璃相含量在 90% 左右。在水泥体系中，矿渣会与硅酸盐水泥水化形成的氢氧化钙发生化学反应。许多因素会影响矿渣的反应活性，包括细度、玻璃相含量、化学成分、替代率以及活化剂种类等。通常，矿渣粒径越小反应活性越高，矿渣中直径小于10μm 的颗粒对早期强度有贡献，直径为 10 ~ 45μm 的颗粒对后期强度贡献较大，而直径大于45μm 的颗粒则被认为无反应性。矿渣中玻璃相含量越高，其化学活性越好。与普通硅酸盐水泥相比，矿渣复合水泥可降低水化热，在大体积混凝土中有利于防止大体积混凝土内部温升引起的裂缝。在充分养护后，矿渣复合水泥中的矿渣水化会导致硬化水泥浆体的微结构发生改变，体系中毛细管孔隙会降低，降低渗透率，有助于防止有害离子的侵蚀，从而提高水泥的耐久性。矿渣复合水泥在耐久性方面虽然具有一定的优势，但其强度低是制约矿渣复合水泥大规模应用的主要瓶颈，因此国内外很多学者通过化学外加剂激发矿渣活性以提高矿渣复合水泥的强度。

使用辅助胶凝材料（粉煤灰、矿粉）在减少水泥生产中的碳排放和能源消耗方面有着巨大的潜力。然而，许多国家或地区的辅助胶凝材料供应有限。目前，用于降低水泥熟料的材料中，80 % 以上是石灰石、粉煤灰或矿渣。全世界可用的矿渣量约为水泥产量的 5%～10%，粉煤灰的供应量高于矿渣（约为水泥产量的 30%），但质量不稳定。因此，需要寻求可持续的原料制备复合水泥。石灰石煅烧黏土水泥（以下简称 LC^3）是近年来瑞士 Karen Scrivener 团队开发的一种新型少熟料复合水泥。含有高岭石的黏土被煅烧后，会形成偏高岭土，可以与氢氧化钙作为常规火山灰反应生成 C-(A)-S-H 和铝酸盐水化产物。另外，煅烧黏土中的铝相会与石灰石中的碳酸钙反应，同时石灰石具有一定填充效应，可以使熟料、煅烧黏土和石灰石之间产生协同作用，因此熟料的替代率可大幅提高，并且所制备的水泥具有优异的力学和耐久性能。目前的研究表明，LC^3 中各组分的最佳掺量为 50% 的水泥熟料、31% 的煅烧黏土、15% 的石灰石、4% 的石膏。与普通硅酸盐水泥相比，使用煅烧黏土与石灰石能显著优化水泥基材料的孔结构，降低孔隙率，从而有效抑制有害介质的扩散侵入，提高复合水泥抵抗氯离子侵蚀的能力。在同等条件下，煅烧黏土与石灰石复合水泥体系的氯离子扩散系数较普通硅酸盐水泥低，但 LC^3 也面临需水量大、早期强度低的问题。

在少熟料水泥的发展过程中，从传统的矿渣复合水泥、粉煤灰复合水泥发展到 LC^3 水泥，其组分由最初的二元组分发展到多元组分，所对应的反应机理也变得更为复杂，以往通过粉煤灰、矿粉等单一组分替代水泥熟料制备复合水泥，主要是依靠火山灰效应保证水泥具有较好的力学性能。在 LC^3 水泥体系中，熟料系数被进一步降低，因此其强度不仅来源于煅烧黏土的火山灰效应，铝相与碳酸盐的胶凝反应对水泥质量的保证也起到关键作用。因此，LC^3 水泥不仅降低了熟料系数而且水泥性能也得到了保障，另外，从产业化角度来看，LC^3 水泥生产不需要任何高投资设备，并且很容易集成到现有的水泥生产工艺中。此外，所有所需原材料都可以相当低的价格广泛获得。因此，与现有的其他低碳水泥类型相比，LC^3 水泥的潜在可持续性已经得到了很好的证实。同时，LC^3 水泥在古巴、印度、瑞士等国家的试产结果表明，LC^3 水泥可以用于硅酸盐水泥和其他混合水泥完全相同的技术生产混凝土。

3 固废资源化与硅酸盐水泥的少熟料化

与传统普通硅酸盐水泥相比，LC^3水泥具有高碳减排能力，可以减少约30%的CO_2排放，在部分取代硅酸盐水泥时并不会影响水泥基材料的力学性能。但在我国LC^3复合水泥在应用与推广过程中仍存在一些问题亟待解决。首先，其主要原料黏土（高岭土）来源广泛，地区差异较大，导致不同地区的黏土煅烧工艺、使用方法、颜色、性能都会存在较大差异。其次，由于原材料的粒径分布和化学吸附作用，煅烧黏土与石灰石复合水泥体系的混凝土工作性较普通硅酸盐水泥混凝土略差，且缺少与之完全匹配的化学外加剂，大部分减水剂在LC^3水泥中作用效果显著降低，导致需水量较高。因此，LC^3水泥在我国应用与推广过程中仍存在一些问题。

我国是工业生产大国，每年会产生大量工业废渣，因此，一些工业固废被用于替代LC^3水泥中的煅烧黏土。归因于粉煤灰中的铝相可以与石灰石粉中的碳酸钙发生化学作用，生成碳铝酸盐，有助于强度的提高，因此粉煤灰与石灰石粉的混合体常被用于替代水泥熟料制备粉煤灰-石灰石复合水泥。同样地，矿渣作为一种高钙高铝工业固废，也与石灰石粉一起用于制备矿渣-石灰石复合水泥。

近年来，随着我国工业的快速发展，生产过程中产生了大量的固体废弃物，根据相关部门统计，我国每年产生工业固废的总量约为37亿吨，长期位居世界第一，累计堆存量超过数百亿吨，在未来几年依然维持在16%左右的增长速度。我国主要工业固体废弃物的产量占比如图1所示，其中包含尾矿28%、粉煤灰13%、煤矸石12%、矿渣10%、冶炼废渣10%、其他废弃物27%。除粉煤灰、矿渣等固废外，其他工业固废未被合理利用。目前，我国大宗工业固废综合利用

图 1 我国一般工业固废产量占比

率约为 65%，其中尾矿与冶炼废渣的综合利用率最低，大部分尾矿以及少量煤矸石、炉渣和冶炼废渣等被倾倒丢弃或以尾矿库等形式贮存，不仅占用土地资源，还可能污染环境，影响和危害人们身体健康以及动植物生长与生存等。因此，合理利用工业固废，并将其应用于建材行业对社会经济的可持续发展具有重大意义（图 2）。

图 2　贵州省贵阳市观山湖区的磷石膏堆场

水泥行业是消纳工业固废最大的行业之一。在"双碳"战略的新形势下，科学利用固废资源的特性，发挥好对水泥行业碳减排的重要助力作用，并借此推进固废资源高值化利用，已成为水泥工业和固废资源利用所面临的挑战和重大机遇。工业和信息化部、发展改革委、生态环境部、住房城乡建设部四部门联合印发的《建材行业碳达峰实施方案》中也提出，应该加快提升固废利用在水泥工业中的利用水平，鼓励以高炉矿渣、粉煤灰等对产品性能无害的工业固体废弃物为主要原料的超细粉生产利用，提高混合材产品质量。低碳少（无）熟料水泥包含少部分水泥熟料，其余部分都是工业固废，因此，大掺量利用工业固废是绿色低碳少（无）熟料水泥的关键，也是未来进一步开发少熟料水泥的关键。我国工业固废种类繁多，各固废矿物相组成多样，包括高钙高铝、高钙高硅、高硅高铝以及高钙高镁相等，这些矿物相差异明显，在水泥体系中表现出不同的反应特性，因此利用多元固废之间的矿物相差异化特性协同降低熟料系数是水泥少熟料化的一种潜在有效途径（图 3）。

图 3　北盘江大桥

4　从 40% 到 10%：如何进一步降低熟料系数

从以往的粉煤灰、矿粉单一组分替代水泥熟料到目前较为成熟的 LC³ 水泥，全球水泥熟料系数平均值呈下降趋势，但过低的熟料系数也会影响水泥的质量。在保证水泥质量合格的前提下，如何进一步降低熟料系数是绿色低碳少（无）熟料水泥制备的关键。以往通过粉煤灰、矿粉、煅烧黏土等单一组分替代水泥熟料制备复合水泥，主要是依靠火山灰效应保证水泥的质量。在 LC³ 水泥体系中，熟料系数被进一步降低，水泥的强度不仅依靠火山灰效应，铝相与碳酸盐的胶凝反应对水泥质量的保证也起到关键作用。除 LC³ 水泥在降低熟料系数方面发挥重要作用，超硫酸盐水泥以及碱激发胶凝材料的提出也进一步降低了水泥的熟料系数。其中，超硫酸盐水泥又称石膏矿渣水泥，它是以 5% 左右的硅酸盐水泥熟料、75% 以上的高炉矿渣和 15% 左右的石膏为原料经粉磨制成，其中石膏可以使用各种工业副产品如脱硫石膏、磷石膏和氟石膏等，也可以适当掺加粉煤灰和煤矸石改善其和易性，因此是一种典型的低碳少熟料水泥。

碱激发胶凝材料是指不用或使用少量水泥熟料的胶凝材料，原材料来自火山灰质类材料与部分工业废弃尾渣，通过内含的二氧化硅、氧化铝等与氢氧化钙反应生成水化硅酸钙等凝胶，对砂浆起到增强作用。相比硅酸盐水泥，碱激发胶凝材料具有显著的资源化利用工业废渣的优势，特别是目前水泥混凝土不能使用的工业废渣，但是碱激发材料普遍存在凝结时间短、早期强度低、抗冻性较差、易风化、不宜长期贮存等问题，并且激发条件对需水量很敏感，以及多数碱激发剂具有高腐蚀性。

另外，可以从动力学角度出发，通过对工业固废进行预处理，提高其水化反应活性，使其能更多地取代水泥熟料，并保证绿色低碳少（无）熟料水泥的质量。目前，提高工业固废活性较为成熟的技术包括以下几大类：

（1）高温物相重构提高活性技术。通过高温可以改变固废中晶相的结构组成，使活性矿物和潜在活性的玻璃相含量增加，从而提高工业固废的潜在水化活性。

（2）化学激发潜在胶凝活性技术。化学激发剂可以使工业固废中玻璃体的硅氧四面体和铝氧四面体解聚，当水化浆体中存在 Ca^{2+} 和 OH^- 时可发生水化反应生成水化硅酸钙或水化硅铝酸钙凝胶等水化产物。常用的激发剂有碱性激发剂和硫酸盐激发剂。碱性激发剂主要包括石灰、氢氧化钠、水玻璃和氢氧化钾等。硫酸盐激发剂主要包括硫酸钠、脱硫石膏、氟石膏和磷石膏等。为了更好地激发工业固废的胶凝活性，一般采用碱性激发剂，其在胶凝材料中的应用已经非常广泛。

（3）机械力活化技术。通过机械粉磨的方式改变固体颗粒的粒径组成并增大比表面积，在水化反应时可以增加颗粒与水的接触面积以加速反应，从而提高工业固废的胶凝活性。由于物料比表面积增大的同时伴随着粉磨成本的急剧增加，因此在工业固废制备低碳少（无）熟料水泥时需要综合考虑材料的性能和经济性以确定物料的粉磨细度。

（4）多重协同复合活化技术。采用多重协同活化方法，通过物相重构→化学激发→机械力多重活化，产生化学、物理相互协同的复合效应，进一步提高固废活性。

实现水泥生产过程熟料用量从 40% 降至 10%，甚至开发无熟料水泥是水泥生产质变的一个过程，在此过程中不仅要考虑水泥的力学性能，还应兼顾其工作性与耐久性。因此，利用大掺量工业固废制备绿色低碳少（无）熟料水泥时，充分利用各固废差异化特征，在多元固废协同作用的基础上通过动力学方法调控其性能是水泥熟料系数进一步降低的潜在有效途径（图4）。

5　无熟料水泥的技术方向与挑战

将熟料系数从 10% 降到 0% 是水泥强度机理与生产技术质的改变，面临诸多技术挑战。无熟料水泥在生产时不使用硅酸盐水泥熟料，其在水化硬化过程中

图 4　利用多元固废协同效应制备少（无）熟料水泥生产示范线

需要通过一种或者多种激发剂激发非熟料基础材料以维持长期的力学性能和耐久性能。非熟料基础材料有两类：火山灰质材料和矿渣类材料。火山灰质材料通常是火山灰、煅烧黏土和粉煤灰等，其潜在活性成分主要是偏高岭石矿物和硅铝玻璃相。矿渣类材料一般是粒化高炉矿渣、粒化钢渣和磷渣等，其潜在活性成分是钙硅铝玻璃相。活性激发剂主要分为两大类：$Ca(OH)_2$ 型激发剂和 NaOH 型激发剂。$Ca(OH)_2$ 型激发剂通常是石灰。NaOH 型激发剂一般为 Na_2CO_3、NaOH 和水玻璃等。另外，为了优化无熟料水泥的早期硬化性能，也会添加一些促硬剂，如硬石膏、磷石膏、硅灰和氟硅铝酸钠等。因此，根据非熟料基础材料和活性激发剂种类可将无熟料水泥分为石灰火山灰质水泥、石膏矿渣水泥（超硫酸盐水泥）、碱矿渣水泥以及地聚物水泥。但这些无熟料水泥在推广应用过程中均面临一些问题和挑战，石灰火山灰质水泥强度较低，特别是大气稳定性差；石膏矿渣水泥耐久性的某些缺陷和粒化高炉矿渣资源的稀缺也限制了其在工程中的推广应用；碱矿渣水泥具有较高的强度、良好的抗渗性和抗冻性，但其收缩性很大，后期抗折强度倒缩，可能出现泛碱现象；地聚物水泥抗渗性和耐腐蚀性好，但其在建筑结构工程中的长期耐久性仍有待进一步证实。因此，在无熟料水泥设计与制备过程中不仅要考虑水泥的力学性能，而且应兼顾其工作性与耐久性。我国作为工业生产大国，工业固废排放量大且种类繁多，因此充分利用各固废差异化特征，在多元固废协同作用的基础上通过动力学方法调控其多种性能是无熟料水泥制备并保证水泥质量的潜在技术途径。

6 少（无）熟料水泥未来的发展

利用具有潜在水硬性或火山灰特性的工业废渣，以较大掺量取代水泥熟料生产绿色低碳少（无）熟料水泥是水泥行业低碳转型的重要途径。在资源方面，绿色低碳少（无）熟料主要以各种工业固废为主要原料，原料来源广泛，但我国工业固废种类多、成分差异大，会增加少（无）熟料水泥组分设计的难度。在研发技术方面，熟料系数越低，面临研发技术挑战越大。在生产技术方面，少（无）熟料水泥制备技术与装备接近现有水泥生产，具备较高的技术可行性，但熟料用量的大幅降低会导致水泥工作性能和长期性能受到很大影响。在环境效益方面，绿色低碳少（无）熟料水泥大幅降低了能耗大、生产污染大的硅酸盐水泥熟料用量，充分利用了各种不同工业固废，具有较高的环保效益和生态效益，是解决我国水泥工业资源、能源、环境问题以实现水泥行业"双碳"目标与可持续发展的重要途径。

作者简介

史才军 亚洲混凝土联合会主席、乌克兰工程院外籍院士、国家高层次海外人才、湖南大学首席教授、建筑安全与节能教育部重点实验室主任、绿色高性能土木工程材料及应用技术湖南省重点实验室主任，国内外多个学术期刊主编、副主编和编委。已发表高水平 SCI 论文 580 余篇，出版英文著作 8 部，中文著作 5 部，合编国际会议英文论文集 11 本，全球科学家 2022 年在建筑与建造领域影响力年度和终身排名均为第 2。

毛宇光 湖南大学土木工程学院博士研究生，在史才军教授的指导下进行研究。已发表高水平学术论文 5 篇，其中顶刊 SCI 论文 3 篇。目前主要研究领域为通过碳化处理水泥基材料废弃物。

欧阳凯 河南城建学院土木与交通工程学院讲师，已发表高水平 SCI 论文 5 篇，研究方向为建筑固废资源化利用和矿用充填材料。

再生混凝土骨料和微粉的碳固存及性能提升

史才军　毛宇光　欧阳凯

1　引言

随着发展中国家城市化进程的加快，对高强度、耐久和低成本的混凝土需求不断增加。随之而来的是对约占混凝土总量70%的粗骨料和细骨料需求的增加。据估计，到2022年，全球天然骨料的消费量将达到$66.3 \times 10^9 t$，这将导致对石头和河砂的过度开采以及全球自然环境负担的加重。同时，高层建筑的建造将导致旧建筑物和低建筑物的大量拆除，这会产生大量废弃的混凝土构件，并带来严重的环境问题。使用拆建废料替代天然骨料可以减少对自然资源的开发，并促进社会和经济的可持续发展。在过去的20年中，我国科研工作者对再生骨料进行了很多的研究，再生骨料被公认为在减少天然骨料的使用和减少环境污染方面起着重要的作用。不过，再生混凝土骨料通常由原生骨料、黏附砂浆和黏附砂浆与原始骨料之间的界面过渡区组成。黏附砂浆和更多界面过渡区的存在造成再生混凝土骨料较天然骨料有更高的孔隙率和吸水性，更多的微裂缝，进而导致再生混凝土骨料更脆弱的力学性能和耐久性能。

另一方面，在粉碎和研磨回收再生骨料的过程中会产生另一种来源于再生骨料上的附着砂浆的混凝土固废，即硬化水泥浆粉末，其约占建筑废物总量的25%～30%。这是水泥混凝土所有组分中能源消耗最大、环境负荷最重、经济成本最高的部分。如果能将再生微粉作为辅助胶凝材料替代硅酸盐水泥用于工业生产，对建筑行业的可持续性发展具有重要意义。不过，由于其高水化程度导致的低胶凝活性和高孔隙率导致的高吸水性，目前碳化微粉未见在实际工程中得到高质量的利用[1]。

一种改善上述再生混凝土骨料和再生微粉性质的方法是碳化处理。这是一种公认的环境友好的处理方法。一方面，再生混凝土骨料和微粉的高碱性使其具有很高的二氧化碳固存潜力，很好地践行了建筑行业的全球性低碳战略。另一方面，加速碳化产生的碳酸钙和硅胶填充了孔隙结构，增加了固体体积，因此能够改善再生混凝土骨料的各种性能。另外，碳酸钙和硅胶使再生微粉活性提升，使其能够作为合格的辅助胶凝材料替代硅酸盐水泥。

本文对再生混凝土骨料和微粉的碳固存（碳化）的机理及碳化特性进行了综述。在此基础上就碳化过程对再生混凝土骨料和微粉性能的提升进行了综述和讨论。另外，还讨论了碳化后再生混凝土骨料和微粉对混凝土或水泥浆性能的影响。

2　再生混凝土骨料和再生微粉的碳化机理

在二氧化碳气氛中，再生骨料表面附着的砂浆中的水化产物会与二氧化碳发生一系列复杂的物理化学反应。作为普通硅酸盐水泥最重要的水化产物之一，$Ca(OH)_2$ 占水泥浆体积的 20% ~ 25%。它的碳化反应方程式如下：

$$Ca(OH)_2 + CO_2 + H_2O \longrightarrow H_2O + 2CaCO_3 \qquad (1)$$

$Ca(OH)_2$ 具有非常高的碳化活性。$Ca(OH)_2$ 的碳化过程可以分为两个阶段。在第一阶段，$Ca(OH)_2$ 的 Ca^{2+} 浸出量在反应开始时激增。在整个碳化过程中，$Ca(OH)_2$ 的 Ca^{2+} 浸出量稳定在一个高值。这保证了在整个过程中，Ca^{2+} 的溶解不会成为限制碳化程度的因素。在第一阶段，当二氧化碳充足时，碳化可以保持在一个较高的速度。在第二阶段，未碳化的 $Ca(OH)_2$ 几乎没有被形成的碳化产物覆盖，这使碳化产物层对碳化过程的障碍减少。

普通硅酸盐水泥的另一个主要水化产物是 C-S-H，约占水泥浆体积的 50%。其碳化反应方程式如下：

$$xCaO \cdot ySiO_2 \cdot nH_2O + xCO_2 \longrightarrow xCaCO_3 + ySiO_2 \cdot nH_2O \qquad (2)$$

C-S-H 的碳化过程如下：第一阶段，控制 C-S-H 碳化过程的也是钙离子的浸出特性。随着碳化的进行，C-S-H 的碳化进入扩散阶段。在这个时期，C-S-H 开始转变为硅胶，Ca^{2+} 向外扩散和 CO_2 向内扩散变得越来越困难。当硅胶的碳化产物足够厚后，C-S-H 的碳化将进入持续反应期。

至于 C_3A 和 C_4AF 的水化产物，以及少量未水化的水泥熟料组分，因为其量非常少，所以对于再生混凝土骨料和微粉的碳化特性、性能提升等的影响不显著，故这里不对其进行讨论。

对于再生混凝土骨料，形成的 $CaCO_3$ 和硅胶火山灰反应得到的 C-S-H 可以有效地填充黏附砂浆和界面过渡区（ITZ）的孔隙和微裂缝。这降低了再生混凝土骨料的孔隙率，提高了再生混凝土骨料的性能[2]。至于再生微粉，不具有胶凝活性的水化产物通过碳化可以转变为具有活性的碳酸钙和具有火山灰反应性的硅胶，这使碳化再生微粉具有成为矿物掺和料的潜力。

3 碳化养护后再生混凝土骨料的性能提升及其对混凝土的影响

3.1 碳化养护后再生混凝土骨料的性能提升

3.1.1 孔隙率

从已发表的研究来看，碳化养护能够使再生混凝土骨料的孔隙率降低 19% ～ 49.89%，这与混凝土的原始强度等级、骨料的含水率和外部钙源相关。在 10kPa 的压力下，24h 的碳化养护能够使再生混凝土骨料（粒径为 5 ～ 20mm，来自 C30 ～ C80 强度等级的废弃混凝土）的孔隙率降低了 18.5% ～ 21.4%[3]。过高或过低的水分含量会限制 CO_2 的扩散。随着骨料含水率从 2.5% 增加到 5%，处理后的再生细骨料孔隙率下降到 3.66%。与未碳化养护的再生混凝土骨料相比，碳化养护后的骨料的孔隙率降低了 57.93%。进一步增加水分（7.5%）未能降低其孔隙率[4]。值得注意的是，碳化结合石灰水饱和法能够将总孔隙率降低 31.7%，并显著减少了直径为 100 ～ 1000nm 的孔隙率[5]。此外，碳化养护降低了再生混凝土骨料的累积孔表面积、累积孔体积和平均孔径。

3.1.2 吸水性

碳化养护后再生混凝土吸水率主要由材料特性和碳化条件决定。材料特性主要包括再生混凝土骨料活性、开放孔隙率、含水量和骨料颗粒尺寸。再生混凝土骨料的活性强烈依赖于原始混凝土的强度、储存时间和钙含量。原始混凝土强度等级的提高使骨料含有更多的碳酸盐组分。例如，经碳化氧化的强度为 C30 的细再生混凝土骨料（粒径 0.16 ～ 2.5mm）的吸水性降低了 28.29%，而那些 C50 的细再生混凝土骨料（粒径 0.16 ～ 2.5mm）吸水性降低了 22.64%[6]。碳化养护 6 个月龄期的再生混凝土骨料的吸水率下降了 18.03%，而在实验室存放 1.5 年的再生混凝土骨料的吸水率仅下降了 5.45%。此外，为了增加额外碳酸盐化合物的含量，Pan 等人 [4] 用不同浓度（0.01 ~ 0.25mol）的氢氧化钙溶液浸泡细再生混凝土骨料（粒径小于 4.75mm），发现浸泡在 0.01mol 氢氧化钙溶液中的细再生混凝土骨料的吸水率最多减少为 62.07%。Zhan 等人 [5] 发现，在饱和石灰石水中多次浸泡后，再生混凝土骨料多吸收了约 4.5% ~ 5.8% 的 CO_2。因此碳化养护后的再生混凝土骨料含水率下降了 55.31%，表观密度增加了 5.83%。众所周知，再生混凝土骨料的开放孔隙率和水分含量显著影响 CO_2 气体的扩散速率。较高的开放孔隙率促使 CO_2 在再生混凝土骨料中渗透得更深。然而，无论是太低还是太高的水分含量都是不利于碳化反应进行的。低水分含量限制了氢氧化钙的溶解，而高水分含量阻碍了 CO_2 的有效扩散。如果再生混凝土骨料内部的大部分开放孔隙被自由水填充，CO_2 就不容易渗透到再生混凝土骨料中 [3]。此外，早前研究 [7] 表明，经过碳化养护后的粗再生混凝土骨料（粒径为 10 ~ 20mm）、水泥砂浆粗骨料、细再生混凝土骨料（5 ~ 10mm）的平均吸水率分别下降约 17.9%、37.3% 和 47%。早前的研究得出的结论是，具有较小粒径和较大比表面积的再生混凝土骨料能够在加速碳化过程中捕获更多的 CO_2。

碳化养护条件主要包括 CO_2 浓度、环境压力、环境湿度和养护时间。在 5.0bar 的压力下碳化养护 24h 后再生混凝土骨料的吸水率减少了 17.35%，表观密度增加了 1.49% [8]。随着 CO_2 浓度从 20% 增加到 70%，再生混凝土骨料的吸水率首先从 2.00% 下降到 1.65%，然后在 CO_2 浓度为 100% 时增加到 2.00% [4]。细再生混凝土骨料的吸水率减少量在 CO_2 浓度为 50% 时达到 71.72% [4]。养护 2h 后，再生混凝土的碳化度达到 25%，4h 后仅增加到 28.47% [3]。而 Kou 等人 [9] 认为最佳 CO_2 处理时间为 24h。这可能是因为养护 48h 和 72h 的再生砂浆骨料的性能略好于养护 24h 的骨料。结果表明，较高的氢氧化钙含量、较大的开孔率和适宜的碳化条件有利于提高再生混凝土骨料的碳化程度。需要指出的是，碳化养护处理的效率还受到骨料来源和粒径的影响。

3.1.3　表观密度

碳化养护后的再生混凝土骨料的表观密度均会有所增加，最大增加了 4.92%，这归因于碳化反应产生的表观密度更大的碳化产物会填充于混凝土基体的孔隙中。另外，Liang 等人的研究 [10] 表明通过碳化养护处理后，细再生混凝土骨料的表观密度增加效率显著高于粗再生混凝土骨料，这与碳化产物填充了细再生混凝土骨料之间较大的孔隙有关。

3.1.4 压碎值

常使用压碎值（单位为%）或 10% 细粒值（单位为 kN）来表示再生混凝土骨料的强度。ACV 是经过规定的负载压碎后颗粒质量与样品总质量之比。TFV 是通过压碎法测定骨料中细颗粒（10 ~ 14mm）含量达到 10% 所需的载荷。较小的骨料压碎值（ACV）或较大的 10% 细颗粒值（TFV）反映了骨料更好的抗压碎能力。碳化养护使再生混凝土骨料中的附着砂浆的压碎值增加了 17.4%[11]。碳化养护对于混凝土强度的提升效率主要取决于原始混凝土和养护条件。首先，碳化处理的强度为 C30 的再生混凝土细骨料（粒径为 0.16 ~ 2.5mm）的压碎值从 18.6% 下降到 16.9%，降幅为 9.1%，优于那些强度为 C50 的再生混凝土细骨料的压碎值 7.6%。其次，在 6 ~ 72h 碳化时间范围内，增加碳化时间降低了压碎值，增加了 10% 细粒值[9]。然而，在 5.0bar 和 0.1bar 的 CO_2 压力下碳化养护 24h，再生混凝土骨料的压碎值分别降低了 25.9% 和 21.2%[8]。Pan 等人[4] 报告称随着 CO_2 浓度从 20% 增加到 100%，细再生骨料的压碎值逐渐从 10% 增加到 15.8%。破碎值的下降在 CO_2 浓度为 20% 时达到最佳值。

3.2 碳化养护后再生混凝土骨料对于混凝土的性能影响

3.2.1 抗压强度

根据已发表的研究，掺入碳化养护后的再生混凝土骨料的再生混凝土抗压强度的变化为 −5.8% ~ 35%。抗压强度的改变主要与材料特性、碳化养护条件、取代率、试验龄期和再生混凝土的测量参数有关。

母体混凝土的强度值对碳化养护的预处理和再生混凝土的抗压强度有显著影响。使用由较高强度的母体混凝土产生的碳化养护后再生混凝土骨料的抗压强度的增加比率小于由较低强度的混凝土产生的碳化养护后再生混凝土骨料的抗压强度的增加比率，这表明碳化养护有利于改善低质量再生混凝土骨料的性能。这归因于低强度的母体混凝土具有的高渗透性有利于碳化养护。另一方面，再生混凝土骨料中可碳化物质的量，例如附着砂浆的量，可以影响碳化效率。遗憾的是，一直没有这方面的相关研究。

碳化养护条件主要包括压力、温度、养护时间等，对碳化养护后混凝土的强度有一定的影响。当碳化压力从 0.01MPa 提高到 0.5MPa 时，再生混凝土的抗压强度略有增加，月增加了 2.3% 和 6.6%[8]。然而，0.15MPa 的较高压力相较于

0.075MPa 的再生混凝土骨料抗压强度具有更负面的影响[12]。Zhan 等人[13] 报道，与对照样品相比，将 CO_2 压力从 0.5MPa 增加到 1.0MPa 仅导致抗压强度从 22.58% 增加到 27.96%。当 CO_2 压力从 1.0MPa 增加到 1.5MPa 时，抗压强度会有所降低。就养护温度而言，当再生混凝土的碳化温度从 25℃ 升高到 50℃ 时，再生混凝土的强度从 11.9MPa 降低到 11.4MPa，当温度升高到 75℃ 时，强度增加到 12.1MPa[13]。这可能与 CO_2 和再生混凝土骨料之间的碳化反应的不均匀性有关。延长再生混凝土骨料的养护时间可以提高再生混凝土的抗压强度，且抗压强度在 CO_2 养护前期增长较快，后期增长缓慢。例如，当再生混凝土骨料的养护时间从 7d 增加到 28d，含碳化养护后再生混凝土骨料的再生混凝土的抗压强度从 14.6% 增加到 23.4%[14]。另外，较长的养护时间（90min）有利于增强再生混凝土的强度。除了优化养护条件外，通过结合石灰浸泡工艺，再生混凝土将获得更高的抗压强度，因为额外的氢氧化钙将在旧砂浆中形成更多的碳酸钙，以填充更多的孔隙，并导致更致密的微结构。经过三个循环的 CO_2 固化和饱和石灰水浸泡，再生混凝土的强度相对于未经处理的再生砂浆骨料增加了 22.8%[5]。此外，钙源的类型也是影响改性效率的重要指标。掺再生细骨料砂浆的抗压强度用不同钙源溶液预浸泡的团聚体大于对照样品[13]。他们指出，用氯化钙预浸泡导致最高的砂浆强度，优于氢氧化钙和硝酸钙，而不考虑将氯离子引入处理过的再生混凝土骨料的不良后果。

关于碳化养护后再生混凝土骨料对不同龄期再生混凝土强度增长的影响存在一些矛盾。一些研究人员报告称，与未处理的再生混凝土相比，碳化养护可以提高 28d 或 90d 的强度[15]。相反，其他研究人员声称碳化养护有利于增强早期强度，如 3d 和 7d[9, 15]，这可能与碳化养护后再生混凝土骨料对胶凝材料水化的不同吸附 / 脱附行为有关。此外，抗压强度的增加随着碳化养护后再生混凝土骨料取代率的增加而减少，这表明碳化养护后再生混凝土骨料减少了再生混凝土骨料对强度的负面影响。

从微观结构来看，混凝土的宏观力学性能与界面过渡区的性质有关。类似地，掺碳化养护后再生混凝土骨料的再生混凝土的力学性能与碳化养护后再生混凝土骨料中界面过渡区的平均微裂缝宽度密切相关。低平均微裂缝宽度表明微观结构更致密，有利于再生混凝土的强度。随着碳化时间的延长，水灰比先快速降低后缓慢降低，碳化养护 28d 后，水灰比降低了 14.1% ~ 16.9%。

3.2.2 弹性模量

根据早前的研究，含碳化养护后的再生混凝土骨料的再生混凝土弹性模量变化为 −3.4% ~ 17%。弹性模量的改变率与母体混凝土的强度、养护条件、再生混凝土的替代水平、测试龄期和再生混凝土参数的测量密切相关。

碳化养护后再生混凝土骨料的再生混凝土的弹性模量取决于母体混凝土的强度。再生砂浆骨料的质量越高，28d 测试龄期的再生混凝土的弹性模量值增加越大。例如，用碳化再生砂浆骨料 1（来自 55.6MPa 的再生砂浆骨料）制备的再生混凝土（40GPa）的弹性模量值高于再生砂浆骨料 2（来自 37.5MPa）[16]。再生混凝土的弹性模量值提高可能归因于碳化养护对再生砂浆骨料或再生混凝土骨料的改善[5]。

碳化养护压力和碳化时间对再生混凝土的弹性模量值影响显著。Xuan 等人[8] 认为，与对照样品相比，两种不同碳化压力下的再生混凝土的弹性模量值增加了 8.3% ~ 13.2%。例如，当碳化处理的压力从 0.01MPa 增加到 0.5MPa 时，再生混凝土的弹性模量值略微增加了 2.3%。当旧再生混凝土（主要来自拆除的旧混凝土结构，并在室内实验室条件下储存超过 1.5 年）在 0.5MPa 下碳化 24h 时，碳化的旧再生混凝土的弹性模量值进一步增加了 8.3%[8]。相反，含碳化养护后再生混凝土骨料的再生混凝土的弹性模量值在 75kPa 压力下平均增加 5.59%，优于 150kPa 压力下的弹性模量值（平均增加 1.29%）[12]。其次，当碳化养护时间从 0d 增加到 14d 时，再生混凝土的弹性模量值增加了 14.9%，而当再生混凝土骨料从 14d 进一步碳化到 28d 时，掺碳化养护后再生混凝土骨料的再生混凝土的弹性模量值仅增加了 1.3%。这可能是由于 CO_2 养护后的微裂缝宽度减少[14]。相反，与 90min 的碳化持续时间相比，在较短的碳化持续时间（30min）内碳化的掺 100% 再生混凝土骨料的再生混凝土的平均弹性模量值具有更高的改善效率[12]。遗憾的是，关于 CO_2 浓度、相对湿度和养护温度对再生混凝土弹性模量值的改性效率的系统研究尚未发表。

尽管预处理再生混凝土的弹性模量值仍低于对照样品，但碳化处理在所有测试龄期在一定程度上提高了再生混凝土混合物的弹性模量值。弹性模量值随着龄期的增加而增加。Kazmi 等人[17] 报告称，与第 28d 相比，第 90d 采用碳化结合石灰浸泡的再生混凝土骨料制备的再生混凝土弹性模量值增加了 6.4%。值得注意的是，第 28d 测试的再生混凝土试样的弹性模量值增加高于第 90d[9, 17]。

随着再生混凝土中再生混凝土骨料取代量的增加，弹性模量值逐渐降低。然而，Xuan 等人[8]发现，与掺入未经处理的再生混凝土骨料的再生混凝土相比，较高的碳化养护后再生混凝土骨料替代水平（80% ~ 100%）有利于提高再生混凝土的弹性模量值。相反，随着碳化压力和碳化持续时间的变化，在室温养护的含30% 碳化养护后再生混凝土骨料的弹性模量值增加（增加 7.62%）高于在室温养护的含 100% 碳化养护后再生混凝土骨料（减少 0.74%）[12]。

3.2.3　干燥收缩

根据早前的研究，掺碳化养护后再生混凝土骨料的再生混凝土干燥收缩变化为 −34% ~ 2.5%。影响改性效果的主要因素包括母体混凝土的强度、再生混凝土的取代量和再生混凝土的养护条件。

通常，高质量的再生混凝土有助于减少再生混凝土的干燥收缩[9, 15]。因此，Lu 等人[18]研究了碳化养护后再生混凝土骨料（5 ~ 20mm）对再生混凝土干燥收缩的影响。结果表明，采用50% 和100% 替代率时，碳化养护后再生混凝土骨料与未处理的再生骨料相比，28d 干燥收缩分别降低了 16.6% 和 25.1%。在第112d 时，掺在石灰溶液浸泡环境下碳化的再生混凝土骨料的再生混凝土干燥收缩降低了 13.5%，优于掺单纯碳化再生混凝土骨料的再生混凝土。这是由于石灰浸泡处理的再生混凝土性能优于碳化处理的再生混凝土。从理论上讲，这些影响再生混凝土特性的因素，例如，养护温度和相对湿度、气体压力和 CO_2 浓度，也会影响再生混凝土的干燥收缩[13]。遗憾的是，关于碳化再生混凝土在不同温度和湿度下的干燥收缩的相关研究很少，需要更多的研究来解释这些影响因素背后的机制。

3.2.4　吸水性

含有碳化养护后再生混凝土骨料的再生混凝土的吸水率变化（在 95% 置信水平）为 −29% ~ 3.4%。张等人[15]的研究结果表明，母体混凝土的强度对再生砂浆的吸水率影响不大。Kazmi 等人[17]报道再生混凝土（使用石灰浸泡后碳化养护预处理的再生混凝土骨料）的吸水率下降了 8.3% ~ 10.9%，优于掺单纯碳化的再生混凝土骨料的再生混凝土。提高碳化养护压力有利于降低再生混凝土的吸水率。例如，Xuan 等人[19]报道，与 0.01MPa 的吸水率相比，0.5MPa 压力下碳化的再生混凝土骨料的再生混凝土的吸水率降低了 10.5%。另外，使用碳化养护后的含再生混凝土骨料的再生混凝土会降低吸水性。当使用 100% 替代碳化养护后再生混凝土骨料时，与未处理的再生混凝土骨料相比，吸水率降低了43.6%。

3.2.5 抗氯离子渗透性

根据早前的研究，含碳化养护后再生混凝土骨料的再生混凝土的抗氯离子渗透性的变化为 −86% ~ 16%。影响改性效果的最重要因素包括母体混凝土的强度、养护条件、取代量和试验龄期。

母体混凝土的强度和外加钙源对再生混凝土的氯离子渗透性有一定的影响。低品质碳化养护后再生混凝土骨料制备的再生混凝土的氯离子渗透性劣化比掺高品质碳化养护后再生混凝土骨料制备的再生混凝土更为显著[9, 10, 15]。另外，Kazmi等人发现用石灰浸泡碳化再生混凝土骨料制备的混凝土的抗氯离子渗透性下降了19.53% ~ 23.5%，优于掺单纯碳化处理的再生混凝土骨料的再生混凝土。这是由于石灰浸泡碳化处理的再生混凝土骨料性能优于碳化处理的再生混凝土骨料。

碳化压力和养护时间会影响碳化养护程度，进而影响再生混凝土的氯离子渗透性。然而，Xuan 等人的一项研究[19]的结论是，经 0.5MPa 压力的碳化养护的再生混凝土的抗氯离子渗透性相对于 0.01MPa 的降低了 11.2%。结果表明，提高碳化养护压力对提高再生混凝土的抗氯离子渗透性有显著效果。遗憾的是，目前还没有关于碳化养护后的再生混凝土在不同温度和湿度下氯离子渗透性的相关研究。

现有研究表明，使用碳化养护后的再生混凝土骨料越多，氯离子渗透性降低越多。例如，在 56d 时，经 100% 碳化养护后的再生混凝土骨料制成的再生混凝土的氯离子渗透性比未处理的再生混凝土骨料的再生骨料混凝土低约 36.4%。Liang 等人[10]研究了再生混凝土骨料对与钢筋混凝土中氯离子渗透性密切相关的钢筋腐蚀行为的影响。他们声称碳化养护改善了再生混凝土骨料中附着砂浆的孔结构，降低了钢筋周围的氯离子浓度，因此可以降低钢筋混凝土的锈蚀程度。此外，含碳化养护后的再生混凝土骨料的混凝土对锈蚀钢筋的黏结性能有待进一步研究。

4 碳化处理后再生微粉的性质改变及其对水泥浆的影响

4.1 碳化处理后再生微粉的性质改变

4.1.1 物相演变

早前的研究调查了碳化处理对于再生微粉组成相的改变。大量测试结果证明了碳化处理前再生微粉是一个碱性降低的过程，碳化处理前再生微粉中含有大量水化产物 $Ca(OH)_2$ 和 C-S-H。而经过碳化处理后 $Ca(OH)_2$ 完全消失，C-S-H，的含量也显著降低。相反地，碳化后再生微粉中的碳酸钙的含量显著增加，这说明碳酸钙可通过 $Ca(OH)_2$、C-S-H、水泥熟料中未水化组分的脱钙产生。在再生微粉碳化的初期，$Ca(OH)_2$ 最先与 CO_2 反应而脱钙，在此期间出现两种类型的碳酸钙，即无定形碳酸钙和方解石。当 $Ca(OH)_2$ 完全耗尽时，C-S-H 开始发生碳化，导致再生微粉颗粒表面上方解石晶体的快速形成。与碳酸钙的生成不同，无定形硅胶并不是在再生微粉开始碳化时就生成。以湿法碳化再生微粉过程为例，由于 $Ca(OH)_2$ 的快速碳化，在碳化的前 5min，再生微粉的表面会被方解石层覆盖，这抑制了钙和硅铁的溶解。因此，通过脱钙 C-S-H 凝胶的碳化，只能产生有限数量的含硅凝胶，在方解石层的最外层形成富含硅的层。在 5 ~ 20min，钙的快速释放导致 C-S-H 相从高 Ca/Si 比转变为低 Ca/Si 比，并形成无定形硅胶。湿法碳化 20 ~ 60min 后，脱钙的 C-S-H 的快速碳化进一步导致硅胶的增加，而再生微粉核会由于钙和硅的持续扩散而收缩并变成多孔的。残留的再生微粉核在 60min 内分解，但脱钙的 C-S-H 相分解为硅胶的过程将持续数小时。因此，在 6h 碳化后仍可观察到 Ca/Si 比为 0.67 的凝胶（称为脱钙 C-S-H 凝胶）。另外，早前的一项研究 [20] 称，由于单硫酸盐（AFm）、水合铝酸钙和残余熟料的碳化作用，含氧化铝的凝胶（即氧化铝凝胶和氧化铝 - 硅胶）也会产生。同时，碳化 6h 后也观察到碳化凝胶中氧化铝和硅的共存。然而，氧化铝 - 硅胶的最终结构与水泥成分和 CO_2 浓度无关。类似地，无论碳化持续时间如何，Al/Si 比在 0.2 和 0.3 之间几乎是恒定的，这意味着在碳化过程中保持了内部再生微粉核或氧化铝 - 硅胶的 Al/Si 比。

碳酸钙和硅胶这两种碳化产物对于再生微粉的性质有很大的转变。一方面，众所周知，硅胶因含有二氧化硅而具有火山灰活性，可以与水化产物氢氧化钙发生二次反应（火山灰反应）产生更多的水化硅酸钙。另一方面，碳酸钙和由火山灰反应形成的 C-S-H 的成核作用都有助于水泥在早期阶段的水化。碳化微粉中的碳酸钙基本上是方解石，其对 C-S-H 的成核作用归因于方解石中 Ca 和 O 原子的平面构型与 C-S-H 中 CaO 层的相似性。由火山灰反应形成的新的 C-S-H 的成核作用是由于这些 C-S-H 可以作为种子加速水合物的析出。另外，根据早前的一项研究 [21] 证明碳酸钙能够和 C_3A 反应促使铝酸钙单碳酸盐（CAMC）、铝酸钙半碳酸盐（CAHC）的形成，以及 AFt 的稳定。目前还有很多研究关注于碳化过程对于再生微粉中碳酸钙的多晶型的影响。众所周知，碳酸钙具有方解石、文石、球霰石三种晶型，生成何种晶型与碳化过程中外加离子种类、温度、CO_2 浓度、压强等参数均有关系，目前的研究结果并没有统一的结论，未来需要对此进行更多的研究。

4.1.2 物理特性

加速碳化处理后，再生微粉的密度增加了 11.79%，而吸水率下降了 34.80%[22]。随着碳化时间的延长，再生微粉的物理性能得到改善。然而，在 48h 碳化后，吸水率的降低速率和 CO_2 吸收速率的增加速率减缓，因此 48h 可被视为再生微粉碳化的最佳持续时间。此外，碳化温度也会影响物理性质的变化，而在 100℃ 的室内温度下观察到再生微粉的吸水率显著降低。有大量研究关注了碳化微粉的孔隙率和孔结构，在再生微粉的湿法碳化过程中，小于 200nm 的累积孔结构在碳化第一个 30min 内首先从 0.076m³/g 增加到 0.133m³/g，并且在 60min 时进一步显著降低到 0.078 m³/g。前者的孔隙体积增加可归因于含钙水合物脱钙破坏了孔隙结构，而后者则是由于再生微粉颗粒分解以及出现大于 200 nm 的毛细孔隙[20]。碳化 6h 后，无定形含二氧化硅和含氧化铝凝胶的形成导致细于 10 nm 的凝胶孔比例增加，从而可以获得非常细的碳化再生微粉颗粒。此外，碳化再生微粉的孔结构显示出对颗粒尺寸效应的强烈依赖性。相比之下，由于碳酸钙沉淀的致密结构，尺寸为 1.18mm 和 2.36mm 的再生微粉的孔体积分别减少了 31.3% 和 24.8%[23]。

4.1.3 形貌

根据 Ouyang 等人[24] 一项关于干法碳化再生微粉的研究中的 SEM 结果，未碳化处理的再生微粉和碳化后再生微粉的表面形貌并没有显著的差异。从 SEM 图中没有观察到碳化再生微粉中的碳酸钙。碳化的另一种产物硅胶也很难区分，因为它作为一种非结晶和无定形物没有清晰的形状和结构。覆盖碳化再生微粉颗粒表面的产品很可能是硅胶。不过早前的几项湿法碳化再生微粉的研究表明，碳化过程中再生微粉的形貌发生了一些改变。在最初的 5min 内，再生微粉表面上逐渐形成结晶不良的碳酸钙，在 20min 时，这些碳酸钙变成了具有清晰边缘的层状结构的方解石颗粒。之后，外表面出现平均尺寸约为 500nm 的菱形方解石颗粒，随后在 60min 碳化再生微粉颗粒解体。碳化最后阶段（超过 360min）观察到直径为 0.6 ～ 2.36mm 的碳化再生微粉上有大量结晶良好的方解石外壳[25]。然而，与尺寸在 1.18 mm 和 2.36 mm 之间的较大颗粒上的较致密的产物层相比，在 0.6mm

的再生微粉上形成了具有相对较小碳酸钙簇的松散涂层。前者归因于钙离子的浸出和碳酸钙从内部再生微粉中的沉淀，而后者可以通过因接触表面积较小而导致的延迟溶解和浸出过程来解释。

4.2 碳化再生微粉替代水泥对于水泥浆性能的影响

4.2.1 流变性能

Ouyang 等人[24]关注到了碳化再生微粉替代水泥对于水泥浆流变性能的影响。掺碳化后再生微粉的水泥浆流变性能较普通水泥浆更差，甚至差于掺未碳化的再生微粉的水泥浆。这归因于再生微粉表面的硅胶对水泥浆体的流变性能起着关键作用。众所周知，硅胶对 H_2O 有很强的亲和力，导致大量的水被吸收在再生微粉的表面上，这使水泥浆体尽管具有较大的粒径和较低的表面积，但仍具有较高的剪切应力。

4.2.2 水化热

作者早前一项研究中测量了使用湿法碳化后再生微粉 20% 和 40% 取代水泥得到的水泥浆样品的累积水化率和水化热在 72h 内的变化情况。掺湿法碳化再生微粉样品的水化加速期提前，掺碳化或未碳化再生微粉的水泥浆样品的累积水化热高于样品 0.6 倍的普通水泥浆样品。这一结果表明，硅胶的火山灰效应和碳化微粉的成核效应能够加快水泥浆早期的水化，且能够使水泥浆总的水化产物量增加。

4.2.3 抗压强度

碳化后的再生微粉代替普通水泥对于水泥浆的抗压强度会有影响。根据 Lu 等人[26]的研究，与普通水泥浆相比，用小于 20% 的碳化再生微粉对制备的水泥浆有更高的抗压强度。例如，用 20% 碳化再生微粉对制备的水泥浆体的 7d 和 28d 抗压强度分别为 43.8MPa 和 58.9MPa，分别比普通水泥浆高 21.9% 和 12.1%。不过与掺入未碳化再生微粉的水泥浆相比，掺入碳化处理后再生微粉的水泥浆抗压强度显著更高。Zajac 等人[27]报道了类似的结果，即在早期存在石灰石的情况下，抗压强度略高。碳化再生微粉降低了后期的抗压强度。与普通水泥浆相比，用 10% 和 20% 碳化再生微粉制备的水泥浆体在 90d 表现出相似的抗压强度。然而，与普通水泥浆相比，含 30% 碳化再生微粉浆体的抗压强度在所有龄期都降低了。可能是由于较低的熟料含量。熟料含量随着碳化再生微粉取代量的增加而减少，表明水化产物减少，导致孔隙率增加，抗压强度降低。

碳化再生微粉对于水泥浆的抗压强度的影响有如下 5 种效应耦合的结果：（1）方解石为水化产物提供了大量额外的成核和生长场所，从而显著加速了水泥的水化；（2）碳酸钙和 C_3A 反应使铝酸钙单碳酸盐（CAMC）、铝酸钙半碳酸盐（CAHC）形成以及 AFt 稳定；（3）碳化再生微粉的填充效应；（4）硅胶的火山灰效应；（5）碳化再生微粉替代水泥带来的稀释效应。未来需要重点研究这些效应各自的贡献，阐明这些效应各自发挥的作用。

4.2.4 孔隙率

碳化后的再生微粉代替水泥对于水泥浆的孔隙率也会有影响。根据 Lu 等人[26]报道由于水化过程中孔隙空间不断减小，所有浆体的累积孔隙体积、孔隙率和尺寸分布都随着时间的推移而减小[28]。对于用碳化后的再生微粉 20% 代替水泥制得的水泥浆，$0.1 \sim 1\text{lm}$ 范围内的孔隙体积（对应于大毛细管孔隙）与普通水泥浆相比几乎相同。然而，与普通水泥浆体相比，碳化后的再生微粉 20% 代替水泥制得的水泥浆体（C20）在 $0.01 \sim 0.1\text{lm}$ 范围内的孔隙体积（相当于中等毛细孔隙）有所减少。结果与抗压强度的发展较为一致。这可归因于填料效应和方解石存在下的加速水合作用。方解石存在时，CAHC 和 CAMC 的形成更稳定，增加了固体体积。然而，未碳化的再生微粉 20% 代替水泥制得的碳化后的再生微粉 20% 代替水泥制得的水泥浆体显示出比硅酸盐水泥（PC）浆体更高的累积孔隙率，这是由于未碳化的再生微粉具有更高的吸水率和孔隙率。

5 结论与展望

本文对再生混凝土骨料和微粉的碳固存及性能提升进行了全面的综述和讨论。基于此，可以得出以下结论：

（1）再生混凝土骨料的碳化养护使其微观结构致密化，密度和压碎值增加，孔隙率和吸水率下降。碳化养护对于再生混凝土骨料性能的提升归因于方解石沉淀可以降低其界面过渡区的孔隙率。

（2）碳化养护后再生混凝土骨料性能的提升可以进一步改善再生混凝土的性能。相较于掺有未处理的再生混凝土骨料的混凝土，掺有经过碳化养护处理后的再生混凝土骨料混凝土的抗压强度、抗弯和劈裂拉伸强度、弹性模量、收缩、吸水性、抗氯离子渗透性更佳。

（3）碳化能够使再生微粉中高度水化的氢氧化钙、C-S-H 等水化产物转变为碳酸钙和硅胶，从而改变再生微粉的物理特性和形貌。

（4）碳化后的再生微粉通过硅胶的火山灰活性、碳酸钙的成核效应、碳酸钙的化学效应，以及填充效应对水泥浆的抗压强度提升和孔隙率的降低起到正面效果。同时，这些效应促进了水泥浆的水化，不过硅胶的高吸水性会导致水泥浆流变性能变差。

考虑到本综述的上述结论，可以总结出以下展望：

（1）由于再生混凝土骨料来源的复杂性，应充分考虑再生混凝土骨料的特性，有针对性地设计相关碳化养护程序，以实现效率最大化和能耗最小化。

（2）碳化养护对于再生混凝土骨料微观结构变化和宏观性能改进之间的联系和关系需要进一步详细调查。此外，基于该机制的多尺度系统研究也是迫切需要的。

（3）碳化再生微粉对于水泥浆流变性的影响会严重阻碍其实际应用，未来需要更多研究来解决这一问题。

（4）碳化再生微粉对于水泥浆强度和孔隙各种效应的影响大小和在何时影响还没有被彻底阐明，这不利于其作为合格的辅助胶凝材料使用，未来应就这一问题展开更多针对性研究。

参考文献

[1] LOTFI S,REM P.Recycling of End of Life Concrete Fines into Hardened Cement and Clean Sand [J] .Journal of Environmental Protection，2016，7（6）：934-950.

[2] OUYANG K,LIU J，LIU S,et al. Influence of pre-treatment methods for recycled concrete aggregate on the performance of recycled concrete: A review [J] .Resources,Conservation and Recycling，2023，188：106717.

[3] ZHAN B,POON C S,LIU Q,et al. Experimental study on CO_2 curing for enhancement of recycled aggregate properties [J] .Construction and Building Materials，2014，67：3-7.

[4] PAN G,ZHAN M,FU M,et al.Effect of CO_2 curing on demolition recycled fine aggregates enhanced by calcium hydroxide pre-soaking [J] .Construction and

Building Materials，2017，154（15）:810-818.

[5] ZHAN B J,XAN D X,POON C S.Enhancement of recycled aggregate properties by accelerated CO_2 curing coupled with limewater soaking process［J］.Cement and Concrete Composites，2018，89:230-237.

[6] ZHANG J,SHI C，LI Y,et al. Performance Enhancement of Recycled Concrete Aggregates through Carbonation［J］.Journal of Materials in Civil Engineering，2015，27（11）:04015029.

[7] SHI C,WU Z,CAO Z,et al.Performance of mortar prepared with recycled concrete aggregate enhanced by CO_2 and pozzolan slurry［J］.Cement and Concrete Composites，2018，86:130-138.

[8] XUAN D,ZAN B,POON C S.Assessment of mechanical properties of concrete incorporating carbonated recycled concrete aggregates［J］.Cement and Concrete Composites，2016，65:67-74.

[9] KOU S C,ZHAN B J,POON C S. Use of a CO_2 curing step to improve the properties of concrete prepared with recycled aggregates［J］.Cement and Concrete Composites，2014，45:22-28.

[10] LIANG C,MA H,PAN Y,et al. Chloride permeability and the caused steel corrosion in the concrete with carbonated recycled aggregate［J］.Construction and Building Materials，2019，218:506-518.

[11] LI Y,ZANG S,WANG R,et al.Effects of carbonation treatment on the crushing characteristics of recycled coarse aggregates［J］.Construction and Building Materials，2019，201:408-420.

[12] TAM V W Y,BUTERA A,LE K N.Carbon-conditioned recycled aggregate in concrete production［J］.Journal of Cleaner Production，2016，133（1）:672-680.

[13] Zhan M,PAN G,WANG Y,et al.Effect of presoak-accelerated carbonation factors on enhancing recycled aggregate mortars［J］.Magazine of Concrete Research，2017，69（15）:838-849.

[14] LI Y,FU T,WANG R,et al.An assessment of microcracks in the interfacial transition zone of recycled concrete aggregates cured by CO_2［J］.Construction and Building Materials，2020，236（6）:117543.

[15] ZHANG J,SHI C,LI Y,et al.Influence of carbonated recycled concrete aggregate on properties of cement mortar [J] .Construction and Building Materials, 2015, 98: 1-7.

[16] LI L,XIAO J,XUAN D,et al.Effect of carbonation of modeled recycled coarse aggregate on the mechanical properties of modeled recycled aggregate concrete [J] .Cement and Concrete Composites, 2018, 89: 169-180.

[17] KAZMI S M S,MUNIR M J,WU Y F,et al.Influence of different treatment methods on the mechanical behavior of recycled aggregate concrete: A comparative study [J] .Cement and Concrete Composites, 2019, 104: 32.

[18] LU B,SHI C,CAO Z,et al.Effect of carbonated coarse recycled concrete aggregate on the properties and microstructure of recycled concrete [J] . Journal of Cleaner Production, 2019, 233: 421-428.

[19] XUAN D,ZHAN B,POON C S.Durability of recycled aggregate concrete prepared with carbonated recycled concrete aggregates [J] .Cement and Concrete Composites,2017, 84: 214-221.

[20] ZAJAC M,SKIBSTED J,SKOCEK J,et al.Phase assemblage and microstructure of cement paste subjected to enforced,wet carbonation [J] .Cement and Concrete Research, 2020, 130: 105990.

[21] BENTZ D P,FERRARIS C F,JONES S Z,et al.Limestone and silica powder replacements for cement: Early-age performance [J] .Cement and Concrete Composites, 2017, 78: 43-56.

[22] WU H,LIANG C,XAO J,et al.Properties and CO_2-curing enhancement of cement-based materials containing various sources of waste hardened cement paste powder [J] .Journal of Building Engineering, 2021, 44 (2019) : 102677.

[23] FANG Y,CHANG J.Microstructure changes of waste hydrated cement paste induced by accelerated carbonation [J] . Construction and Building Materials, 2015, 76 (Feb.1) : 360-365.

[24] OUYANG X,WANG L,XU S,et al.Surface characterization of carbonated recycled concrete fines and its effect on the rheology, hydration and strength development of cement paste [J] .Cement and Concrete Composites, 2020,

114：103809.

[25] JANG Y,LI L,LU J X,et al.Mechanism of carbonating recycled concrete fines in aqueous environment: The particle size effect [J] .Cement and Concrete Composites，2022，133：104655.

[26] LU B,SHI C,ZANG J,et al.Effects of carbonated hardened cement paste powder on hydration and microstructure of Portland cement [J] .Construction and Building Materials，2018，186（Oct.20）：699-708.

[27] ZAJAC M,ROSSBERG A,LE S G,Lothenbach B.Influence of limestone and anhydrite on the hydration of Portland cements [J] .Cement and Concrete Composites,2014，46：99-108.

[28] WENZEL O,SCHWOTZER M,MULLER E,et al.Investigating the pore structure of the calcium silicate hydrate phase [J] .Materials Characterization，2017，133：133-137.

作者简介

张亚梅 东南大学材料科学与工程学院教授、博士生导师、加拿大英属哥伦比亚大学（UBC）兼职教授，江苏省先进土木工程材料协同创新中心副主任，南京绿色增材智造研究院院长，南京"科技顶尖专家聚集计划"入选人才，国际建材领导企业 Holcim 集团官方学术合作伙伴（3D 打印方向），国际 3D 打印联盟 3DConcrete 唯一中国成员。现为中国硅酸盐学会固废与生态材料分会副理事长、混凝土 3D 打印学术委员会主任，同时担任中国土木工程学会再生混凝土分会副主任委员，亚洲混凝土联合（ACF）技术委员会主席等。担任国际期刊 Cement and Concrete Composites 副主编等。

陈　宇 荷兰代尔夫特理工大学土木工程学院博士后研究员／东南大学材料科学与工程学院副研究员，现为中国硅酸盐学会固废与生态材料分会混凝土 3D 打印学术委员会委员，同时是 RILEM 3D 打印水泥基材料专委会委员。

陈宇宁 东南大学材料科学与工程学院博士研究生，研究方向为 3D 打印地聚物。

固废与混凝土 3D 打印建造 [1]

张亚梅　陈　宇　陈宇宁

1　混凝土 3D 打印建造概述

1.1　混凝土 3D 打印研究背景

近年来，混凝土 3D 打印（3D printing concrete，3DPC）建造技术迅速发展，并在土木工程领域得到广泛的关注。大量的 3D 打印建造示范工程涌现（图 1），成功展现了 3DPC 技术在建筑领域的潜力。

（a）南京市江北新区市民接待中心　　　　　　（b）公共卫生设施
（南京绿色增材智造研究院有限公司供图）　（南京绿色增材智造研究院有限公司供图）

（c）个性化景观小品　　　　　　　　（d）迪拜 3D 打印市政府用楼 [1]
（南京绿色增材智造研究院有限公司供图）

图 1　3D 打印建造结构

1　本研究得到国家自然科学基金重点项目（52130210）的支持。

基于增材制造的原理，如图 2 所示，3DPC 技术的工作流程通常包括以下几个步骤：（1）配制打印混凝土材料，并通过泵送设备将材料泵送至喷嘴处；（2）使用喷嘴将混凝土沿着计算机上预先设定的路线挤出并沉积；（3）混凝土条带逐层堆叠，并配合钢筋或者其他增强措施的布置以最终完成结构的建造。与传统的支模 - 浇筑施工工艺相比，3DPC 技术的特殊施工工艺拥有一些特有的优势，包括免模板、更高的生产效率、更高设计几何自由度、减少劳动力和整个施工产业链的数字化等。

1—泵送过程；2—经过喷嘴挤出；3—混凝土条带的挤出和沉积；4—条带的分层堆叠而形成结构（图片来源：南京绿色增材智造研究院有限公司）

图 2　挤出式 3D 打印混凝土技术的基本工作流程

1.2　混凝土 3D 打印建造的低碳性

在我国"双碳"的大背景下，3DPC 技术的低碳性优势逐渐显现。本节将从施工工艺和结构设计层面简要介绍 3DPC 的低碳性优势。

施工工艺层面：3DPC 的自动化实现可以大幅减少施工对劳动力的需求。据测算，建筑工人的减少可以使施工人员导致的碳排放量下降 65% 左右 [2]。同时，无模板的施工方法可以进一步降低模板生产加工与使用过程所产生的碳排放。

结构设计层面：高度的设计自由度可以通过拓扑优化结构设计、多功能一体化结构设计和装配式可拆卸再建造结构设计等途径实现材料的节省、保温性能的提升、构件的重复利用，进而实现低碳化的目的。

1.3 混凝土 3D 打印材料中使用固废的必要性

用于 3DPC 打印材料中的胶凝组分必须充足以保证其拥有足够的触变性来完成泵送→挤出→堆叠结构成型工艺。因此，3DPC 的胶凝材料含量比传统混凝土高许多（据统计，3DPC 的胶凝材料含量占混凝土材料的 36% ± 10%），而传统 C30 混凝土的胶凝材料含量只占 20% 左右。目前的 3DPC 普遍使用硅酸盐水泥作为胶凝材料，而硅酸盐水泥生产是全球资源、能源消耗第三大产业和碳排放量第二大产业，年均碳排放量约占全球排放总量的 7%。因此，如果要实现混凝土 3D 打印建筑低碳化，需要降低打印材料中硅酸盐水泥的含量。另外，用于建筑材料的天然砂石资源短缺的问题与日俱增。在当今的 3DPC 研究和应用中，寻找低碳胶凝材料和替代天然砂石的资源已成为重要的课题。

我国固废堆存量与日俱增，累计堆存量约 600 亿吨，年新增堆存量近 30 亿吨。处理固废是一项亟待解决的环境问题。大部分颗粒或者粉体固废材料均含有玻璃相，具备用于胶凝材料以及骨料的先天条件。因此，使用固体废弃物来替换 3DPC 中的部分硅酸盐水泥或者骨料来实现 3DPC 材料的低碳化和固废利用，已成为一项新的课题。目前，固废在 3DPC 中的应用已经有了较多的探索。在接下来的小节中，将简要介绍使用于 3DPC 中的固废，并总结和讨论它们对 3DPC 主要性能的影响。

2 固废在 3D 打印混凝土材料中的研究和应用

我国现有的大宗固体废弃物（以下简称固废）主要包括冶金废渣、煤矸石、尾矿（共伴生矿）、粉煤灰、化工废渣（工业副产物石膏）、建筑垃圾、农林废弃物等。这些固废用于传统浇筑混凝土的研究和应用已经十分广泛。然而，由于 3DPC 技术发展时间较短，固废材料在 3DPC 中的应用仍较少。因此，这里主要讨论已经公开的研究中关于冶金废渣、粉煤灰、硅灰、建筑垃圾等典型固废在 3DPC 中的应用。

2.1 冶金废渣

冶金废渣指的是钢铁和其他金属冶炼过程中所排放的渣类,包括高炉矿渣(以下简称矿渣)、钢渣、镍铁渣、铜渣、赤泥和硅灰等。大部分冶金废渣(如矿渣、钢渣、镍铁渣、铜渣等)是在高温熔融状态下经过冷水淬火所获得的以无定形相为主的块状颗粒,经过研磨后可以用作水泥的替代胶凝材料。由于多采用水淬急冷的工艺,冶金废渣一般玻璃体含量较高,拥有较好的化学活性,因此也在混凝土中使用较多。然而,除了矿渣和硅灰这些处理工艺成熟的废弃物,其他的冶金废渣由于其特殊的金属冶炼工艺,普遍含有一定的杂质。随着废渣在水泥基材料中的掺入,这些杂质或多或少会对新拌性能、打印性能或者硬化性能产生负面影响,进而限制了其在水泥基材料中的应用。

矿粉是 3D 打印混凝土常用的原材料之一。由于颗粒粒径小、颗粒形貌不规则,易形成互锁效应。矿渣的掺入对水泥基 3DPC 的可打印性能有诸多益处,包括对打印材料可建造性、触变性及硬化速度等的提升。同时,矿渣拥有比较高的火山灰活性,适量的掺入能够提升 3DPC 的力学性能。

矿渣也常被用于矿渣基或者粉煤灰基 3D 打印地聚物材料中。地聚物具有的快硬特性、高黏度及高触变性与 3D 打印工艺对材料的性能需求不谋而合;同时,矿渣作为胶凝材料使用还具有优异的低碳性 [3]。由于体系中钙含量的提升加速了体系的水化产物生成速度,提高矿渣掺量能够有效提高材料的早期硬化速度,进而增强打印材料的建造性。

钢渣(钢铁冶炼过程的副产物)作为一种较为典型的冶金固废,也受到了广泛关注。钢渣粉的掺入会削弱打印材料的触变性并降低新拌状态下的屈服应力及其硬化速度,对 3DPC 的可建造性不利。同时,由于冶炼金属和冶炼工艺的不同,钢渣的反应活性普遍较矿渣低。当钢渣粉掺量较高时,打印材料的力学性能会显著地降低。因此,未经处理的钢渣的掺量应被限制在较低水平。同时,当钢渣在水泥基材料中的掺量较大时,有潜在的体积稳定性问题,钢渣当中的游离 MgO和 CaO 等的反应会造成体系的体积膨胀和开裂。因此,钢渣掺入引起的体积稳定性和硬化性能削弱的问题在结构打印过程中应引起重视。

据铜渣(铜冶炼及其精炼过程的副产物)对 3DPC 打印性能和电磁波吸收性能的影响研究显示 [4],铜渣含有高含量的铁氧体,能够增强材料的电磁波吸收性能,使打印结构获得吸波功能。然而,铜渣的低反应活性和高吸水特性限制了其在 3DPC 中的使用量。

2.2　粉煤灰

粉煤灰作为燃煤发电过程的一种主要工业固废，是我国当前固废处理政策的重点关注对象之一。粉煤灰是当前 3DPC 中使用最多的固废之一，许多研究人员在 3DPC 中掺入粉煤灰以调控材料的流变性，提升可打印性。原状粉煤灰颗粒一般呈圆球状，当其掺入 3DPC 后，能够减少材料中颗粒的摩擦阻力，提高在新拌状态下的流动性能。这一特性使粉煤灰可以用作提升打印材料可泵送性和可挤出性的掺和料之一。研究人员[5] 将 3DPC 中的粉煤灰含量从 50% 提高到 80%，发现材料的可挤出性明显增强。然而，随着粉煤灰含量的提高，材料的建造性也随着降低。粉煤灰的钙含量低，延缓了早期的水化硅酸钙生成过程，进而降低了材料的早期硬化速度。然而，过高的粉煤灰含量会减少体系总体的钙含量，延缓水化产物的生成，进而降低材料的硬化性能[6]。

2.3　硅灰

硅灰是一种单质硅和硅铁合金冶炼过程的副产物。由于硅灰的低产量和在水泥基材料中的高性能表现，它实际上已经不能算是一种固废，而更像是一种高附加值的水泥掺和料。硅灰的粒径小、表面积大、火山灰活性高，能够有效提高 3DPC 的黏聚性、触变性和早期硬化速度。因此，硅灰是一种非常适用于 3DPC 的理想掺和料。目前，大量的研究中使用了硅灰来提升 3DPC 材料的屈服应力和硬化速度，进而增强材料的建造性。

2.4　建筑垃圾再生材料

当前，旧城改造和城市翻新所形成的大量建筑垃圾经过有效的处理之后，可以再次用于水泥基材料中，实现建筑材料的循环利用。将黏土砖经过粉磨后获得的再生砖粉具有一定的火山灰活性,已经被证明是一种可以被用于混凝土的固废。砖粉的性能与其颗粒粒径高度相关。张超等人的研究发现[7]，较大颗粒粒径（平均 37.0 ~ 39.1μm）的再生砖粉对 3DPC 的打印质量、界面性能和力学性能均存在负面作用；而只有小粒径（平均 27.4μm）的再生砖粉在低掺量时对上述性能的负面影响可以被忽略。作者因此推荐使用在 3DPC 中使用 20% 替代量的小粒径再生砖粉。另一项研究表明，砖粉掺量超过 10% 会对流动度、抗压强度和界面黏结性能产生不利影响[8]。应该意识到的是，虽然砖粉较易磨，减小砖粉的磨细粒径必然要增加粉磨时间或者功率，这可能会降低固废使用带来的 3D 打印建造的碳排放效率。

当前也有研究着眼于再生砂和再生粗骨料对 3DPC 的可打印性和硬化性能的影响。再生砂需水量大，会加速打印材料的流动度损失，使用再生砂替换天然砂会降低打印材料的可打印时间窗口[9, 10]。同时，由于再生砂表面包裹着已经硬化的水泥浆体，在作为骨料使用时与周围的水泥浆体无法形成致密的微结构，因此再生砂的使用普遍会降低材料的力学性能。再生粗骨料也存在与再生砂类似的情况，替换天然骨料后会增加材料的需水量，降低硬化后的力学性能和挤出条带之间的界面黏结性能。此外，再生骨料（包括砂和粗骨料）对混凝土新拌性能和硬化性能的影响随着产地来源、破碎工艺、后处理工艺等影响因素的不同存在较大的波动性，因此，废弃混凝土再生材料在 3DPC 中的应用需要关注其组成和性能的波动性，并同时关注其对变形和耐久性能的影响。

2.5　其他固废

理论上，所有能够掺入传统浇筑混凝土中的固废均可能被用来掺入 3DPC 体系中，这其中包括了废弃轮胎、废弃口罩、铜尾矿、稻壳灰、生物炭等。不同物化特性的固废在 3DPC 中的合适掺量各不相同。固废材料合适掺量的确定不仅应考虑其活性和其他物理化学属性，同时也应考虑打印结构的应用场景对材料性能的需求。

3　固废在混凝土 3D 打印材料中应用的挑战与对策

3.1　挑战

在 3D 打印混凝土材料中使用固废对于碳排放的降低和固废的消纳具有一定的前景。然而，我们仍需要意识到的是，基于当前 3D 打印建造技术的发展现状下，该举措仍然存在一系列的挑战。

相较于传统支模 - 浇筑所使用的大流态混凝土，3D 打印混凝土需具备良好的触变性和快速的结构演化以提供适宜的建造性能。当前，除了少部分后处理工艺成熟且活性高的固废（矿渣，粉煤灰及硅灰）外，大部分固废（钢渣、铜渣、磨细砖粉和再生骨料等）由于反应活性低、杂质多、性能变异性大，普遍会削弱打印材料的触变性和早期硬化速度。这个弊端在提高固废掺量或者大高宽比或者复杂结构（对打印材料的硬化速度要求更为苛刻）的打印成型中更加凸显。同时，低反应活性或者含有危害性杂质（如钢渣和镍铁渣中的游离 CaO、游离 MgO 等）的固废毫无疑问会进一步削弱打印结构的服役性能（如力学性能、耐久性等）。这对于已经存在诸多服役隐患（如薄弱的层间界面、缺少竖向配筋等）的 3D 打印混凝土结构的服役性能来说无疑是雪上加霜。因此，就目前而言，除了高炉矿粉、粉煤灰和硅灰这些优质固废，在水泥基打印材料中的固废推荐掺量普遍维持在较低水平（10% ~ 20%）。然而，这样的固废消纳比例与我国当前大宗固废的堆存量和新增量相比只是杯水车薪。

其次，固废性能的高度变异性将潜在地提高其在 3D 打印混凝土建造技术中实际应用的成本。混凝土的可打印性对于组分的物化特性十分敏感。材料组分的轻微改变有可能会较大程度地影响可打印性，进而对结构的成型质量产生较大的影响。固废的物化性能由于原材料、生产工艺和废弃物处理工艺的不同均存在巨大的差异。以镍铁渣为例，根据文献的报道，不同来源的镍铁渣中，CaO、SiO_2 和 Al_2O_3 的含量波动范围分别为 0.29% ~ 37%，29.95% ~ 62.8% 和 1.95% ~ 34.37% [11]。再生骨料对混凝土流变和硬化性能的影响更是与粒径粒形、硬化历程、破碎工艺和处理工艺等诸多因素相关。因此，在商业应用中每批次的固废必须在使用之前经过严格的可打印性和硬化性能测试，以确保打印材料满足相应的成型和服役性能。这无形中大大增加了在 3DPC 中使用固废的成本。

最后，以目前阶段 3DPC 相对有限的市场和应用体量来看，其难以成为消纳固废的有效途径。3D 打印混凝土建造技术当前处在快速发展的阶段，打印性能调控、配筋和增强等核心技术仍不成熟。当前已知的中大型 3D 打印混凝土结构（如房屋、桥梁等）多数为示范工程，缺乏服役性能和商业逻辑的验证。大部分 3D 打印混凝土技术的商业落地聚焦于小品景观、河岸护堤等成型难度低、服役性能要求低的小型工程。深圳市近日所发布的《深圳市智能建造技术目录》中也将 3D 打印混凝土技术的适用场景定位为"部品部件生产、装饰造型模板、园林景观构筑物、小型房屋" [12]。因此，与道路工程、大型工业建筑工程等（均存在大体积混凝土工程）固废消纳大户相比，当前的 3DPC 技术的成熟应用场景尚偏小，工程体量有限，对固废的消纳能力有限。

3.2 对策

面对前述的这些挑战和局限，以下对策有助于推进固废在 3D 打印混凝土建造中的应用。

首先，针对不同固废特性，应开发有效的固废前处理手段以提高其化学活性并降低性能的变异性，减少其对打印材料新拌性能的负面作用及降低潜在的技术成本。理论上，固废粉体的自身化学活性主要取决于其无定形相的含量及可以参与水化产物生成的化学组分（Ca、Si 和 Al）。因此，高温煅烧、粉磨或者化学侵蚀等手段理论上有利于提升固废的化学活性。然而，这些处理措施所产生的能耗、碳排放及相应的技术成本也应慎重考虑。需要注意的是，3DPC 技术对所使用固废的性能要求比传统混凝土施工工艺更为苛刻。因此，用于 3DPC 中的固废前处理手段也应更为严格和有效。

其次，应集中精力攻克 3DPC 技术在应用过程中的关键技术问题，包括可打印性的增强，层间界面性能的提升以及配筋技术优化等，以提升 3DPC 技术的成熟度和应用过程中的稳定性。这样一来，一是可以提升打印材料的可打印性和硬化性能在各类应用场景中的冗余度，为固废的使用提供空间，以提升固废的单位使用比例；二是可以将 3DPC 技术的应用场景拓宽和提升至大型建筑、复杂结构等固废消纳能力强的工程场景，进而增强固废的消纳水平。

最后，在 3DPC 技术成熟和固废前处理手段完善之前，尽可能选择使用具有较高活性、对打印材料新拌和硬化性能具有一定益处或者没有负面作用的固废材料。实际上，这种固废选择策略也符合当前成熟的商用混凝土辅助胶凝材料（如矿粉、粉煤灰等）使用的底层逻辑——达到固废利用且提升材料性能的双赢。否则，在固废的 3DPC 技术应用过程中，材料低碳性与打印或硬化性能之间必然陷入顾此失彼的两难境地中。

4 总结

综上所述，将固废与混凝土 3D 打印建造相结合是未来固废利用领域的一个重要发展方向。这种结合能够有效解决废弃物处理和资源利用的问题，并为可持续建筑提供可行的解决方案。尽管其中面临各种难题与挑战，如固废的预处理、材料的可行性和打印性能等，但只要在可持续性、经济性和可行性等方面做好充分的准备，我们坚信，在 3D 打印混凝土技术不断发展成熟后，3D 打印混凝土建造技术将会成为固废利用的一条有效途径。

参考文献

[1] 攻城狮 Tony. 迪拜：Apis Cor 完成世界最大体量的 3D 打印建筑 [EB/OL]. (2022-07-14) [2023-06-14] .https://mp.weixin.qq.com/s?__biz=MzIwNTE3 MjU4OQ==&mid=2651735009&idx=1&sn=ac36055cb95314e83601ed62661d7 7fc&chksm=8cce19e3bbb990f59a4711b4aed1f9731f94b0f0304a2858be8da335b 5d988af69768fa63807&scene=27.

[2] 夏锴伦，陈宇宁，刘超，等 . 混凝土 3D 打印建造的低碳性研究进展 [J/OL] . 建 筑 结 构 学 报：1-21 [2023-07-22] .http://kns.cnki.net/kcms/ detail/11.1931.TU. 20230711.2018.002.html

[3] CHEN Y,ZANG Y,XIE Y,et al.Unraveling pore structure alternations in 3D-printed geopolymer concrete and corresponding impacts on macro-properties [J] .Additive Manufacturing,2022，59：103137.

[4] SUN J,HUANG Y,ASLANI F,et al.Properties of a double-layer EMW-absorbing structure containing a graded nano-sized absorbent combing extruded and sprayed 3D printing [J] .Construction and Building Materials，2022，261（20）：120031.

[5] PANDA B,TAN M J.Material properties of 3D printable high-volume slag cement [C] //First International Conference on 3D Concrete Printing （3DcP）.2018.

[6] CHEN Y,JIA L,LIU C,et al.Mechanical anisotropy evolution of 3D-printed alkali-activated materials with different GGBFS/FA combinations [J] .Journal of Building Engineering,2022，50：104126.

[7] ZHANG C,JIA Z,LUO Z,et al.Printability and pore structure of 3D printing low carbon concrete using recycled clay brick powder with various particle features [J] Journal of Sustainable Cement-Based Materials,2022，12（7）：808-817.

[8] PASUPATHY K,RAMAKRISHAN S,SANJAYAN J.3D concrete printing of eco-friendly geopolymer containing brick waste [J] .Cement and Concrete Composites,2023，138：104943.

[9] LIU C,WANG Z,WU Y,et al.3D printing concrete with recycled sand: The influence mechanism of extruded pore defects on constitutive relationship [J] Journal of Building Engineering,2023，68：106169.

[10] DING T,XIAO J,QIN F,et al.Mechanical behavior of 3D printed mortar with recycled sand at early ages [J] .Construction and Building Materials,2022，248：118654.

[11] 曹瑞林，含镍铁渣复合碱激发胶凝材料的反应机理与微观特性 [D] 南京：东南大学，2021.

[12] 深圳政府在线.深圳市人民政府办公厅关于印发深圳市智能建造试点城市建设工作方案的通知 [EB/OL] .（2023-05-08） [2023-07-12] . http://www.sz.gov.cn/cn/xxgk/zfxxgj/zcfg/content/post_10577655.html.

作者简介

王玉银 教授、博士生导师，哈尔滨工业大学土木工程学院院长，中国钢结构协会钢-混凝土组合结构分会理事长。主编《钢管混凝土结构技术规程》CECS 28:2012、《钢管再生混凝土结构技术规程》T/CECS 625-2019 等中国工程建设标准化协会标准 3 部，参编《钢结构通用规范》《组合结构通用规范》2 部国家通用规范，参编《钢结构设计规范》《钢管混凝土结构技术规范》等 5 部国家标准；出版专著 2 部，发表学术论文 100 余篇，获国家发明专利授权 10 项；近五年，以第一完成人获黑龙江省科技进步一等奖、中国钢结构协会科学技术奖一等奖、中国工程建设标准化协会标准科技创新奖一等奖共 3 项；连续三年入选全球前 2% 顶尖科学家榜单（World's Top 2% Scientists 2020，2021，2022）。

耿 悦 哈尔滨工业大学土木工程学院教授，博士生导师，长期从事钢-混凝土组合结构长期性能研究，主持国家自然科学基金（3 项）等纵向科研项目 12 项；出版专著 1 部，发表 SCI 学术论文 40 篇，总严格他引 1355 次，最高单篇严格他引 246 次；获国家发明专利授权 6 项；正在主持制定中国钢结构协会标准《钢管再生粗细骨料混凝土结构技术规程》，参编《钢管再生混凝土结构技术规程》等 7 部中国工程建设标准化协会标准；获黑龙江省科学技术奖一等奖（第二完成人）、中国钢结构协会科学技术奖一等奖（第三完成人）。任中国钢结构协会结构稳定与疲劳分会理事、中国硅酸盐学会建筑固废学术委员会委员、专业期刊《低温建筑技术》编委。

钢 - 再生混凝土组合结构的应用之路

王玉银　耿　悦

1　废弃混凝土资源化利用迫在眉睫

建筑垃圾是伴随城市化进程和既有建筑升级改造而必须解决的现实问题，主要包括废弃混凝土、黏土砖、砌块、废旧塑料、废旧玻璃等，这其中废弃混凝土占比居各废弃材料之首。我国是建筑垃圾产出大国，2021 年我国建筑垃圾的排放总量为 32 亿吨，存量建筑垃圾已达到 200 多亿吨，其中废弃混凝土约占 45%。废弃混凝土的回收利用已成为中国城镇化建设"绿色发展"的必由之路。

第二次世界大战以后，德国、日本、美国、英国、丹麦、荷兰等国家开始对废弃混凝土进行有效处理和资源化的研究工作。目前，上述各发达国家的建筑垃圾资源化利用率已达到了 75% 以上，最高达到 98%。大多数国家都通过立法明确了各责任主体在建筑垃圾资源化利用中的责任和义务，制定了极为严格的惩罚措施；通过征收税费、宣传推广等方式减少建筑垃圾的产生和随意处置；以财政补贴、税收减免的方式资助再生建筑材料的生产企业研发和生产；通过政府采购等优惠措施鼓励建设单位使用再生建筑材料；建立了包括建筑垃圾源头控制、生产经营、再生产品推广应用等环节的全过程管理模式；并通过环境标识、列入绿色建筑评价体系、建立信息交换平台、实行登记制度和报告制度及要求在某些新建工程中按一定比例使用再生产品等措施进行建筑垃圾再生产品强制性市场推广与应用。

相对于各发达国家，我国建筑固废利用率总体水平仍然偏低，2021 年，我国建筑垃圾资源化利用率仅为 13% 左右。"十四五"以来，我国固废处理行业相关国家政策密集出台，《中华人民共和国国民经济和社会发展第十四个五年规划和 2035 年远景目标纲要》明确提出要全面整治固废非法堆存，提升危险废弃物监管和风险防范能力。《关于"十四五"大宗固体废弃物综合利用的指导意见》《关于开展大宗固体废弃物综合利用示范的通知》《"十四五"循环经济发展规划》《2030 年前碳达峰行动方案》《关于加快推进大宗固体废弃物综合利用示范建设的通知》等多项政策均对固废处理行业做出了发展规划。例如，2021 年，发展改革委发布的《关于"十四五"大宗固体废弃物综合利用的指导意见》（发改环资〔2021〕381 号）中指出，到 2025 年，煤矸石、粉煤灰、尾矿（共伴生矿）、冶炼渣、工业副产石膏、建筑垃圾、农作物秸秆等大宗固废的综合利用能力显著提升，利用规模不断扩大，新增大宗固废综合利用率达到 60%。2022 年，住房和城乡建设部、国家发展改革委联合发布的《住房和城乡建设部 国家发展改革委关于印发城乡建设领域碳达峰实施方案的通知》（建标〔2022〕53 号）指出，要推进建筑垃圾集中处理、分级利用，到 2030 年建筑垃圾资源化利用率达到 55%。

在国家政策的引导下，各省市地方政府也均对固废处理制定了专门的政策解读、发展目标、奖励政策与具体实施方案。例如，北京市日前出台的《北京市城市管理委员会等部门关于进一步加强建筑垃圾分类处置和资源化综合利用工作的意见》（京管发〔2022〕24 号）提出，永临结合推进建筑垃圾资源化处置设施建设。将建筑垃圾资源化处置设施细化调整为就地处置设施、临时处置设施、固定处置设施。鼓励具备条件的施工单位，在工程红线内建设建筑垃圾筛分、破碎生产线，对建筑垃圾实施就地处置，竣工前应将处置设施拆除并恢复原状。同时强调除核心区外，每个区应具备不少于 2 ～ 3 处固定（或临时）处置设施。

另一方面，我国砂石需求量占全球总量的 40% ～ 60%，居世界之首；每年因结构用混凝土消耗天然砂 16 亿吨、消耗天然粗骨料 30 亿吨。过度的天然砂石开采对生态环境破坏严重，甚至会引起各种安全问题。如，自 1991 年至 2004 年，山东省泰安市大汶河全河累计开采砂量 1.3 亿立方米，仅剩余储备 2.3 亿立方米，由此引发了 2001 年"8·4"戴村坝坝体失稳，2003 年"9·4"砖舍拦河坝与琵琶山拦河坝冲溃等灾害。为加强生态保护、维护基础设施安全，国家与各级地方政府相继出台了相关法律法规与政策条例，在重点区域或部分时段内，禁止采砂与开山采石。这加剧了天然砂石的供需矛盾，天然砂石的区域性供需失衡，造成天然砂石价格的大幅上涨，在增加工程项目建设成本的同时，也诱发了大量劣质砂石的市场流入，带来质量安全隐患，亟待寻找替代品。对此，2020 年 3 月 25 日，国家发展改革委、工业和信息化部、住房城乡建设部等 15 部门和单位联合印发了《关于促进砂石行业健康有序发展的指导意见》（发改价格〔2020〕473 号），明确提出"鼓励利用建筑拆除垃圾等固废资源生产砂石替代材料，增加再生砂石供给"。

综上，再生粗、细骨料作为天然砂石的替代源，应用于结构工程，是解决城乡建设与工程基础设施建设过程中建筑固废堆存、砂石资源匮乏问题的有效途径之一，有助于提升建筑固废资源化率，推动我国绿色城镇化建设进程。

2 再生骨料与再生混凝土的应用现状与现存问题

2.1 再生骨料应用现状

将废弃混凝土块经过破碎、清洗、分级并按一定比例混合后形成的骨料被称为再生骨料。其中，粒径在 5 ~ 40 毫米之间的再生骨料被称为再生粗骨料，粒径在 0.5 ~ 5 毫米之间的再生骨料被称为再生细骨料。

20 世纪 90 年代，我国上海、北京等地开展了将废弃混凝土制成细骨料并应用于抹灰砂浆和砌筑砂浆的尝试；至 21 世纪初其应用拓展至高速公路、机场道路、城市道路等路基路面用再生混凝土；自 2004 年上海建成两层 RAC 空心砌块砌体试点房屋开始，再生骨料逐渐应用到建筑结构中。

目前，我国已有成熟的再生骨料生产线，可提供破碎、筛分、除尘一条龙服务。在北京、上海　陕西、河北、深圳等多地均已建成再生骨料厂，生产出的再生粗骨料一般用于基坑填埋、路基垫层，再生细骨料可用于制备再生砖、再生砂浆。近年来，再生骨料逐渐用于结构工程，国内也建成了十余座再生混凝土结构示范工程。2010 年颁布的国家标准《混凝土用再生粗骨料》（GB/T 25177—2010）与《混凝土和砂浆用再生细骨料》（GB/T 25176—2010）规定了再生粗、细骨料的分类以及物理指标测试方法等。行业标准《再生骨料应用技术规程》（JGJ/T 240—2011）、《再生混凝土结构技术标准》（JGJ/T 443—2018）、协会标准《钢管再生混凝土结构技术规程》（T/CECS 625—2019）等，为再生混凝土结构的应用提供了保障。

当应用于结构工程时，基于我国规范《混凝土用再生粗骨料》（GB/T 25177—2010）、《混凝土和砂浆用再生细骨料》（GB/T 25176—2010）对再生粗、细骨料的分类，《再生骨料应用技术规程》（JGJ/T 240—2011）中规定，I 类骨料可完全视作天然骨料应用，II、III 类再生骨料需限制取代率，否则会影响混凝土力学性能与耐久性。

2.2 再生混凝土应用现状

采用再生骨料部分或全部替代天然骨料配制而成的混凝土被称为再生混凝

土。再生混凝土为稳定砂石供应、提高建筑垃圾资源化率提供了一条有效途径，符合我国"绿色发展"战略目标。

从 20 世纪 80 年代开始，德国、英国、新加坡、丹麦、日本、美国等国家将再生混凝土应用于道路、高架桥等实际工程中。最早的再生混凝土建筑可追溯到 1994 年，德国联邦环境基金会奥斯纳布尔克办公大楼，首次在结构构件中采用了再生混凝土。六年后，德国又最早将再生混凝土应用推广至高层建筑结构，所建成的螺旋森林公寓，高 41 米，是一座 12 层钢筋混凝土高层建筑，其墙、板、柱均采用了再生混凝土，抗压强度 41 ～ 49 兆帕，取代率 30% ～ 50%；德国作为最早发展再生混凝土结构的国家之一，以及目前再生混凝土技术较为成熟的国家之一，其废弃混凝土回收利用率已接近 100%。除德国外，英国、新加坡、丹麦等国家的再生混凝土应用技术也走在世界前列，废弃混凝土回收利用率均已达到 90% 以上，并建成了英国 BRE 环保办公楼、新加坡三和环保大厦等系列标志性再生混凝土结构示范工程。

对比国外，我国再生混凝土的结构应用起步较晚，但发展迅速。2008 年，北京昌平区亭子庄污水处理站工程，首次将再生混凝土应用于建筑结构，其剪力墙与顶板采用了全级配再生骨料（破碎后不筛分的再生骨料）；2010 年，上海世博会"沪上生态家"主体结构中 C30 混凝土再生粗骨料取代率达到了 100%；2016 年，在上海市 340 街坊建成了国内首座再生混凝土高层建筑结构——12 层的钢筋混凝土商业办公楼，其 3 层及以上柱与 2 层及以上梁、板均采用了再生混凝土，再生骨料取代率 10%~30%。

3 钢 - 再生混凝土组合结构的优势

再生骨料与再生混凝土结构等系列国家、行业标准的颁布实施，规范了再生骨料与再生混凝土的生产、运输、质量监督等环节，为再生混凝土结构的设计施工提供了技术支持与安全保障。但再生骨料对混凝土力学性能、耐久性等均有不同程度影响，将限制再生混凝土的结构化应用。钢 - 再生混凝土组合结构可利用组合作用从力学角度改善再生混凝土的各项性能，从而有效提升再生骨料取代率的许用上限，提高废弃混凝土的资源化率，同时为再生混凝土结构的高性能化提供了有效途径。

3.1 钢 - 再生混凝土组合结构的性能优势

再生混凝土结构中，再生骨料取代率一般限制在 30% 以内，高取代率再生混凝土结构较难被广大工程人员及群众接受，其原因有三。一是再生骨料力学性能劣于天然骨料。再生骨料中包含大量残余水泥石、水化不完全的水泥及各种有害杂质，使再生骨料具有多棱角、孔隙率高、吸水率高、强度低等缺点。相对于同配比的普通混凝土，采用再生粗骨料的再生混凝土的抗压强度将降低 20% 左右，弹性模量降低 20% ～ 40%，干燥收缩增大 55% ～ 100%；粗、细骨料全取代的再生混凝土的抗压强度将降低 30% 左右，弹性模量降低 40%，干燥收缩增大 140%。二是再生骨料的高吸附性会影响再生混凝土的耐久性。再生骨料的高孔隙率导致其具有高吸附性，由其配制的混凝土在服役过程中与外界环境间将产生更多的水分交换（干湿循环过程中将吸收释放更多水分），从而引入更多有害离子。全取代再生粗骨料将使再生混凝土的碳化深度增加 25% ～ 65%，氯离子渗透增加 20% ～ 30%；再生骨料全取代将使混凝土的碳化深度增加 55% ～ 110%，氯离子渗透增加 25% ～ 100%。三是再生骨料的高离散性。再生骨料的多介质、多界面特性，以及再生骨料来源的品质差异性、骨料处理方式与混凝土配制方法的多样性等，造成了再生骨料品质的高离散性，也势必会增加再生混凝土各项性能的离散性，只能通过严格限制再生骨料取代率以保证结构安全。

钢 - 混凝土组合结构可充分发挥两种材料的性能优势，弥补各自不足，因此具有优越的力学性能。将再生混凝土引入钢 - 混凝土组合构件，可有效利用组合作用改善再生混凝土的各项力学性能。典型的钢 - 再生混凝土组合构件包括钢 - 再生混凝土组合板、钢 - 再生混凝土组合梁、钢管再生混凝土柱（图 1）。与同参数普通组合构件相比，再生骨料全取代的钢 - 再生混凝土组合板承载力与延性的降低幅度仅为 2% ～ 4%；钢管再生混凝土柱的承载力降低幅度不超过 6%。

钢部件配合装饰材料的密闭作用，可显著降低再生混凝土的收缩、徐变，并使再生混凝土免于碳化、氯离子渗透等耐久性问题。处于密闭条件的混凝土仅发生自生收缩与基本徐变，其收缩徐变量仅为外露混凝土的 1/10 与 1/3。因此，将再生混凝土置于钢部件与装饰材料提供的密闭环境中，可显著降低收缩徐变影响。同时，密闭条件避免了混凝土内部与外部的水分交换，当采取合理的钢构件防腐措施后（如涂刷油漆），构件耐久性将不再成为问题。

（a）钢管 - 再生混凝土柱　　　（b）钢 - 再生混凝土组合板

（c）钢 - 再生混凝土组合梁

图 1　典型钢 - 再生混凝土组合构件

在施工方面，钢部件可兼做模板与施工骨架，免除了支模、拆模等工序，显著提高了施工效率，其本身就是一种装配式结构。一般情况下，钢 - 混凝土组合结构的施工速度可达到每周 2 层，但对混凝土的可泵性与和易性有较高要求。再生骨料具有高吸水率、多棱角的物理特征，影响再生混凝土的可泵性与和易性，为满足钢 - 再生混凝土组合结构的施工需求，哈尔滨工业大学（以下简称哈工大）金属与组合结构研究中心经过系统研究，推荐采用两阶段拌和法配制泵送再生混凝土（图 2），并提出了附加用水量的具体计算方法。该方法免去了骨料浸泡过程，混凝土坍落度达 200mm，方便快捷、成本低廉，在不过多降低再生混凝土力学性能的前提下保证了和易性与可泵性，实现了泵送再生混凝土的商品化生产。

细骨料　　粗骨料　　50%水　　水泥　　50%水　　混凝土

"两阶段"拌和法

图 2　泵送再生混凝土配制方法

针对再生混凝土力学性能高离散性问题，一方面，钢 - 再生混凝土组合结构可利用组合作用，从结构层面降低再生混凝土材料性能的离散性；另一方面，哈工大金属与组合结构研究中心基于对再生骨料、组合作用机理的科学揭示，通过"残余砂浆含量""基体混凝土强度"两个关键物理量实现对再生混凝土多介质、多界面特性的量化表征，提出考虑组合作用的再生混凝土通用本构模型，建立了再生混凝土组合结构成套设计方法，从而在理论与技术层面降低了其预测离散性。

再生混凝土结构化应用的另一个问题是，再生骨料中不可避免地含有一些碎红砖。哈工大金属与组合结构研究中心经过系列研究，证实当碎红砖含量在10% 以内时，对结构性能不会有显著影响；当采用组合结构时，碎红砖含量可进一步拓宽至30%，该研究成果已被《再生混凝土结构技术标准》（JGJ/T 443—2018）、《钢管再生混凝土结构技术规程》（T/CECS 625—2019）采纳。

综上，将再生混凝土应用于组合结构，可显著提高结构用混凝土中的再生骨料取代率，与哈工大金属与组合结构研究中心提出的再生混凝土配制方法、钢 - 再生混凝土组合结构设计方法相结合，有望将 III 类再生粗、细骨料的取代率均提高至100%，在我国城乡建筑中的应用前景十分广阔。"十四五"期间，我国年增新建建筑面积 200 亿平方米，按组合结构占总结构的10% 计，当采用再生骨料取代率为50% 的再生混凝土时，可消纳废弃混凝土 2.30 亿吨，节约天然骨料 2.55 亿吨。

3.2　碳排放优势

采用钢 - 再生混凝土组合结构，可有效减少二氧化碳排放量，有助于推动我国绿色城镇化建设进程，助力我国早日实现"双碳"目标。在材料层面，再生骨料生产过程产生的碳排放量要略高于天然骨料，但相差不大；钢材虽在生产过程中会产生较高的碳排放量，但其可再生材料回收系数高，可达 0.9，比钢筋高80%，综合碳排放量低。在结构层面，组合构件可以充分发挥钢材与混凝土的力学性能，相比于钢 - 混结构，构件截面可减小30% 左右，可减少混凝土用量60%。在运输层面，对于上海、深圳、北京等中国一线大城市与江浙沿海地区省市，天然骨料的运输距离为200 ~ 300 千米，即便采用碳排放量较少的水运方式也会产生大量碳排放；而再生骨料处理厂一般离市区较近，运输距离将大大缩短，从而显著降低运输所产生的碳排放量。同时，组合结构因材料用量减少，构件自重减轻，运输产生的碳排放较钢筋混凝土结构低。在施工层面，钢部件可兼做施工模板，省去了大量模板与施工的临时支撑，减免了支模拆模过程，提高了施工效率，缩短了工期，大大降低了施工阶段的碳排放量。

综上，在建筑建设周期内，采用再生混凝土替代天然混凝土可降低碳排放量 30% ~ 35%，采用钢 - 混凝土组合结构的碳排放量比传统钢筋混凝土结构低 15% 左右。我国钢筋混凝土结构在建筑建设阶段的碳排放量约为 400 ~ 531 千克二氧化碳当量 / 平方米。"十四五"期间，我国每年新增建筑面积 200 亿平方米，按组合结构占总结构的 10% 计，当采用取代率为 50% 的再生混凝土时，可降低总碳排放量 3.5 亿~ 5.0 亿吨。

3.3 造价优势

采用再生混凝土的经济优势也较为突出。目前，我国天然砂石资源匮乏，价格飞涨，特别是在长三角、珠三角及一线城市，天然砂石价格持续上涨，目前已达到 120 元 / 吨（表 1），比西北、东北地区价格高一倍以上。相对于天然砂石昂贵的价格与显著的地域价格差异，再生骨料一般价格低廉且相对稳定，一般为 60 ~ 80 元 / 吨（表 1）。在长三角、珠三角及一线城市，采用再生骨料替代天然骨料后，混凝土材料造价将节省 20%。

表 1 典型城市骨料价格

地区	天然粗骨料（元 / 吨）	再生粗骨料（元 / 吨）	天然细骨料（元 / 吨）	再生细骨料（元 / 吨）
广州	130 ~ 135	75	135 ~ 140	60 ~ 80
深圳	100 ~ 120	60 ~ 80	—	—
上海	100 ~ 120	60 ~ 80	147	40-60
北京	62.5	90 ~ 105	78	65
山东	110	85	140 ~ 146	90 ~ 100
西安	80-100	30	130	40

当前，全国砂石综合均价持续上涨，五年内从 46 元 / 吨上涨至 113 元 / 吨（2016—2021 年数据），同时再生骨料与再生混凝土生产技术日趋成熟，再生骨料价格优势将进一步凸显。在混凝土需求量巨大的结构混凝土中采用再生砂石替代天然砂石，具有显著的经济效益。

4 钢 - 再生混凝土组合结构的研究与应用现状

2006 年起，清华大学韩林海教授及其团队较早开展了钢管再生混凝土柱的静动力与长期性能研究，提出了钢管再生混凝土柱成套设计方法。华南理工大学吴波教授及其团队针对钢管再生块体混凝土和钢 - 再生块体混凝土组合梁、钢 - 再生块体混凝土组合板的静动力学性能开展了研究，提出了钢 - 再生块体混凝土组合结构成套设计方法。北京工业大学曹万林教授及其团队相继开展了钢 - 再生混凝土组合楼板、钢管再生混凝土柱和型钢 - 再生混凝土组合梁的静动力学性能研究，提出了相应的设计方法。广西大学陈宗平教授及其团队对钢管再生混凝土、型钢再生混凝土构件和框架开展了研究，提出了相应的设计方法。西安建筑科技大学白国良教授及其团队对型钢 - 再生混凝土组合结构力学性能开展了研究工作。

哈工大经过近十五年的科研技术攻关，针对钢 - 再生混凝土组合板、钢 - 再生混凝土组合梁、钢管再生混凝土柱以及钢 - 再生混凝土组合结构体系开展了系统的试验与理论研究工作。解决了钢 - 再生混凝土组合作用机理、复杂荷载作用下的分析理论与设计方法、长期性能预测等共性理论与技术难题，建立了考虑钢与再生混凝土组合效应的材料本构模型，形成了完备的考虑长期性能的钢 - 再生混凝土组合结构设计方法。

2010 年，吴波教授及其团队的科研成果在广东省紫金县文化活动中心得到首次应用（图 3）。该工程舞台区的 12 根柱子采用了圆钢管再生块体混凝土柱，

圆钢管再生块体混凝土柱

再生块体

新混凝土

图 3　圆钢管再生块体混凝土柱首次应用——广东省紫金县文化活动中心（2010 年）

再生块体取代率达到 25%，开启了钢 - 再生块体混凝土组合结构的应用之路。此后十余年，先后有多项示范工程建设完工。2016 年，广东省广州市流溪新岸花园幼儿园项目中采用了圆钢管再生块体混凝土柱及再生块体混凝土组合楼板，各构件中再生块体取代率达到 30% ~ 35%。

2018 年，位于北京的中国建筑设计研究院创新科研示范中心（地下 4 层，地上 15 层，建筑总高 59.7 米）的所有楼板均采用了钢筋桁架 - 再生骨料混凝土组合楼板，再生骨料取代率为 30%。2020 年，苏州市建筑材料再生资源利用有限公司食堂，采用了圆钢管再生混凝土柱 - 钢筋混凝土梁框架结构，再生混凝土强度等级为 RC40，再生粗骨料取代率为 30%，是目前已知最早的圆钢管再生骨料混凝土柱结构示范工程（图 4）。

图 4　圆钢管再生骨料混凝土柱首次应用——苏州市建筑材料再生资源利用有限公司食堂（2020 年）

2021 年，本团队参与建设了"国家钢结构装配式住宅建设试点项目"——湛江市东盛路公租房，在 91 米高层建筑顶层采用了钢 - 再生混凝土组合楼盖（图 5）。该工程采用了哈工大提出的两阶段拌和法配制泵送再生混凝土，其中附加用水量确定为 70% 再生骨料吸水量。采用该拌和法制备的泵送再生混凝土，无须增加添加剂、水泥用量，其和易性、保水性、坍落度损失均与普通混凝土相当。该项目的再生混凝土坍落度达到 205 毫米，120 分钟坍落度损失为 0，所应用的钢 - 再生混凝土组合结构设计理论与施工技术为钢 - 再生混凝土组合结构应用提供了很好的示范作用。

图 5 钢 - 再生混凝土组合板应用——湛江市东盛路公租房（2021 年）

基于上述研究成果与示范工程，2016 年颁布了地方标准《再生块体混凝土组合结构技术规程》（DBJ/T 15-113—2016）；2019 年颁布了行业标准《再生混合混凝土组合结构技术标准》（JGJ/T 468—2019）。2019 年，本团队与清华大学韩林海教授共同主编了《钢管再生混凝土结构技术规程》（T/CECS 625—2019），将再生骨料取代率许用上限从 50% 提升至 70%。目前，本团队与耿悦教授正在主持编制《钢 - 再生粗细骨料混凝土组合结构技术规程》（CSCS），有望将取代率提高至 100%。上述标准，为钢 - 再生混凝土组合结构的推广应用提供了理论基础与技术支持。

近年来，哈工大进一步研发了预制钢 - 再生混凝土组合梁装配式连接节点技术（图 6）、外包 U 形钢 - 再生混凝土组合梁技术（图 7）、预制 GFRP 管 - 再生混凝土屈曲约束支撑技术、装配式钢 - 再生混凝土防屈曲剪力墙技术（图 8）、异型多腔再生混凝土组合剪力墙 / 组合柱（图 9）等系列新型装配式再生混凝土组合结构技术，进一步提高了结构的装配化率。上述成果，将进一步拓宽再生混凝土组合结构的应用范围。

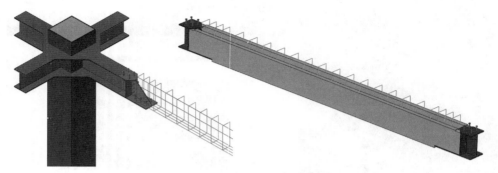

图 6   预制式钢 - 再生混凝土组合梁

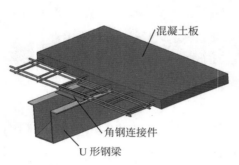

图 7   外包 U 形钢 - 再生混凝土组合梁

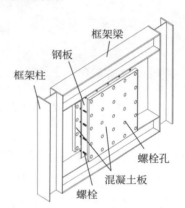

图 8   装配式钢 - 再生混凝土防屈曲剪力墙

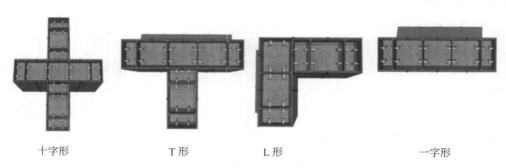

十字形   T 形   L 形   一字形

图 9   异型多腔再生混凝土组合剪力墙 / 组合柱

5   钢 - 再生混凝土组合结构的应用尚有待完善的问题

目前，钢 - 再生混凝土组合结构的基础理论、关键技术难题已基本攻克，但真正实现钢 - 再生混凝土组合结构的广泛应用尚有很长的路要走。主要问题包括：

（1）标准体系完善性；（2）市场接受程度；（3）材料供应链健全性；（4）质量监督体系完备性。

标准体系完善是再生混凝土规模化、结构化应用的基础，但目前钢 - 再生混凝土组合结构标准体系尚未完全建立。如，现有标准体系均只针对取代再生粗骨料的再生混凝土组合结构，对于同时取代再生粗、细骨料的钢 - 再生混凝土组合结构，尚未建立相应的标准体系。因此，本团队基于钢 - 再生混凝土组合结构研究成果，与耿悦教授正在共同主编《钢 - 再生粗细骨料混凝土结构技术规程》。

市场接受程度是再生混凝土应用的需求保障，但目前民众对再生混凝土的认识尚有待提高；建议加大媒体科普宣传力度、建设示范工程，助力提升再生混凝土市场接受度。

健全的材料供应链是再生混凝土应用可持续发展的保障。健康的再生骨料供应链与政府政策息息相关，政府不仅需要提供财务补贴以降低再生骨料价格，增强其市场竞争力，更需要建立健全废弃混凝土处理规定、规范再生骨料生产过程、合理规划再生骨料生产企业空间布局，以保证再生混凝土组合结构持续、稳定、健康发展。

完备的质量监督体系，是保障再生混凝土组合结构施工运营安全，树立广大民众对再生混凝土结构安全可靠性信心的必要保障。需要切实把控再生骨料品质，清晰划分预拌再生混凝土出厂、进场质量责任，严格监管施工质量，坚决杜绝劣质再生骨料、劣质再生混凝土进入市场。为此，需要建立健全建筑固废分类、再生骨料生产、再生混凝土制备、再生混凝土组合结构施工等各个环节的质量监管规章制度。

6　结语

缓解砂石需求压力、提高废弃混凝土资源化率是实现我国建筑业可持续发展的必由之路。我国目前废弃混凝土资源化率仍然较低，与国外发达国家存在较大差距。将再生混凝土应用于组合结构，可有效提升再生骨料取代率，解决砂石资源匮乏、建筑固废堆存问题，降低碳排放，有助于推动我国绿色城镇化建设进程，具有显著的社会效益与市场竞争优势。

钢 - 再生混凝土组合结构的研究工作在我国已开展近二十年，技术与理论均已取得较大突破，但标准体系、政策管理、大众宣传等方面的瓶颈成为目前其推广应用的主要障碍。

为此，提出以下四点建议：

（1）建议各级政府加强对建筑垃圾管理与资源化利用的重视程度，设立专项指标考核；

（2）加强再生混凝土生产链的系统规划；

（3）建立健全再生骨料、再生混凝土、再生混凝土组合结构生产、施工质量监管体系；

（4）加强媒体宣传力度，建设更多示范工程，以树立大众对再生混凝土组合结构的信心。

钢 - 再生混凝土组合结构的应用之路，需要政府、企业、高校勠力同心、协同合作，相信必会成为我国"双碳"战略的有力推手，促进城镇化建设绿色转型。

作者简介

刘 泽 博士，现任中国矿业大学（北京）教授，博士生导师。中国矿业大学（北京）、美国佐治亚理工学院联合培养博士，美国南卡罗莱纳大学访问学者。现任中国硅酸盐学会固废与生态材料分会秘书长，北京市硅酸盐学会副理事长，北京市建材专业标准化技术委员会委员，中国科协先进材料学会联合体委员，中国硅酸盐学会青年工作委员会副秘书长等。

王栋民 中国矿业大学（北京）教授、博士生导师。中国矿业大学（北京）混凝土与环境材料研究院院长，中国硅酸盐学会常务理事，中国硅酸盐学会固废与生态材料分会理事长，国家住房城乡建设部绿色建材产业技术创新战略联盟副理事长，中国建筑材料联合会专家委员会委员。在中国自然资源学会、中国土木工程学会、中国建筑学会、中国煤炭学会、中国混凝土与水泥制品协会、中国水泥协会等多个学术和行业组织有学术任职。

刘福立 中国矿业大学（北京）2020级在读博士研究生；研究方向为固废资源化利用、功能矿物材料。累计发表学术论文5篇，授权发明专利1项。

垃圾焚烧飞灰安全处置与资源化利用

刘　泽　王栋民　刘福立

1　垃圾焚烧飞灰的组成及危险来源

焚烧飞灰是市政生活垃圾在焚烧过程中产生的。在垃圾焚烧的过程中，垃圾中有机物主要以气态物质的形式排放；而无机物质则主要形成固体颗粒物，其中颗粒较大的固体沉积在焚烧炉底部及炉排上，被称为底灰，而那些细小的颗粒物则飘浮在烟气中，随烟气一同进入烟气净化系统，剩余的焚烧飞灰则源自烟气净化过程中投加的石灰石或活性炭，它们共同在除尘器（静电除尘器、布袋除尘器等）中被捕集，同时也有一部分细小的颗粒物在烟道及烟囱的底部沉降下来，这些被捕集和沉降下来的细小颗粒物则被称作焚烧飞灰。生活垃圾焚烧工艺示意图如图1所示。

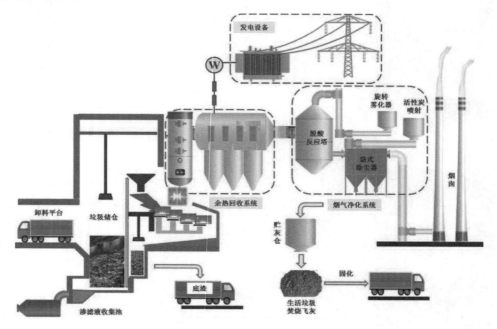

图1　生活垃圾焚烧工艺示意图

垃圾焚烧飞灰含水率很低，呈浅灰色粉末状，飞灰颗粒大小不均、结构复杂、性质多变，多以无定形态和多晶聚合体结构形式存在，通常飞灰颗粒粒径小于 $100\mu m$，且其表面粗糙，具有较大的比表面和较高的孔隙率。焚烧飞灰的主要化学成分为 CaO、$CaCO_3$、$NaCl$、KCl、$CaClOH$、SiO_2、Al_2O_3、Fe_2O_3 等。焚烧飞灰常含有高浓度的重金属，如 Hg、Pb、Cd、Cu、Cr 及 Zn 等，这些重金属主要以气溶胶小颗粒和富集于飞灰颗粒表面的形式存在；此外，高含量的可溶性氯盐导致飞灰在填埋处置前需要进行有效固化。同时在焚烧飞灰中还含有少量的一级致癌物二噁英和呋喃。因此，焚烧飞灰具有很强的潜在危害性。

2 垃圾焚烧飞灰无害化处置技术

针对垃圾焚烧飞灰中的重金属、可溶性盐和二噁英开发无害化处置技术。无害化处置技术是指通过物理和化学手段减少危险废弃物中污染物的排放，将危险废弃物转化为环境可接受的填埋处置材料。填埋场的结构示意图如图 2 所示。

图 2 填埋场结构示意图

2.1 水泥基胶凝材料固化技术

水泥基胶凝材料固化垃圾焚烧飞灰技术是利用水泥的水化产物形成密实的结构将飞灰中的重金属固定的同时减少可溶性盐的溶出。由于水化产物的差异，不同水泥基胶凝材料对飞灰的固化效果有所不同。

硅酸盐水泥因其成本相对较低、效率高，并且具有良好的力学性能，被广泛应用于危险废弃物的固化/稳定化和污染场地的修复。硅酸盐水泥水化产物水化硅酸钙（C-S-H）凝胶和钙矾石可以通过离子取代和物理包覆固化多种金属离子或提高重金属的化学稳定性。由于垃圾焚烧飞灰固化量的增加会导致硅酸盐水泥固化基体中氯化物和硫酸盐含量提高，这会对固化基体的强度和耐久性产生不利影响，因此通常需要在飞灰固化过程中加入较大量的水泥。垃圾焚烧飞灰对水泥水化的不良影响主要与飞灰中含有的重金属和可溶性盐（如氯化物和硫酸盐）有关。另外，温度对水泥水化、C-S-H 凝胶的形成和抗压强度同样会产生一定影响，适当提高温度可提高固化体的抗压强度并促进水化过程，而冻融循环会使固化体的抗压强度降低。此外，重金属元素的浸出率显著依赖于 pH，矿物溶解度是决定重金属元素释放的主要因素之一。硅酸盐水泥是一种高碱性系统，由于大多数重金属元素在高 pH 环境下的溶解度相对较低，因此可以有效缓解重金属元素从垃圾焚烧飞灰中浸出。然而，两性金属（如 Cd、Cr 和 Cu）的溶解度随 pH 发生明显变化，其最低溶解度出现在 pH=10 ~ 12。硅酸盐水泥固化垃圾焚烧飞灰的长期安全性是一个主要问题。

铝酸盐水泥和硫铝酸盐水泥在固化 / 稳定化垃圾焚烧飞灰等污染物方面具有独特的优势。其具有快速凝结硬化、高早期强度、高耐酸、高耐硫酸盐和防火性能。铝酸盐水泥的水化反应与硅酸盐水泥不同。铝酸盐水泥的水化产物为六方铝酸钙（CAH_{10} 和 C_2AH_8）和立方水榴石（C_3AH_6）。CAH_{10} 和 C_2AH_8 是亚稳相，逐渐转变为稳定相，如 C_3AH_6 和三水铝石（AH_3）。研究表明，利用铝酸盐水泥固化 Pb、Zn、Cu 等重金属元素和放射性废物效果很好。硫铝酸盐水泥的主要水化产物是钙矾石和水化硅酸钙，这两种水化产物均能对重金属起到固化作用。硅酸盐水泥、硫铝酸盐水泥和铝酸盐水泥固化垃圾焚烧飞灰的对比结果表明，硫铝酸盐水泥能够使用更少的用量达到硅酸盐水泥和铝酸盐水泥相同的固化效果，在固化 / 稳定化垃圾焚烧飞灰方面更具优势。

磷酸镁水泥、硫氧镁水泥、活性氧化镁水泥和水化硅酸镁水泥等含镁水泥，相比传统硅酸盐水泥具有凝结时间短、早期强度高、干燥收缩率低、体积稳定性好、黏结强度高等优点。研究表明，以上含镁水泥对于飞灰中重金属的固化均表现出良好的效果，但是高含量的重金属元素，如 Cd、Zn、Pb 会延迟凝结时间，降低抗压强度。与硅酸盐水泥相比，含镁水泥的 pH 较低，对危险废弃物的固化 / 稳定化更有利。

碱激发水泥是碱激发剂与具有火山灰活性的材料反应形成的一种低碳胶凝材料。与硅酸盐水泥相比，碱激发水泥表现出卓越的耐久性，特别是在腐蚀性、暴露于酸、硫酸盐和高温环境下。在碱激发反应过程中，硅和铝在碱性溶液的作用下溶解，生成非晶态三维网络结构，重金属将被物理封装在3D网络骨架中。同时，溶解的重金属会在带负电荷的重金属上发生化学键合和吸附在 C-A-S-H 和 N-A-

S-H 凝胶的表面或孔隙结构中。

综上所述，垃圾焚烧飞灰可以有效固定在水泥基胶凝材料中。水泥基胶凝材料固化技术具有成本低、操作简单、效率高等优点。然而，该技术不可避免地增加了固化/稳定化最终产物的体积，加大了填埋处置量，并且在恶劣环境下的长期耐久性具有不确定性。需要注意的是，大量的垃圾焚烧飞灰会干扰水泥的水化作用，破坏凝胶系统，难以保证最佳的固化效果。此外，高氯化物和硫酸盐含量的垃圾焚烧飞灰会降低固化体系的抗压强度，对水泥固化/稳定化基体的耐久性产生不利影响。

2.2　化学药剂稳定化技术

化学药剂稳定化技术是通过物理化学反应，将垃圾焚烧飞灰中的重金属污染物转化为难溶、低迁移及低毒性的稳定化合物。与水泥固化相比，化学药剂稳定化技术能减少飞灰的增容，减少填埋空间。垃圾焚烧飞灰的化学稳定化技术所用药剂可以分为无机药剂和有机药剂。其中无机药剂包括硫酸铁、硫化钠、磷酸化合物、碳酸盐药剂和硅粉等。有机药剂包括硫脲、二硫代氨基甲酸盐、三巯三嗪三钠、四硫代联氨基甲酸和六硫代胍基甲酸等。化学药剂稳定化技术对垃圾焚烧飞灰中重金属的作用机理与药剂的功能组分密切相关。另外，复合药剂及协同处置垃圾焚烧飞灰的效果更佳。研究表明，垃圾焚烧飞灰经 2% 的 NaH_2PO_4 和 1% 哌嗪二硫代氨基甲酸盐的稳定后，重金属浸出浓度可满足填埋标准。重金属浸出浓度的降低是由于复合整合剂与飞灰中的重金属发生反应，形成沉淀并附着在颗粒表面上或孔隙内，从而使颗粒表面更为致密并且使重金属转化为更稳定的化学形态。

2.3　热处理技术

传统的热处置方法是指利用高温来处置垃圾焚烧飞灰，使其转变为一种在环境中稳定存在的物质。处置后飞灰的体积减小，能够减少填埋占地；此外，由于产物的孔隙率非常小，其中的重金属包括其他物质如 Cl 的浸出率降低；同时，由于高温的作用，飞灰中的二噁英被高效降解。传统热处理技术包括烧结、玻璃化和熔融。其中，玻璃化是指通过加入适量的玻璃形成材料，经过高温熔化后形成无害的玻璃状物质的技术（飞灰玻璃化技术装置如图 3 所示）。玻璃化后的物质还可以作为建筑材料或填充材料使用，实现资源的再利用，但是该技术成本较高，能耗过大。用于飞灰热处理的设备包括电加热炉、微波加热炉、焚烧炉、电加热回转窑、等离子体熔融炉等。热处理过程中，易挥发重金属如 Pb 和 Cd 等会进入烟气或者二次飞灰中，而且已经分解的二噁英在尾部烟气中有部分会再次生成，所以热处置过程中的尾气和二次飞灰需要进一步进行处置。

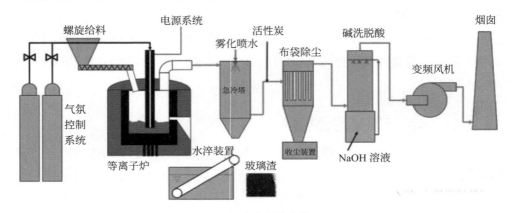

图3　飞灰玻璃化技术装置图

　　低温热处置是指利用比传统热处置低很多的温度对飞灰中的二噁英进行降解的技术。研究表明，飞灰在氧化性气氛中，600℃的条件下处置2h可以实现95%以上二噁英的降解率；而在惰性气氛中，300℃的条件下处置2h就可获得二噁英90%的降解率。因此，低温热处置不仅能耗大大降低，而且有效杜绝了二噁英的再生成问题。

　　水热法处置是将飞灰置于高温高压水溶液中对其进行处置的一种方法。该方法可以同时实现二噁英的降解和重金属的稳定化。在高温高压的条件下，水溶液处于亚临界甚至是超临界状态，这种状态下的水溶液类似于有机溶剂，可作为良好的反应介质，飞灰中的二噁英可以溶解到溶液中被高效降解；此外，水热条件下飞灰中的硅铝等物质加添加剂的辅助作用下，会形成类沸石矿物质，从而将飞灰中的重金属稳定在其中。水热法相比烧结玻璃化技术更加节能，然而，在高温高压下，反应器很容易受碱和氯离子的腐蚀，处置后的废液需要进一步处理，对于硅铝含量不高的飞灰，处置后重金属稳定化效果不佳。

2.4　机械化学技术

　　机械化学法是通过机械力的不同作用方式对固体、液体等物质施加机械能，诱发化学反应，其中利用金属或金属氧化物等无机材料混合有机污染物，在机械化学作用下实现二噁英的有效分解。机械化学法具有温和的反应条件，无须高温高压，没有有机物二次合成的问题，处理过程处于完全封闭的球磨反应器中，可处置不同浓度范围二噁英，减少潜在二次污染物的排放量。但是，该技术存在装备能耗高、处置量较低等问题且规模化应用通常需要结合飞灰水洗分离氯盐的预处理工艺。

2.5　其他二噁英降解技术

光催化降解法是指二噁英通过吸收光能而发生分子分解反应。当光照射时，表面电子发生能量跃迁而在低能价带处形成相应的空穴，空穴具有较强的氧化性，能夺走有机污染物的电子使其被氧化分解。该方法应用在飞灰中二噁英的降解中，主要和萃取技术相结合，将飞灰中二噁英富集在溶液中，在一定的光催化剂作用下再对其进行降解。该技术具有操作简单、能耗低等优势，但是其反应速率慢，主要通过脱氯达到降解的目的。

催化氧化技术主要分为二噁英发生源系统、催化反应系统和尾气收集系统。该反应是在催化剂及氧化剂的作用下，在相对较低的温度下使烟气中二噁英发生氧化反应，降解为低毒性副产物，并最终降解为 CO_2、H_2O 和 HCl 的过程。首先通过热解等技术将固相中二噁英转移至烟气中，经过收尘后烟气流经催化剂评价装置，实现烟气中二噁英高效降解。催化氧化技术利用热解烟气本身热量，具有高效、低能耗、占地面积小等优势。

催化剂耦合臭氧降解技术指的是臭氧在加热条件下容易分解产生活性氧，从而作为氧化剂参与催化反应，另外，臭氧还可以在金属氧化物催化剂表面形成活性中间产物，这些活性物质具有较强的氧化性，同时在一定程度上可强化催化剂活性，从而有效降解二噁英。催化剂耦合臭氧技术不仅提高了有机污染物降解效率，也降低了反应所需温度，因而给催化剂在焚烧烟气的工程应用方面提供了一种切实有效的解决方法，但是由于臭氧难保存，需要即产即用，该技术需要引入臭氧发生装置同时存在臭氧污染的风险。

活性炭吸附法主要是利用活性炭比表面积大、活性吸附能高等特点，有效地吸附烟气中产生的 PCDD/PCDFs、VOCs、PAHs 及重金属汞等空气污染物。活性炭吸附技术难度较低，容易在工程中实现，且有较为理想的烟气二噁英脱除效果，但是该技术需要消耗大量高价的活性炭粉末，运行成本高，且二噁英实质上并没有被分解掉，只是吸附在活性炭表面，因此需要进一步分解活性炭中的二噁英。

3 垃圾焚烧飞灰资源化利用技术

3.1 回收有价组分

垃圾焚烧飞灰中含有大量可溶性氯盐，包括氯化钠和氯化钾等，对飞灰进行水洗预处理将氯盐转移至溶液后可以通过蒸发结晶工艺回收氯盐，通过控制蒸发结晶条件可以实现氯化钠和氯化钾的分步回收。但是，飞灰经过水洗后液相中除了含有氯化钠和氯化钾等氯盐外，还含有溶解的重金属和钙镁离子。溶出的重金属决定了回收的氯盐品质；而溶出的钙镁离子会严重影响蒸发结晶工艺，其会导致蒸发器结垢。因此，飞灰水洗回收氯盐需要将水洗液中的钙镁离子和重金属的浓度降低。水洗预处理即氯盐回收是飞灰实现资源化利用的首要途径。当飞灰洗脱了氯盐后可以耦合水泥窑进行热处理制备水泥熟料，在水泥窑热处理过程中能够使二噁英有效分解，飞灰水洗耦合水泥窑协同处置的工艺路线如图4所示。

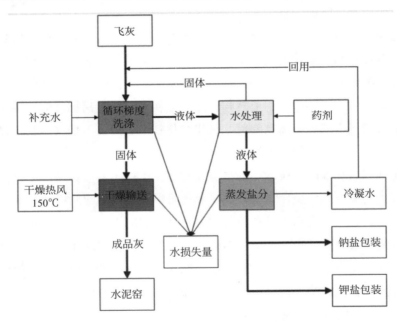

图4 飞灰水洗耦合水泥窑协同处置的工艺路线图

Zn、Pb、Cu、Cd等重金属积累在垃圾焚烧飞灰颗粒中，被视为二次资源。垃圾焚烧飞灰中重金属的回收技术包括热分离、湿法冶金和电化学工艺。热分离技术涉及目标元素在高温下的气体处理系统中的挥发性。湿法冶金技术主要包括化学浸出和生物浸出，化学浸出包括酸/碱浸出和络合剂浸出。生物浸出是一种生物湿法冶金技术，可用于从废弃物中回收金属。氧化亚铁硫杆菌和氧化硫硫杆菌混合培养垃圾焚烧飞灰和底灰的生物浸出显示出良好的金属浸出率，从垃圾焚烧飞灰中回收超过 90% 的 Zn 和 Cu。然而，生物浸出是一个耗时的过程，而且很难培养出有效的菌株。电化学法可以从飞灰中回收重金属元素，电解是电化学过程的主要反应，物质的氧化（阳极）或还原（阴极）在电场存在下发生，然而，电化学回收重金属成本较高且效率较低。

3.2　生产水泥熟料

垃圾焚烧飞灰中大量含氯化合物的存在会导致水泥窑的腐蚀和堵塞问题。含有垃圾焚烧飞灰的混凝土存在抗压强度和耐久性问题，另外，垃圾焚烧飞灰中碱金属的过量会导致水泥和混凝土的多孔微结构和强度损失。在生产水泥的原材料中加入垃圾焚烧飞灰是可行的，但是飞灰掺入量受到氯化物和碱金属含量的严重限制。因此，对垃圾焚烧飞灰进行预处理是必要的，应尽量减少含氯化合物和碱金属含量对含垃圾焚烧飞灰水泥熟料质量的影响。在硅酸盐水泥生产中加入水洗垃圾焚烧飞灰仍存在一些技术问题。研究表明，垃圾焚烧飞灰的掺入对水泥水化产物的形成产生了不利影响，并延缓了砂浆／混凝土早期强度的发展。

1200℃ 以下煅烧的熟料符合低耗能水泥生产。硫铝酸盐水泥是一种低能耗水泥，传统上由石灰石、铝土矿和石膏生产，硫铝酸钙是主要的矿物相。有研究表明，用垃圾焚烧飞灰替代部分原料，在 1250℃ 下煅烧 2h，垃圾焚烧飞灰的替代量可以达到 30%。垃圾焚烧飞灰制备的硫铝酸盐水泥除了具有良好的抗压强度，还具有良好的水渗透性、抗干燥收缩和碳化性能，以及较高的抗硫酸盐腐蚀性能。垃圾焚烧飞灰水洗预处理后，原混合料中的飞灰回收利用率可进一步提高到 35%。

将垃圾焚烧残留物回收用于水泥生产实现零废物工艺是可行的。然而，使用垃圾焚烧飞灰生产的水泥必须能够解决潜在的化学相容性和长期物理性能问题。垃圾焚烧飞灰生产水泥产品的潜在环境影响，如废气、重金属元素浸出、暴露风险等，需系统研究。

3.3　制备低碳胶凝材料

由于垃圾焚烧飞灰中含有铝硅酸盐和过量的石灰，因此可以将垃圾焚烧飞灰回收制备成低碳胶凝材料。与水泥基材料固化／稳定化法相比，将垃圾焚烧飞灰制备成低碳胶凝材料意味着其被视为一种有用资源。

垃圾焚烧飞灰可以作为地质聚合物体系的前驱体循环利用。基于碱激发原理，垃圾焚烧飞灰可以与其他废弃物（如赤泥、高炉矿渣、粉煤灰等）进行协同处置。使用垃圾焚烧飞灰作为前驱体生产地质聚合物复合材料是具有可行性的。两种垃圾焚烧飞灰（炉排炉飞灰和流化床飞灰）对地质聚合物具有显著影响。有研究表明，炉排炉飞灰和流化床飞灰的最高掺入比例分别达到 30% 和 40%。通过洗涤预处理去除垃圾焚烧飞灰中的部分氯化物和硫酸盐将增强垃圾焚烧飞灰衍生的地质聚合物的性能。因此，选择合适的垃圾焚烧飞灰或对其进行预处理可以保证地质聚合物产品的质量。

高掺量的垃圾焚烧飞灰会阻碍地质聚合物和辅助胶凝材料的反应过程，导致反应产物生成量不足、机械强度低和污染物的可浸出性高。将垃圾焚烧飞灰作为一种资源生产低碳胶凝材料要解决其中二噁英的问题，对飞灰进行预处理是十分必要的，另外，所制备的低碳胶凝材料中重金属的长期浸出特性是需要被持续关注的。

3.4 制备轻质、低强度材料

研究表明，将冶金渣、沉积物、粉煤灰、垃圾焚烧飞灰和各种固废循环利用制备人工轻骨料是可行的。轻质骨料比天然骨料更轻、多孔性更强，具有导热系数低、隔声、耐火等优点。烧结法作为主要的热处理方法被应用于将垃圾焚烧飞灰回收成轻质骨料的目的是固化重金属，减少垃圾焚烧飞灰的体积，并生产适合进一步利用的产品。垃圾焚烧飞灰中的重金属可以稳定在轻质骨料中，随着烧结温度的升高和烧结时间的延长，重金属固化／稳定化的效率可以提高。利用烧结法将垃圾焚烧飞灰制备为轻骨料的优势是可以在烧结过程中使飞灰中的二噁英分解，真正实现飞灰的资源化利用。

可控低强度材料是一种自流平、自密实的胶凝材料。可控低强度材料的主要应用场合包括沟槽回填、结构回填、路面基层、空洞充填和管道垫层。可控低强度材料的目标是进行大量废物回收，因为其对原材料的质量要求相对较低。有研究表明，泥沙、明矾泥、纸泥、采石场粉尘、粉煤灰和垃圾焚烧底灰成功回收作为原料生产可控低强度材料。垃圾焚烧飞灰与其他成分一起形成可控低强度材料，只要重金属有效固定，即可替代水泥生产无水泥的可控低强度材料。正确理解垃圾焚烧飞灰和可控低强度材料混合设计的特点，将垃圾焚烧飞灰和其他废弃物资源化为可控低强度材料具有很大的可持续发展潜力。

3.5 制备沸石

垃圾焚烧飞灰因其具有高比表面积等特征，且含有二氧化硅和三氧化二铝等矿物质，被许多研究者用于合成人工沸石。其最终产品在环境、催化和农业等领域得到广泛应用。但是，利用垃圾焚烧飞灰合成沸石，由于垃圾焚烧飞灰化学成分的波动性，最终导致沸石产品在性能质量上也不稳定。另外，垃圾焚烧飞灰中存在的各类重金属还会减弱甚至丧失合成的沸石分子筛的特性。有研究发现，当 Al/Si 添加剂的掺入量为 10% 时，垃圾焚烧飞灰水热反应产物主要为水钙铝榴石和加藤石。水热产物对垃圾焚烧飞灰中重金属具有良好的吸附效果，铅、锌和铜的浸出浓度分别下降了 87%、87% 和 57% 以上。

垃圾焚烧飞灰合成沸石在一定程度上被证实是可行的，但是，垃圾焚烧飞灰不仅需要进行预处理，合成后产生的废液同样需要进行后续处理。因此，开发工艺简单、能有效处理垃圾焚烧飞灰中污染物的方法仍有待进一步研究。

4 小结

垃圾焚烧飞灰无害化处置技术中水泥基胶凝材料固化技术和化学药剂稳定化技术的优势是能够使处置后的垃圾焚烧飞灰满足进入填埋场的相关标准，但是会加大填埋的处置量，并且固化体的稳定性需要进行长期监测。随着垃圾焚烧飞灰产量逐年攀升，填埋不是可持续发展技术，实现垃圾焚烧飞灰的大宗资源化利用对于生态文明建设和循环经济发展具有重要意义。

热处理技术、机械化学技术和其他二噁英降解技术可以作为垃圾焚烧飞灰资源化利用的前处理技术，利用垃圾焚烧飞灰生产水泥熟料、制备低碳胶凝材料、制备轻质、低强度材料和沸石产品等资源化利用途径也需要多种前处理方法解决垃圾焚烧飞灰中二噁英和可溶性盐问题，能够实现重金属的稳定化是以上垃圾焚烧飞灰资源化技术的关键。

作者简介

刘晓明 教授，博士生导师，现任北京科技大学冶金与生态工程学院副院长，入选国家重大人才工程（青年项目），教育部"课程思政教学名师及教学团队成员"，中国金属学会"冶金青年科技奖"获得者。一直从事工业固废/危废资源化高效利用的研究与应用工作，包括有色/钢铁冶炼渣尘、煤基固废、工业副产石膏、尾矿、垃圾焚烧飞灰等固废的材料化利用，固废中有价元素的提取利用。先后承担国家、省部级和企业科研项目60余项。在国内外学术期刊发表论文120余篇，已授权国家发明专利30件，以第一完成人获省部级科技进步奖3项。

武鹏飞 北京科技大学冶金与生态工程学院博士研究生，在刘晓明教授的指导下开展工业固废材料化利用研究，共参与发表高水平学术论文5篇。目前主要的研究领域为冶金固废资源化利用。

作者简介

谷佳睿　北京科技大学冶金与生态工程学院硕士研究生，在刘晓明教授的指导下进行研究。共参与发表 SCI 论文 5 篇。目前主要研究领域为工业固废资源化利用。

马善亮　北京科技大学冶金与生态工程学院博士研究生，在刘晓明教授的指导下开展工业固废材料化利用研究，以第一作者身份已发表高水平学术论文 3 篇。目前主要的研究领域为冶金固废制备特种胶凝材料和矿山充填材料。

多工业固废协同制备胶凝类建筑材料技术

刘晓明　　武鹏飞　　谷佳睿　　马善亮

1　工业固废的种类及危害

随着我国冶金、矿业和化工等行业的快速发展，工业固废的排放量日益增长。主要有粉煤灰、煤矸石、高炉渣、钢渣、赤泥、电石渣、工业副产石膏、尾矿等。我国固废产生量大，资源化利用任务十分艰巨。近年来，我国工业固废产生与利用情况如图 1 所示。2020 年，我国固废排放量约 36.75 亿吨，综合利用量约 20.38 亿吨，占比 55.46%；历史累计堆存量已超 600 亿吨，占地约 200 万公顷，不仅占用土地、浪费资源，而且已经严重危害到生态环境安全和人民健康。我国工业固废具有种类广、产量大及污染性强的特点，根据其特性可以分为三类：碱性固废（赤泥、电石渣和碱渣等）、硫酸盐类固废（工业副产石膏和电解锰渣等）及硅铝质固废（粉煤灰和冶金渣、煤矸石等）。

碱性固废由于碱性高、硅铝物质含量低及活性低等因素导致其利用率极低。

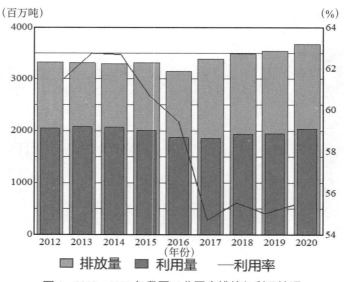

图 1　2012—2020 年我国工业固废排放与利用情况

典型的碱性固废有赤泥、电石渣等。赤泥是氧化铝生产过程中排放的一种强碱性固废。目前，我国的赤泥主要以筑坝堆存的方式处置，截至 2021 年我国赤泥累计堆存量超 11 亿吨，2022 年综合利用率约 7.6%。赤泥中含有大量的钠离子，长时间堆存会渗入地下并使周边环境及地下水碱化，从而造成不可修复的破坏。电石渣是电石水解制取乙炔气、聚氯乙烯、聚乙烯醇等产品后排出的碱性废渣，其主要成分是 CaO。我国电石渣年产量约 4300 万吨，目前电石渣累计堆存量已经超过 1 亿吨。由于电石渣呈碱性，渣液渗入土体后会造成地下水土污染，且电石渣在蒸发过程中会散发出微臭味，对周边空气环境造成不利影响。

硫酸盐类固废由于硫酸盐含量高、有害离子需稳定固化等因素导致其利用率极低。典型的硫酸盐类固废有工业副产石膏和电解渣等。脱硫石膏主要来自火电厂、冶炼厂和大型企业锅炉，是湿法脱硫燃烧过程中二氧化硫气体和石灰浆料在强氧化条件下发生反应后产生的工业固废，是一种典型的硫酸盐类固废。目前工业副产石膏累计堆存量已超过 3 亿吨，其中脱硫石膏 5000 万吨以上。电解锰渣是电解金属锰生产过程中锰矿浸出后产生的一种高含水率工业固废。由于历史和技术原因，我国电解锰渣的堆存量逐年增加，2021 年我国电解锰产量达到 130.4 万吨，电解锰渣排放量达 1000 万吨左右，但综合利用率不足 10%。截至 2022 年，我国电解锰渣累计堆存超过 1 亿吨。电解锰渣在渣场堆存过程中产生了大量的渗滤液废水，会给电解锰企业周边地区的环境造成严重的污染。

硅铝质固废由于硅铝物质活性低、有害离子固化难等因素导致其利用率较低。典型的硅铝质固废有粉煤灰和煤矸石等。粉煤灰是燃煤电厂发电过程中排放的一种典型的硅铝质工业固废。粉煤灰按照来源主要分为煤粉炉粉煤灰和循环流化床粉煤灰。煤粉炉燃烧温度高达 1400℃，产生的粉煤灰以规则球形颗粒为主，且微珠表面比较光滑。循环流化床燃煤锅炉工作温度约 850℃，产生的粉煤灰以不规则形状的颗粒为主，几乎无球形颗粒。截至 2021 年，我国粉煤灰累计堆积量已达 31 亿吨，粉煤灰的大量堆存对水资源、土壤以及空气造成严重的污染。煤矸石是通过煤的开采和处理过程中产生的一种废弃物，它一般由岩石、泥土、煤屑和煤炭等混合而成。煤矸石的组成复杂，其中含有一定量的硅铝质矿物质。目前，全国煤矸石累计堆存超 70 亿吨，且仍以每年 3 ~ 3.5 亿吨的速度持续增加。大量的煤矸石露天堆放形成煤矸石山，其中的有害成分和化学物质可以进入大气、土壤、地表和地下水，造成环境污染。同时还可以通过环境介质直接或间接进入人体，危害人体健康。

2 多工业固废协同制备建筑胶凝材料利用技术

针对工业固废材料化大宗循环利用难的瓶颈问题，只有根据不同种类固废的物理化学特性进行"优势互补"，并充分发挥多固废之间的复合协同效应，同时进行材料性能的提升，才能使固废变为资源，并从根本上解决工业固废带来的生态环境问题。目前，用于多工业固废协同制备建筑胶凝材料的主要技术有中钙体系成分设计，多聚合度匹配结构设计，硅铝配位同构技术和多固废复合协同技术。

2.1 中钙体系成分设计

相关研究表明，根据胶凝材料中 Ca/Si（质量比，下同），可将建筑胶凝材料大致分为 3 种体系（高钙体系、中钙体系和低钙体系）。硅酸盐水泥属于高钙体系胶凝材料，其中 Ca/Si 一般大于 2；地质聚合物类胶凝材料属于低钙体系胶凝材料，其中 Ca/Si 一般小于 0.5；中钙胶凝材料定义为介于硅酸盐水泥高钙体系胶凝材料与地质聚合物低钙体系胶凝材料之间的一种 Ca/Si 在 0.6 ~ 1.5 之间的胶凝材料，如图 2 所示。

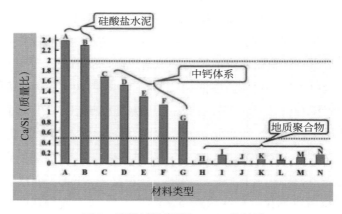

图 2　胶凝材料类型与 Ca/Si 的关系

多工业固废大掺量制备胶凝材料时，当原料化学成分中 Ca/Si 在 0.6 ~ 1.5 时，可制备出一类绿色低碳高性能中钙体系胶凝材料。有学者研究垃圾焚烧飞灰、粉煤灰、高炉渣等固废协同制备胶凝材料时发现，随着原料中 Ca/Si 的增加，胶凝材料的抗压强度先增加后降低。当 Ca/Si 为 0.88 时，胶凝材料的抗压强度达到最大值。有学者研究赤泥、粉煤灰、脱硫石膏等固废制备免烧砖时发现，随着原料中 Ca/Si 的增加，免烧砖的抗压强度先增加后降低。当 Ca/Si 为 1.23 时，免烧砖的抗压强度达到最大值。还有学者研究赤泥、电解锰渣、粉煤灰等固废制备路面基层材料时发现，随着原料中 Ca/Si 的增加，路面基层材料的抗压强度先增加后降低。中钙体系结构设计技术的提出，为多工业固废的大宗高效利用开辟了一条路径。

2.2　多聚合度匹配结构设计

工业固废的火山灰活性成分参与水泥水化反应的实质是 $[Si(Al)O_4]$ 四面体从聚合态到孤立态再到聚合态的过程。聚合度可以评价原料参与水化的难易程度以及胶凝材料水化程度。硅氧四面体桥氧数的变化可以用来反映体系中聚合反应或解聚反应发生的相对程度。因此，相对桥氧数（RBO）的变化可以用来表征聚合度。

$$\text{聚合度} = \text{RBO} = \frac{1}{4}\left(1\times\frac{Q^1}{\sum Q^n} + 2\times\frac{Q^2}{\sum Q^n} + 3\times\frac{Q^3}{\sum Q^n} + 4\times\frac{Q^4}{\sum Q^n}\right)$$

$$= \frac{1}{4}\times\frac{\sum n\times Q^n}{\sum Q^n}$$

研究发现，不同工业固废的硅酸盐结构不同、结构单元不同、聚合度不同，固废中硅铝结构的聚合度越小，其火山灰活性越高。根据不同固废中硅和铝的配位结构，可以计算出相应的聚合度。通过多聚合度的匹配设计将低聚合度的固废（表1），通过水化反应生成高聚合度的水化产物。水化产物的聚合度越高，其反应的程度越高，其性能越好（图3）。表2为图3中样品所对应的聚合度

表1　多聚合度物料的化学组成和结构单元

质量分数，%

物料	SiO_2	Al_2O_3	CaO	Fe_2O_3	MgO	Na_2O	K_2O	TiO_2	SO_3	烧失量	结构单元
赤泥	17.78	6.27	37.52	12.32	1.15	2.75	0.46	3.27	0.49	17.76	SiQ^0、SiQ^1
煤矸石	49.41	21.32	2.52	6.02	1.56	1.44	2.85	0.94	0.65	12.75	SiQ^2、SiQ^4
矿渣	33.59	14.37	38.32	1.11	8.43	0.18	0.11	0.85	2.26	0.44	SiQ^0、SiQ^1、SiQ^3
熟料	21.94	5.27	66.09	2.96	0.88	0.30	0.70	—	0.31	0.67	SiQ^0

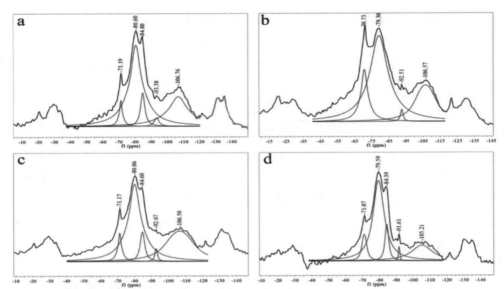

图 3　胶凝材料水化产物的 ^{29}Si NMR 图谱（a：1～28d，b：3～3d，c：3～28d，d：5～28d）

表 2　图 3 中样品对应的聚合度

%

样品	1～28d	3～3d	3～28d	5～28d
RBO 值	49.77	40.76	53.02	42.19

2.3　硅铝配位同构技术

　　无害化处置技术对于工业固废的应用至关重要。研究发现，在胶凝材料的水化过程中会产生硅对铝的四配位同构效应。硅对铝的四配位同构效应会产生"控碱、包盐、固化重金属"的效果，充分利用此效应对于多工业固废协同制备生态型建筑胶凝材料有着重要的意义。

　　硅氧四面体在解聚、迁移和再聚合的过程中会使三价或五价离子进入硅氧四面体网络结构，并使其形成具有四个氧配位的四面体，与硅氧四面体以顶角相连，而活泼的一价或二价的阳离子或阴离子则被捕获进入网络体的空隙间平衡电荷而被稳定。这种由于硅氧四面体的聚合而促使三价或五价离子形成具有四个氧配位的四面体，并能同时使大量活泼的一价或二价离子稳定化的作用称为"硅对铝的四配位同构效应"。研究发现，硅对铝的配位同构效应可以有效固结 Cr、Hg、Pb、Na 等阳离子。这是由于硅铝矿物溶解后，在一定条件下 [SiO$_4$] 四面体中 Si 会被 Al 取代，生成 [AlO$_4$] 四面体，[SiO$_4$] 和 [AlO$_4$] 四面体通过桥氧键合的方式最终生成三维网络结构体，其中［AlO$_4$］四面体中由于 Al 对 Si 的取代产生负电荷，通过电荷平衡作用将有害阳离子固化到结构中。同时随着硅酸盐水泥中硅铝质固废掺量的增多，其中 Al 元素增加，主要产物 C-S-H 凝胶可向 C-A-S-H 凝胶转变。由于 Al 可以增加 -Si-OH 的链段数目，C-S-H 凝胶中 Si 被 Al 取代生成的 C-A-S-H 凝胶具有更强的有害阳离子固结能力。硅的四配位同构效应与有害离子固结模型如图 4 所示。

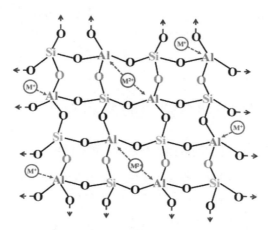

图 4　硅的四配位同构效应与有害离子固结模型图

　　近年来，依托现代分析测试仪器的发展和配位化学理论，采用固体核磁共振（MAS NMR）研究了赤泥等固废胶凝材料的水化产物。根据 NUTS 软件对硅铝质胶凝材料不同龄期水化产物的 Al MAS NMR[27] 和 Si MAS NMR[29] 谱图进行模拟分峰处理，并对其所对应配位铝的相对含量和硅的相对桥氧数（RBO 值）进行计算，证明了多工业固废基硅铝质胶凝材料中，随着水化龄期的延长，存在硅对铝的四配位同构效应。揭示了多工业固废基胶凝材料水化产物结构对基体中有害离子的固结机理。

2.4　多固废复合协同技术

　　我国典型的工业固废可分为三大类：碱性固废（赤泥、电石渣和碱渣等）、硫酸盐类固废（工业副产石膏和电解锰渣等）及硅铝质固废（粉煤灰和冶金渣、煤矸石等）。目前，工业固废在建筑胶凝材料利用现状表明，碱性固废由于碱性高、容易引起碱 - 骨料反应等因素导致其利用率低；硫酸盐类固废由于硫酸盐含量高、导致体积安定性差等因素导致其利用率低；硅铝质固废由于硅铝成分活性低等因素导致其掺加量不高。

值得注意的是，碱性试剂、硫酸盐试剂可有效提升硅铝质固废中硅铝成分活性，这为碱性固废、硫酸盐类固废以及硅铝质固废的协同利用技术提供了科学思路。相关研究表明，碱性固废和硫酸盐类固废可以显著提高硅铝质固废在水化过程中的胶凝活性，进而提升基体的力学性能。多固废复合协同技术已应用于赤泥、煤矸石、尾矿、粉煤灰、脱硫石膏、垃圾焚烧飞灰、冶金渣等固废的综合利用工程中，并取得了较好的经济效益和社会效益。多工业固废复合协同技术的应用可以显著提高工业固废的资源利用率并为多工业固废协同制备建筑胶凝材料提供科学依据。

3 多工业固废协同制备建筑胶凝材料应用实践

3.1 多工业固废协同制备生态胶凝材料

生态胶凝材料是一种环保型建筑材料，由水泥熟料、粉煤灰等固废原材料复合而成。相比传统胶凝材料，生态胶凝材料具有更好的环保性、优良的抗渗性和耐久性，能够有效降低建筑材料的能源消耗。

碱性固废赤泥已经被大量的研究证实是一种良好的制备中钙胶凝材料的原料。有研究表明，利用赤泥 - 煤矸石等固体废弃物制备的中钙胶凝材料的物理性能可以达到 P·O42.5 水泥标准。随着胶凝材料的 Ca/Si 比值的提高，胶凝材料中的 Ca(OH)$_2$ 相也会相应地增多，随着水化龄期的增长，其水化产物也会相应地增加，对应的力学性能也会增加。同样的，碱性固废赤泥、硅铝质固废粉煤灰和硫酸固废脱硫石膏可以制备出性能优良的中钙胶凝材料。有研究表明，在这三种工业固废间的复合协同效应作用下，赤泥 - 粉煤灰 - 脱硫石膏基胶凝材料力学性能被显著提高。当三种固废掺量达 70% 时，赤泥等固废胶凝材料 28d 的抗压强度为50.6MPa，且各龄期下力学性能均高于 P·O42.5 水泥标准。微观结构显示赤泥 -粉煤灰 - 脱硫石膏基胶凝材料的水化产物主要有钙矾石、C-S-H 和 C(N)-A-S-H 凝胶等，在碱性和硫酸盐协同作用下，赤泥和粉煤灰中活性硅铝物质可快速参与反应，使赤泥等固废胶凝材料水化程度向聚合度更高的反应方向进行。大量的凝胶与钙矾石交错生长，降低了赤泥等固废胶凝材料基体的孔隙率，形成了致密的结构，从而提高了其力学性能。同时，浸出结果显示所制备的中钙胶凝材料对 Na+有良好的固化效果，这主要是由于硅铝结构可以很好地固化 Na 等有害离子。

利用钢渣制备的胶凝材料会存在早期强度低和体积安定性差等问题。有研究表明，掺入赤泥和脱硫石膏可以显著提高钢渣基胶凝材料的早期强度；粉煤灰的掺入可以有效改善钢渣基胶凝材料的体积安定性；在多固废复合协同的作用下，Ca/Si 质量比在 1.2 ~ 1.3 的胶凝材料具有较好的胶凝性能和环境性能。当钢渣掺量 30%、辅以赤泥和粉煤灰，在 Ca/Si 质量比为 1.25 时，钢渣基胶凝材料在养护 3d 和 28d 时的强度分别可达 18.5MPa 和 53.4MPa，满足 P·S42.5 水泥的强度标准，且其凝结时间和体积安定性满足相应国家标准。

3.2　多工业固废协同制备路面基层材料

路面基层是在路基（土基）垫层表面上用单一材料或混合料按照一定的技术措施分层铺筑而成的层状结构。基层是道路的主要承重部分，其一般由一些高强度、高性能、低污染的材料所构成（图 5）。路面基层不仅要具备良好的力学性能、耐久性能，同时对地下水等资源不会造成污染。

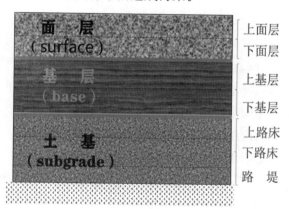

图 5　道路结构图

赤泥与粉煤灰是两种常见的用于制备路面基层材料的工业固废，两者之间存在复合协同效应。这因为赤泥是一种碱性固废，而粉煤灰具有火山灰活性，在赤泥碱激发的作用下，粉煤灰的火山灰活性可以更好地发挥。因此，赤泥和粉煤灰在制备路面基层材料时具有复合协同作用。有研究表明，基于不同的 Ca/Si，以赤泥和粉煤灰为主要原料制备了路面基层材料。结果表明，当 Ca/Si=0.88 时，其 7d 的无侧限抗压强度达到 5.49MPa，满足国家公路标准中对高速和一级公路基层的力学要求。在硅对铝的四配位同构效应作用下，所制备的赤泥基路面基层材料具有良好环境性能。

硫酸盐固废电解锰渣与碱性固废赤泥同样也存在复合协同效应。有研究表明，以中钙体系为理论指导，利用电解锰渣、赤泥等工业固废制备了路面基层材料。结果表明，在中钙体系下，当 Ca/Si=0.95 时的路面基层材料 7d 无侧限抗压强度达到 6.1MPa，满足国家标准的相关要求。在物料的协同作用下，所制备的路面基层材料具有较好的耐久性能。浸出试验结果表明，所制备的路面基层材料具有良好的环境性能。同时，可以实现对锰渣中残留 Mn^{2+} 的有效固化。路面基层材料的水化产物主要是 C-A-S-H 凝胶和钙矾石，这两种水化产物对路面基层材料的强度发展及锰离子的固结起到了积极的作用。

3.3　多工业固废协同制备免烧砖材料

免烧砖是一种以粉煤灰、尾矿渣、冶金渣等工业固废为主要原材料，再加入水泥、石膏和石灰等胶凝材料，通过混合、压制成型和养护等一系列工艺制备的免烧新型砖体材料。相比于烧结砖，免烧砖具有成本低、节能环保和利废等优点，因而逐渐代替烧结砖蓬勃发展。

多种工业固废（如电解锰渣、赤泥等）含有水硬性胶凝组分，在合适的环境下能产生水硬性和胶凝性，完全可以用于免烧砖的生产，如图 6 所示。此外，不同性质的工业固废共同使用时也具备复合协同效应，如赤泥中的碱组分可以激发粉煤灰、矿渣等硅铝质固废的胶凝活性，产生更多的水化产物，使用石膏类的工业固废也可以充分利用硫组分在胶凝体系中生成更多的钙矾石。此外，不同固废的物理特性也不同，如粉煤灰颗粒多为球形且具有高比表面积，可以在免烧砖体系中发挥"微-骨料效应"和"形态效应"，使得免烧砖微观结构组织更加致密，从而可以改善免烧砖的力学性能和耐久性能等。目前，国内外学者已经开展了大量有关多工业固废制备免烧砖的相关研究，并取得了众多成果。例如有研究发现利用赤泥、粉煤灰、脱硫石膏和水泥配以其他骨料制备免烧砖，基于中钙体系进行物料匹配设计，通过调控 Ca/Si 等参数，制备出了 MU15 至 MU30 不同等级的免烧砖。但目前在工业固废制备免烧砖的研究中还存在许多关键难题需要不断克服，如工业固废常含有一定量的重金属和有害组分，但目前仍缺乏固废基免烧砖的长期环境性能的监测和评价。此外，由于生产工艺和原料属性不同，不同工业固废的成分差异较大，即使是同一类型固废也存在成分的较大波动。因此，如何控制工业固废成分波动带来的产品性能波动，以及推进工业固废的分级分类梯级利用也是未来固废基免烧砖的研究重点。

图 6　电解锰渣等多工业固废协同制备的免烧砖

3.4　多工业固废协同制备矿山充填材料

煤炭、金属矿山等资源的开采为我国经济发展做出巨大贡献的同时也是诱发地质灾害和环境污染的直接因素，其中最为突出的问题就是由矿产资源开采造成的地表沉降问题。矿山充填技术是治理地表沉降的有效手段，国内外学者对其进行了大量研究，提出了许多行之有效的方法。其中，经过不断的技术革新和发展，胶结充填技术已成为目前最新的充填技术，可以有效应对不同的充填环境和条件。图 7 为赤泥等多工业固废协同制备的矿山充填材料。

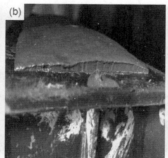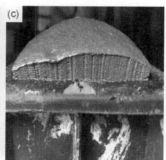

图 7　赤泥等多工业固废协同制备的"可膨胀"矿山充填材料

在胶结充填技术的研究中，充填胶凝材料的选择是影响胶结充填体性能的关键因素。受限于成本和碳排放等因素，从地下矿山绿色循环长远发展来看，利用具有潜在火山灰活性的工业固废（矿渣、粉煤灰、赤泥、钢渣等）制备矿山充填胶凝材料，将取代硅酸盐水泥成为该领域今后的主要发展方向，不仅能明显降低材料成本，革新充填技术与工艺，提高企业经济效益，同时也能对工业固废进行有效利用，有利于生态环境的治理保护。

这类充填胶凝材料的技术本质是矿渣、粉煤灰、煤矸石、钢渣、赤泥等一类工业固废具有潜在的火山灰活性，在合适的激发条件下可以产生水硬胶凝性。高炉矿渣的潜在活性较高，在固废基充填胶凝材料中应用较广泛。现有研究表明，多工业固废之间复合使用时具有协同效应，矿渣、粉煤灰复掺其他潜在活性材料及激发剂，可以发生水化反应，生成与硅酸盐水泥类似的以钙矾石和水化硅酸钙凝胶为主的胶凝水化产物。不同固废协同使用时，可以优势互补，充分发挥不同工业固废特有的作用。如矿渣和粉煤灰可以为体系提供硅铝质；钢渣、电石渣、赤泥可以作为碱激发剂为体系提供碱性环境；各类工业副产石膏可作为硫酸盐激发剂为体系提供水化所需的 Ca^{2+}、SO_4^{2-}。

利用工业固废制备矿山充填材料，不仅可以大幅度降低材料成本，还可以解决工业固废带来的环境问题，势必会成为今后充填材料的主要发展方向。但目前固废基充填材料仍面临一些挑战和难题。首先，充填材料受制于成本问题，一般只能因地制宜，就地取材，外区域的优质惰性材料和活性材料难以大量使用，同时惰性充填材料也难以实现深度加工，充填材料的波动性为充填质量的调控引入了不稳定因素；其次，装备的自动化和物料调配的自动化仍将是制约固废基充填材料快速发展和全面推广的瓶颈；最后，开发高效的充填工艺，使充填工序不降低矿山整体的生产效率是充填开采面临的关键问题。

3.5　多工业固废协同制备新型墙体材料

新型墙体材料的概念是相对于传统的墙体材料黏土实心砖提出的，主要包括各种空心砖、混凝土加气块、泡沫混凝土和轻质墙体保温板等材料。工业固废大部分都为含硅酸盐、铝酸盐、碳酸盐、硫酸盐类的物质，而墙体材料正是由硅、铝、碳、硫酸盐物质制成的材料。现阶段由于技术、资本和市场的快速发展，工业固废正在新型墙体材料工业中快速高效利用。

不同工业固废根据其自身的特性，协同使用时均可以用于制备具有不同特点、性能优良的新型墙体材料。图 8 为钛石膏等多工业固废协同制备的新型轻质墙体材料。硅铝质固废（如粉煤灰等）具有良好的火山灰活性，与钙质固废（如电石渣等）经过适当配合后，基于中钙体系设计和多聚合度匹配设计后，按一定的配方混合均匀，经坯料制备、压制成型，在一定的温度和湿度的养护条件下，相互之间会发生水化反应，进而获得一定强度和性能优异的硅酸盐制品。此外，也有研究发现，使用矿粉、粉煤灰和脱硫石膏协同制备复合墙体材料时，多固废复合使用时具有协同效应，三元胶凝体系墙体材料的力学性能和耐久性能均优于不同固废单一使用时的性能。不同工业固废在新型墙体材料中的应用主要包括烧结墙体材料，如空心砖、实心砖和多孔砖；烧结砌块、陶粒和微晶玻璃等；非烧结墙体材料包括蒸养和蒸压实心砖、空心砖、混凝土多孔砖和砌块等。随着国家对新型绿色多功能墙体材料的推广，使用工业固废制备新型墙体材料将具有广阔的应用前景和价值。在未来，应进一步加强多工业固废协同制备新型墙体材料的应用基础理论研究。同时，国家和行业等层面应加强制订或修订有关标准，进一步引导和促进工业固废在新型墙材中的应用。

图8 钛石膏等多工业固废协同制备的新型轻质墙体材料

4 小结

我国是工业生产大国，也是工业固废产生大国。伴随着城市化和工业化的进程，工业固废的环境污染问题越来越突显。"国民经济和社会发展第十四个五年规划"中提出持续推动绿色发展，促进人与自然和谐共生，对我国今后的生态文明建设提出了更高的目标，也使环境保护工作面临新的任务和挑战。实践应用证明，利用多工业固废协同制备胶凝类建筑材料符合绿色发展的方向，可解决工业固废带来的生态污染问题，而且是无害化处置固废和规模化增值利用的有效技术手段，具有较好的环境效益、社会效益及经济效益。

作者简介

刘娟红 北京科技大学教授，博士生导师。兼任中国建筑学会建材分会理事，中国硅酸盐学会固废分会常务理事，中国砂石协会专家委员会委员。

主要研究领域为现代混凝土科学与技术；生态环保低碳型高性能土木工程结构材料；新型混凝土材料及其环境行为与建筑物寿命分析；桥梁、隧道及地下工程加固技术研究与应用；矿山充填用新型胶凝材料研究与应用等。主持国家自然科学基金重点项目、面上项目、国际（地区）合作与交流项目，承担国家重点基础研究发展计划、省部级科技计划项目和横向科研课题等70余项。获省部级科技进步奖一等奖4项、二等奖2项。获国家发明专利30余项。在公开刊物上发表文章200余篇，被SCI、EI收录100余篇。出版学术专著《绿色高性能混凝土技术与工程应用》《活性粉末混凝土》《固体废弃物与低碳混凝土》等。主编教材《土木工程材料》。其主要科研成果应用于北京市奥运工程地铁工程混凝土裂缝控制，广东省、浙江省道路桥梁工程，新疆维吾尔自治区、宁夏回族自治区等重点工程，大唐国际发电有限公司粉煤灰品质提升，中国黄金集团千米深井高韧性混凝土等方面。

细粒级金属尾矿的综合利用与产业化

刘娟红

　　随着土木工程、汽车制造、电子电气等行业的发展，我国对铁、铝、铜等金属的需求不断增加。采矿业是社会发展的基础产业，现阶段我国矿产资源呈现"贫、细、杂"的特点，资源开发难度较大。为提高资源利用率和有用矿物解离度，需在矿石选别前应用超细粉磨工艺，由此产生大量细粒级尾砂。金属矿山传统的尾砂处理方法以筑坝堆存为主。目前，我国的尾矿库数量超过 12600 座，尾矿累计堆存量达 231 亿 t，其中金属尾砂占 90% 以上。尾矿坝需要足够的粗颗粒含量以抬高堤坝，而细粒级尾砂中粗颗粒含量较少，抗剪强度低、渗透性差、承载能力低，因而将细粒级尾砂进行筑坝堆存有较高的安全隐患。国内外尾矿库的溃坝事故时有发生，2008 年山西省襄汾"9•8"尾矿库溃坝事故，造成了 281 人死亡；2010 年 9 月紫金矿业锡矿尾矿库发生溃坝事件，导致 22 人死亡；2019 年巴西"1•25"尾矿库溃坝事故造成 270 人死亡或失踪。尾矿的堆存可能造成严重的环境和安全问题，为此，安全管理机构将尾矿坝列为安全生产的 9 个重大灾害危险源之一，评价其危害性甚至大于火灾。

　　建设绿色矿山是我国矿业高质量发展的重要途径和必然要求，也是我国实现由矿业大国向矿业强国转变的必由之路。在建设绿色矿山中，如何实现资源利用高效化是极为关键的一步，也是难点所在。矿石的选冶过程中会产生大量的尾砂，为了实现采空区治理和尾砂固废利用的目的，往往需要将尾砂回填进入采空区。近年来，胶结充填已经成为主要的充填采矿方式，也是消纳尾矿的重要方式。但是细粒级尾砂的资源化利用面临巨大挑战。由于细粒级尾砂含有大量细粉及黏土质组分，利用难度较大，目前利用率不足 5%，如何安全、经济地处置这些细粒级尾砂是亟待解决的问题。细粒级尾砂中 -0.074mm 粒级占比高达 90% 以上，-0.0374/mm 占比约 75%。存在的问题是：（1）尾矿用于采空区充填是最便捷的途径，但是细粒级尾砂的比表面积较大，在浓密过程中存在沉降速度慢、料浆浓度低等问题，导致制备的充填材料力学性能较差，充填体不接顶，容易出现泌水现象，尾矿的高比表面积导致充填材料水泥用量多、充填成本很高；（2）大量的细粒级金属尾砂被堆积在尾矿库里不能被利用，产生了大量的资源浪费，这些废弃物的堆积也严重影响了生态环境，威胁着人们的身体健康。因此，如何实现细粒级尾砂大宗化应用，是绿色矿山建设亟待解决的问题。

开发细粒级金属尾砂的多途径利用方法，提高金属尾砂的利用率，是目前的重点研究工作。近年来，金属尾砂在建筑材料中的应用有了长足的发展，主要体现在利用尾矿废石加工生产建设用碎石和机制砂。以北京为例，30% 以上的建设用砂石为密云、承德等地的尾矿废石所制备。但是，细粒级金属尾砂属于细砂、特细砂或细粉范畴，不能作为骨料应用于混凝土中。因此，尾矿实现综合利用的关键在于找到细粒级尾砂大量且持续利用和消纳的途径。细粒级金属尾砂通常含有 SiO_2、Al_2O_3、CaO 等化学成分，但活性较差，因而在混凝土、砂浆等建筑材料中掺量较低；同时，随着细粒级尾砂掺量的增加，试件孔隙率增大且强度明显降低，对混凝土的耐久性产生较大的不利影响。因此，细粒级尾砂在建筑材料领域的规模化高效应用有待进一步研究。

随着我国基础设施建设的大规模进行，混凝土用量巨大。矿物掺和料已经成为现代混凝土必不可少的组分。随着矿物掺和料的大量使用，高品质的掺和料逐渐减少。要制备高品质的绿色高性能混凝土，就必须有高质量的原材料供应。但是我国目前在混凝土矿物掺和料供应方面不同程度地受到限制，且价格飞涨。优质掺和料的紧缺已经成为现代混凝土发展的重要制约因素，寻求合适的替代产品用于混凝土势在必行。细粒级尾砂在建筑材料领域的规模化高效应用是实现细粒级尾砂高利用率的关键途径。在"双碳"背景下，细粒级尾砂规模化应用的研究方向是在水泥基材料中的常态化应用，也将是未来发展的方向和客观要求。

1　细粒级金属尾砂应用现状和面临的问题

1.1　细粒级尾砂应用现状

目前，将平均粒径 Dp 介于 0.019 ~ 0.03mm，同时满足 +0.075mm 粒级含量 <10% 且 +0.037mm 的含量 ≤ 30% 的尾砂称为细粒级尾砂。金属矿开采剩余的尾砂中细粒级尾砂已经占较高的比例。如金川铜选尾渣 d_{90}=69.18μm，年产量达到 120 万 t；水银洞金矿尾砂平均粒径仅为 22.03μm，粒径小于 20μm 的尾砂占所有尾砂的 66.13%；凡口铅锌矿的溢流尾砂中尾砂粒径尺寸皆小于 100μm，平均粒径尺寸为 25.31μm，小于 20μm 粒径尺寸的尾砂占 47.15%，年产量也超过

100 万 t。随着矿石品位的降低，细粒级尾砂的产出率将越来越高。

我国每年产生超过 300 万 t 细粒级尾砂，由于细粒级尾砂含有大量细粉及黏土质组分，利用难度较大，目前利用率不足 5%。如何安全、经济地处置这些细粒级尾砂是亟待解决的问题。目前，国家出台了众多法律法规，支持和鼓励尾矿、煤矸石、建筑垃圾等大宗固废的资源化利用。国家发展改革委等十部门联合印发的《关于"十四五"大宗固体废弃物综合利用的指导意见》（发改环资〔2021〕381 号）提出，到 2025 年煤矸石、尾矿（共伴生矿）等大宗固废的综合利用能力显著提升，新增大宗固废综合利用率达到 60%。在国家政策的推动下，2018 年我国尾矿的综合利用率已达 27.69%，并且近几年综合利用率在不断提高，但是还远远达不到理想的开发利用力度。

1.2 细粒级尾砂堆存面临的主要问题

将细粒级尾砂进行筑坝堆存是目前公认的相对经济且比较成熟的尾砂处理方式，但是尾砂堆存仍然面临大量问题。

（1）细粒级金属尾砂堆存严重影响生态环境。金属尾矿一般是未经处理就堆存，部分尾矿中含有过量重金属，长期堆存将严重污染河流及地下水源，对周围生态环境造成严重的危害。如 2017 年 7 月湖南省花垣县尾矿库泄漏造成重金属严重污染，谷物检测铬元素超标率为 100%，铅元素超标 6 倍；土壤检测镉和锌超标率为 100%，镉元素超标 87.8 倍。

（2）细粒级金属尾砂堆存的安全风险高。尾矿库是我国尾矿处置的主要途径，而低浓度排放（20% ~ 30%）是目前的主要处置方式。尾矿库的使用年限一般为 50 年，当前大部分尾矿库企业缺乏风险意识，安全风险管控措施制定不科学或者落实不到位，如遭遇洪水等方面的灾害，极易引发尾矿库的溃坝事故，且细粒级尾砂进行筑坝堆存具有更高的安全隐患。

（3）尾矿库新批、新建、扩容困难。我国多地虽未正式出台停止新批新建尾矿库等管理办法，但实际上多数新建尾矿库的申请难以获批。2020 年，应急部正式印发的《防范化解尾矿库安全风险工作方案》，严禁批准"头顶库"以及运行状况与设计不符的尾矿库加高扩容项目，提出"在保证紧缺和战略性矿山矿产正常建设开发的前提下，全国尾矿库数量原则上只减不增"的目标。

（4）对尾砂的资源化利用认识不足。尾砂在建材、陶瓷、玻璃的制备工艺中都有广泛的研究，但企业对尾砂的潜在价值认识不足，尾砂的科研成果转化率较低。同时，由于国家对尾砂的利用扶持政策不完善，且建材产品的低附加值和运输费用高等问题，矿山企业能够对尾砂进行资源化利用的较少。

总体而言，必须为尾砂和尾矿粉找到大的消纳出口，国家应给予政策引导和扶持，这是低碳发展的客观需求。

2 细粒级金属尾砂的综合利用

2.1 制备水泥和生态胶凝材料

普通硅酸盐水泥是常用的水硬性胶凝材料之一，每生产 1t 水泥，需要消耗 1.55t 生料，大约排放 0.55t 二氧化碳，消耗 110 kg 标准煤，排放大量二氧化硫、氮氧化物。2021 年我国每年的水泥产量超过 23 亿 t，消耗了大量的资源。金属尾砂主要成分为 SiO_2、Fe_2O_3、Al_2O_3 等氧化物，矿物成分主要为石英、长石、云母及赤铁矿等铁氧化物，可以将尾砂作为水泥制备过程中的补铁材料或者提供硅的材料。LUO 等证实可以使用金属尾砂替代黏土制备水泥熟料，在生料中加入尾砂有利于改善粉磨性能，促进烧结进程，如在熟料粉磨时加入尾砂可以降低胶凝材料的水化热。尾砂掺量为 10% 时，对水泥矿物相形成影响较小，在 1420℃ 烧制 1h，胶凝材料的抗压强度可以达到 P•O42.5 水泥强度标准，尾砂的掺量越高，胶凝材料的强度越低。王长龙等将钼尾砂与水泥熟料、矿渣和脱硫石膏复配（质量比 4：2：3：1），粉磨 80min，28d 抗压强度可以达到 52.1MPa。尾砂中的 SiO_2 和 Al_2O_3 含量对胶凝材料强度有较大影响，不同尾砂的氧化物含量不同，制备胶凝材料的过程中可以通过尾砂与 Al_2O_3 或者铝含量高的尾砂（赤泥）、矿粉复配使用，提高尾砂的胶结性能。

在制备水泥和生态胶凝材料方面，细粒级尾砂因其具有更高的细度，能够降低粉磨成本，使用细粒级尾砂制备胶凝材料可以为水化反应提供更多的成核位点，促进水化反应的进程，同时细粒级尾砂的火山灰活性可以促进胶凝材料长期强度的发展。将细粒级尾砂应用于胶凝材料的研究重点应放在烧制温度和尾砂中 SiO_2 的含量方面：细粒级尾砂烧制熟料时，烧结温度可以降低 $100 \sim 150℃$，控制烧结温度的同时应该考虑烧结温度对尾砂活性的影响，通过对熟料品质及尾砂活性的耦合研究，最大化发挥尾砂价值；尾砂中的微量元素及特殊矿物能够促进 C_3S 的形成，提高胶凝材料的力学性能，但是 SiO_2 和杂质氧化物含量高的尾砂不能用于熟料生产，因此应该明确尾砂中氧化物含量对胶凝材料性能的影响。

2.2　制备砂浆及混凝土等水泥基材料

高性能混凝土及砂浆离不开优质的矿物掺和料和骨料。将细粒级尾砂用作矿物掺和料和细骨料制备砂浆或者混凝土已经取得了较多研究成果。ISMAIL 等、ZHAO 等均证实将平均粒径介于 1 ~ 5mm 的金属尾砂用作细骨料是可行的，但尾砂掺量越高，试件强度越低。尾砂替代细骨料掺量不超过 40%，尾砂对混凝土的影响较小，当尾砂掺量为 20% 时，混凝土 28d 抗压强度可以提高 17.4%。细粒级尾砂比表面积较大，用作混凝土骨料时，建议将替代比例控制在 5% ~ 10%，一定比例的细粒级尾砂可以发挥级配效应，减少有害孔数量，提高浆体与骨料之间的密实度，提高混凝土及砂浆的耐久性。但细粒级尾砂更适合用作混凝土掺和料，细粒级尾砂可以提供晶核促进水化反应的进行。笔者通过大量微观分析证实细粒级尾砂表面存在大量 Si—O、Al—O 断键，尾砂比表面积越大，断键数量越多，在碱性条件下，断键会重聚，提高水泥基材料的力学性能和耐久性能，细粒级尾砂的掺入可以优化孔结构，提高抗冻性能和抗侵蚀性能。此外，为提高细粒级尾砂在水泥基材料中应用的附加值，可以将细粒级尾砂制备水泥基灌浆材料和压浆材料。

使用细粒级尾砂制备水泥基材料的研究重点大多在力学性能的提升，对于混凝土及砂浆的工作性能研究较少。细粒级尾砂中含有一定量的黏土组分，添加细粒级尾砂后混凝土坍落度下降，黏聚性及保水性能提高。因此，为了提高细粒级尾砂在水泥基材料中的利用率，必须加强不同种类超塑化剂对细粒级尾砂制备混凝土的工作及力学性能的耦合研究，明确不同种类尾砂适宜的超塑化剂种类及掺量。

2.3　与矿渣粉复合制备混凝土复合掺和料

矿物掺和料已经成为现代混凝土必不可少的组分。随着我国基础设施建设的大规模进行，混凝土的需求量不断增加，粉煤灰、矿渣粉等优质掺和料逐渐减少，致使矿物掺和料供应不足、价格飞涨。为补充粉煤灰、矿渣等传统掺和料资源的供应不足，利用细粒级金属尾砂制备混凝土复合掺和料具有重大的环保和经济意义。HAN 等在铁尾矿细粉制备混凝土复合掺和料方面进行了大量的研究。结果表明：当铁尾矿细粉掺量不超过胶凝材料质量的 30% 时，对水泥胶砂抗压强度的影响较小；高温促进含矿渣和铁尾矿粉复合胶凝材料的水化放热速率，总放热量随矿渣掺量的增大而增加；掺入铁尾矿细粉可明显改善硬化浆体后期的孔结构，水化后期含矿渣和铁尾矿细粉的硬化浆体最可几孔径和累计孔体积显著低于纯水泥试样，在低水胶比时这种现象更明显；掺入石膏能明显提高含铁尾矿细粉复合胶凝材料的早期胶砂强度，且增加后期硬化浆体中 C-S-H 凝胶的钙硅摩尔比和硫硅摩尔比，但对铝硅摩尔比没有影响。铁尾矿细粉颗粒与水泥和矿渣颗粒形成良好的级配，可使硬化浆体的结构更加致密，铁尾矿细粉和矿渣粉制备混凝土复合掺和料可改善混凝土的耐久性。

2.4 活化制备混凝土掺和料

金属矿尾砂主要矿物组成为石英、长石、方解石等，结晶度较高，活性较低，直接将细粒级尾砂用作掺和料可行性较小。但可以通过化学激发或表面改性等手段使尾砂活性指数提高到 80% 以上，且达到混凝土用 II 级粉煤灰指标要求，可以替代粉煤灰用作矿物掺和料。金属矿尾砂的活化方式主要有热活化、机械活化和化学活化以及复合活化。

热活化是将尾砂进行热处理，使其具有火山灰活性。热活化对含有高岭石、云母等黏土矿物的尾砂效果尤为明显，在高温煅烧的过程中玻璃相含量增加。易忠来等研究了不同活化温度对铁尾砂胶凝活性的影响，通过测试活化后铁尾砂的胶砂强度，确定活化温度为 700℃ 时，胶砂强度最高。但热活化存在能耗大、成本高、工艺复杂等问题。

机械活化是对尾砂进行粉磨，减小粒径尺寸，增加尾砂的比表面积。尾砂在机械力的作用下具有较高的表面能，能量存储过程使尾砂处于高能活化状态，尾砂的结构会发生相应的变化，同时增加了尾砂表面的化学活性位点，使尾砂更容易与其他材料相互作用。机械活化尾矿的火山灰活性随粉磨时间的延长而逐渐增强。机械活化后，尾砂中铝硅酸盐矿物表现出火山灰活性，但机械活化后尾砂的活性指数较低，远低于高炉矿渣粉的活性指数。对于细粒级尾砂来说，继续粉磨提高比表面积的难度较大。

化学活化是添加不同种类的化学试剂来提高尾砂的反应活性。最常使用的活化剂是氢氧化物或者碱性盐类，如 NaOH、KOH、Na_2SiO_3 等。碱性活化材料与硅酸盐水泥相比，具有更优异的力学性能，硬化体的孔隙率较低，抗侵蚀性能好。碱性活化剂的浓度对活化效果有较大的影响：浓度较低，延缓活化反应进程；浓度较高，会导致收缩变大，强度降低，有可能会出现"泛碱"现象。由于碱激发材料中活化剂的掺量较高，活化剂的制备消耗大量资源，相应地增加了碳排放。

目前，对于尾砂活性的研究多以全尾砂为主，细粒级尾砂本身具有的活性优势未被研究者所重视。细粒级尾砂在选矿超细粉磨过程中，表面已经具有较多的Si—O 和 Al—O 断键，LIU 等通过红外分析，证实 Si—O 键向低波数方向移动，表明细粒级尾砂在合适的液相环境中具有一定的自胶结性能。因此，细粒级金属尾砂可以通过化学激发或表面改性等手段，制备混凝土掺和料。

针对金属尾矿掺和料，我国 2014 年颁布第一部地方标准，即福建省地方标准《用于水泥和混凝土中的铅锌铁尾矿微粉》（DB35/T 1467—2014）；2020 年颁布实施中国工程建设标准化协会标准《用于水泥和混凝土中的铅锌、铁尾矿微粉》（T/CECS 10103—2020）和《铅锌、铁尾矿微粉在混凝土中应用技术规程》（T/CECS 732—2020）。今后会有更多的标准编制和实施，不久的将来，金属尾矿掺和料将成为继石灰石粉后另一种常规的混凝土掺和料。

3　细粒级金属尾矿在建筑材料中的应用与产业化

北京科技大学相关团队以"利用细粒级金属尾矿制备建筑材料应用于土木工程、交通工程等领域"为目标，重点研究了细粒级尾砂改性关键技术；细粒级尾矿及无熟料（少熟料）胶凝材料；细粒级尾矿制备混凝土复合掺和料及在混凝土中应用；细粒级尾矿制备高强高性能灌浆材料性能调控；不同粒级尾矿细粉、尾砂等制备干粉砂浆、装饰砂浆、古建筑修复砂浆等技术。发明了金属尾矿制备胶凝材料、古建筑砂浆的制备方法、金属尾矿路面修复材料的制备方法、一种含有高硫尾矿的膨胀剂及其应用方法。提出了金属尾矿在水泥基材料中应用的改性关键技术，保证了金属尾矿复合掺和料的质量，实现了金属尾矿复合掺和料在北京、天津、福建等地重点工程中的应用（图 1）。

2014 年在福建三明建成了首条利用铅锌铁尾矿等固体废弃物制备矿物掺和料的生产线，年产 30 万 t，并编制福建省地方标准《用于水泥和混凝土中的铅锌铁尾矿微粉》（DB35/T1467—2014）；基于福建省地方标准 DB35/T1467—2014 的实施和大量的工程应用，建筑工程行业标准《混凝土用复合掺合料》（JG/T486—2015）正式发布，此标准为金属尾矿微粉改性并制备复合掺和料应用到混凝土开辟了绿色通道。

近十年来，建设了多条金属尾矿制备胶凝材料、混凝土复合掺和料、高性能灌浆材料等生产线。截至 2022 年 12 月 30 日，厦门兑泰已建和在建 10 余条生产线，设计年处理金属尾矿量超过 2500 万 t（图 2、图 3）。

2019 年在迁安市经济开发区，以多种金属尾矿、冶金渣等工业固废为原材料，制造新型、低碳、绿色、环保的高性能混凝土胶凝材料、混凝土复合掺和料、高性能灌浆材料、全固废井下充填胶固粉、全固废干混砂浆等，是全国首家"产、学、研、用"相结合的钢铁企业固废资源化、高值化应用基地，年资源化利用 88 万 t 水渣、88 万 t 钢渣、22 万 t 脱硫石膏和 22 万 t 铁尾矿等冶金固废，产品销往京津冀地区。

图 1　海南昌江尾矿微粉生产线

图 2　福建尤溪干混砂浆和充填固化剂生产线

图 3　生产的金属尾矿微粉应用于三明市碧桂园·岚溪源著小区混凝土墙板中

4　细粒级金属矿尾矿综合利用的对策和发展趋势

（1）开展对金属尾矿固废的全面摸底调查工作，建立大数据平台。从尾矿的产生、收集、储存、运输、利用、处置全过程进行监控，矿山企业如实申报尾矿的种类、数量，尾矿的赋存状态以及利用现状，实现数据和信息的快速更新、调用与分析，科学合理地制定相关产业政策和布局区域产业结构。

（2）金属矿尾矿综合利用必须把关注的重点放在尾矿坝中的尾矿资源。因为这才是必须消纳和利用的主体，不能大量"吃掉"尾矿坝中的尾矿资源，尾矿综合利用就不可以说取得重大进展。

（3）充分考虑不同尾矿的物理和化学属性差异，加强相关方向的科研经费投入和成果转化。鼓励多学科的交叉性研究，加强在技术和装备方面的研发，以及人才的引进。建立典型金属尾矿利用的中试研究和生产基地建设，推动示范性项目建设，打造示范工程，发挥大型示范工程的引领作用。

（4）根据市场需要，确定综合利用主流产品。金属矿尾矿综合利用必须明确主渠道，关注规模化消纳应用，必须把研究和应用的焦点放在尾矿微细砂和矿物微粉掺和料两个方面，将在混凝土、砂浆、矿山填充料中的应用作为尾矿大规模利用的主渠道、主阵地。

（5）研发改善细粒级尾砂充填性能的添加剂。细粒级尾砂由于其独特的物理性能，经过动态浓密后底流浓度低，制备充填材料力学性能差，泌水率严重导致细粒级尾砂在充填材料中利用难度大、利用率低。针对细粒级尾砂存在的问题，可以通过添加外加剂，优化尾砂料浆的孔结构提高底流浓度；促进钙矾石的生成，消耗自由水，降低泌水率；使用晶核材料和纳米材料改善力学性能。

（6）加大对金属尾矿综合利用产业的政策引导和财政支持。从中央到地方各级政府，应加大对金属尾矿资源综合利用的政策支持力度，要求矿山企业配套尾矿开发利用的相关资金，加大对尾矿综合利用技术的研发和投入。拓宽融资渠道，积极引进大型企业的资金，鼓励引导企业及社会资金加入到尾矿开发利用项目中去。通过严格禁止尾矿库的新批新建，倒逼企业重视尾矿的处置问题。

（7）建立和完善科学合理的标准体系。标准要敢于破除传统理念和观点的羁绊，即应当有"天变不足畏，祖训不足法，人言不足恤"的精神。敢于创新，为金属尾矿的综合利用服务。

尾矿的资源化利用是关乎我国资源与环境安全的一项战略性课题，也是低碳发展的客观要求，是重大挑战，也是重大机遇。实现尾矿资源大规模利用，需要政府、行业和学术界携手推动，这是时代赋予我们的责任。

作者简介

吴 波 博士，研究员，华南理工大学副校长。国家杰出青年科学基金获得者（2010），教育部长江学者特聘教授（2012），国家万人计划科技创新领军人才（2016）。主要从事建筑固废资源化利用与结构耐火研究。先后主持国家自然科学基金重点项目、国家973计划课题、国家重点研发计划课题等国家和省部级科研项目20余项。以第一或通讯作者，发表国际/国内期刊论文210篇，出版专著2部。以第一发明人，授权专利31件（美国专利6件、中国发明专利25件）。牵头荣获国家科技进步奖二等奖2项。主编住建部行业标准1部、广东省地方标准2部。主持了我国摩擦消能器的首例减震加固工程应用，实现了建筑结构采用再生块体的首例工程应用，以及实际工程中预制装配式再生块体混凝土构件和再生块体-骨料混凝土构件的首次应用。

赵新宇 博士，华南理工大学土木与交通学院副教授。主要从事再生混凝土结构、结构抗灾及结构智能模拟研究。主持国家/广东省自然科学基金面上项目及其他产学研课题20余项。发表学术论文80余篇，其中SCI收录论文40余篇，出版英文专著1部，参编专著（章节）4部。荣获国家科技进步奖二等奖及教育部科技进步奖一等奖各1项。参编住建部行业标准和广东省地方标准各1部。

再生块体 - 骨料混凝土及其应用

吴 波 赵新宇

1 再生块体 - 骨料混凝土的含义

"2030 年实现碳达峰、2060 年实现碳中和"是我国的重大国家战略。在碳排放排行榜上，煤电、钢铁、水泥等行业高居前列，其中水泥主要应用于土建工程。因此，若能在新建工程中尽量降低水泥消耗，必将对我国"双碳"目标的实现做出重要贡献。

作为降低水泥消耗的一条有效途径，再生块体混凝土自 2008 年被作者所在科研团队提出以来，受到了国内外学者越来越多的关注。所谓再生块体，就是由废旧混凝土破碎而成的大尺度块状物（注：特征尺寸 60 ~ 300mm）。再生块体与新拌混凝土的混合物，称为再生块体混凝土 [图 1（a）]。生产单位体积的再生块体混凝土时，由于其中一部分体积空间已被再生块体所占，剩下所需的新拌混凝土的体积随之减少，相应地制备新拌混凝土所需的新鲜水泥消耗也随之降低。例如，当再生块体取代率（注：所用再生块体的质量与再生块体混凝土的总质量之比）为 30% 时，再生块体混凝土的新鲜水泥消耗相比常规混凝土即可节省约 30%，碳减排效果显著。

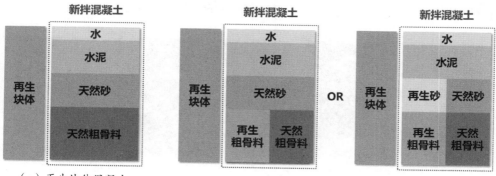

（a）再生块体混凝土　　　　　　（b）再生块体 - 骨料混凝土

图 1　再生块体混凝土和再生块体 - 骨料混凝土的示意图

　　对于传统再生骨料混凝土来说，首先需要将废旧混凝土破碎成小尺度再生骨料（注：再生粗骨料为 4.75 ~ 31.5mm，再生细骨料为 0.075 ~ 4.75mm），然后利用水泥等胶凝材料，将这些小尺度再生骨料凝聚成混凝土。一方面，将废旧混凝土破碎成小尺度再生骨料所需能耗相比破碎成大尺度再生块体会有所增加；另一方面，更重要的是，在将这些小尺度再生骨料凝聚成混凝土的过程中，水泥等胶凝材料的消耗不可避免。然而，对于再生块体混凝土来说，其中的大尺度再生块体本身就是一整块"旧混凝土"，这块"旧混凝土"内部的"旧石子"和"旧砂子"已经通过"旧水泥"凝聚在了一起，无须再额外消耗新鲜水泥。因此，从本质上讲，再生块体混凝土之所以能有效降低新鲜水泥消耗，进而实现碳减排，关键在于充分利用了再生块体内部"旧水泥"的胶凝作用。

　　再生块体混凝土不仅能有效降低新鲜水泥用量，还能明显减少天然砂石消耗。例如，当再生块体取代率为 30% 时，由于再生块体已占据部分体积空间，剩下所需的新拌混凝土的体积随之减少约 30%，相应地制备新拌混凝土所需的天然砂石消耗也随之降低约 30%。

　　为推进再生块体混凝土的进一步发展，同时进一步提升废旧混凝土利用率，申请人进一步提出了再生块体 - 骨料混凝土概念。所谓再生块体 - 骨料混凝土，就是将再生块体混凝土中的新拌混凝土由天然骨料混凝土改为再生骨料混凝土（包括掺有工程渣土再生砂的再生骨料混凝土）［图 1（b）］）。

　　对于工程渣土再生砂的生产，以往主要采用水洗工艺进行泥砂分离，不仅用水量较大，而且存在絮凝剂影响等问题。为此，课题组提出了工程渣土再生砂的碾压干筛处理方法（图 2），即对干燥后的工程渣土先在优化工艺参数条件下进行适当碾压，然后再进行筛分，以尽量消除黏聚土团的影响。

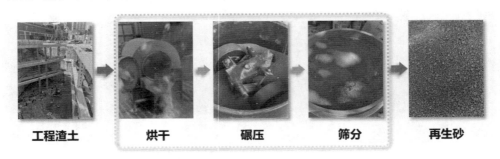

工程渣土　　　　烘干　　　　碾压　　　　筛分　　　　再生砂

图 2　工程渣土再生砂的碾压干筛处理流程

与再生块体混凝土相比，再生块体 - 骨料混凝土不仅完整地保留了新鲜水泥消耗明显降低的优势，而且因再生块体以及新拌混凝土中再生粗骨料和工程渣土再生砂的同时采用，使得成品混凝土中建筑固废的总循环利用量进一步显著提升。

从理论上讲，再生块体 - 骨料混凝土是在另一层次上对再生块体混凝土和再生骨料混凝土的统一。若新拌混凝土中再生材料用量为零，再生块体 - 骨料混凝土即退化成再生块体混凝土；若再生块体取代率为零，则再生块体 - 骨料混凝土退化成传统再生骨料混凝土。

2021 年我国商品混凝土产量 32.9 亿 m³，消耗大量砂石，严重破坏了环境。目前，我国砂石资源日渐枯竭，很多城市都出现了砂石短缺、价格暴涨的局面。与此同时，我国大规模基本建设每年产生建筑固废约 35 亿 t，其中 70% 以上为工程渣土和废旧混凝土（例如，仅深圳每年就排放工程渣土超过 9100 万 m³），大多采用堆放填埋等低端方式处置，侵占了大量土地。再生块体 - 骨料混凝土的提出，不仅可实现建筑固废的高品质、大批量资源化利用，大大缓解砂石资源短缺困境，还能有效减排大宗固废，节约土地，保护环境，与我国提出的"绿色"新发展理念高度契合。

2 再生块体 - 骨料混凝土的研究现状

2008—2018 年的 10 年间，再生块体 - 骨料混凝土技术处于萌芽与发展期，彼时国内外相关研究主要集中于再生块体混凝土技术，即新拌混凝土仍采用天然骨料混凝土。自 2018 年至今，随着相关概念的延伸与拓展，相关研究也逐渐转向再生块体 - 骨料混凝土范畴，即新拌混凝土开始采用再生骨料混凝土（包括掺有工程渣土再生砂的再生骨料混凝土）。

2.1 再生块体 - 骨料混凝土材料层次的研究

为探寻再生块体 - 骨料混凝土技术的可行性，课题组首先从材料层次出发，对再生块体 - 骨料混凝土进行了深入研究。

再生块体与新拌混凝土的力学性质通常存在差异，这为统一表征再生块体 - 骨料混凝土的各类力学性能，以及后续开展该类混凝土的结构设计带来困难。为解决上述难题，课题组提出了再生块体 - 骨料混凝土的组合力学参数概念。在此基础上，通过大量试验，从受压、劈拉、弯折、剪切、收缩、徐变、冻融、高温、疲劳、断裂、抗渗、抗氯盐侵蚀、内外尺寸效应、内外形状效应等方面（图 3），较系统地揭示了再生块体 - 骨料混凝土的组合力学行为。基于试验结果，建立了该类混凝土组合力学参数的系列计算公式。

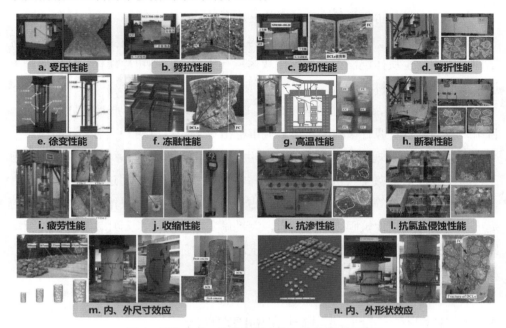

图 3　再生块体 - 骨料混凝土的力学性能系列试验

　　由于再生块体 - 骨料混凝土由新、旧两种混凝土混合而成，而国内外所有设计标准都只涉及单一混凝土，因此无法直接适用于再生块体 - 骨料混凝土。组合力学参数概念的提出以及系列公式的建立，搭建起了二者之间的桥梁，从而突破了再生块体 - 骨料混凝土结构设计中最具共性特征的技术障碍。

　　研究之前，课题组猜想再生块体与新拌混凝土的界面可能会成为再生块体 - 骨料混凝土的明显薄弱部位。然而事实表明，加载过程中上述界面并未呈现出明显的裂缝集聚萌发及扩展现象，从而消除了再生块体 - 骨料混凝土工程应用的顾虑。

　　此外，注意到年代较早的废旧混凝土的强度普遍偏低，循环利用范围受到很大限制。为此，课题组提出了其强化策略，即将低强度再生块体与高强度新拌混凝土混合形成高强化再生块体 - 骨料混凝土，并对其力学性能进行了较系统的研究。例如，废旧混凝土强度约 20 ～ 30MPa 时，可实现再生块体 - 骨料混凝土强度 60 ～ 70MPa，从而使低强度废旧混凝土的强度应用范围大幅拓展100% ～ 200%。

　　为明确再生块体的大小和形状是否会对再生块体 - 骨料混凝土的力学行为产

生明显影响，课题组还开展了大量试验研究（图3）与仿真模拟。结果表明，在工程常见范围内，不同大小和不同形状的再生块体混用对再生块体 - 骨料混凝土力学性能的影响非常有限，从而可大大简化施工过程。

2.2　再生块体 - 骨料混凝土结构层次的研究

实现再生块体 - 骨料混凝土的结构化利用是课题组的主要研究目标。针对再生块体的大尺度特征，课题组系统研发了再生块体 - 骨料混凝土组合构件、钢筋再生块体 - 骨料混凝土构件两大系列，涉及柱、梁、板、墙、节点等不同构件形式，且包含现浇和预制两种类型（图4）。深入揭示了上述不同类型构件的轴压、偏压、受弯、受剪、徐变等力学行为和抗震、耐火等抗灾性能，提出了相应的设计方法，为再生块体 - 骨料混凝土在结构中的推广应用提供了技术支撑。

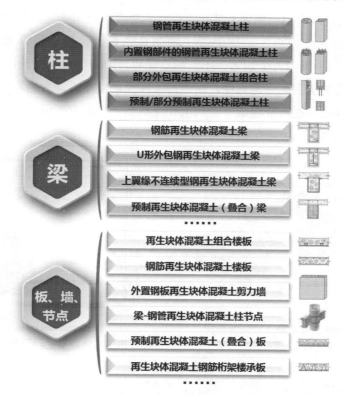

图 4　再生块体 - 骨料混凝土的不同构件形式

例如，开展了钢管再生块体混凝土柱及部分外包再生块体混凝土组合柱的轴压、偏压、剪切、徐变试验及数值分析，发现新、旧混凝土强度接近时，上述构件具有与常规构件几乎相当或略有降低（针对薄壁方钢管情况）的受力性能和徐变性能。课题组还基于工程优化设计思想，对钢管再生块体混凝土柱进行了改良，即在总用钢量保持不变的条件下，将钢管厚度适度减薄，并将节余钢材制成箍筋或型钢内置于钢管内部，箍筋/型钢与钢管内壁之间的距离通过优化确定（通常为 25 ～ 50mm）。改良后柱耐火性能相比改良前显著提升，同时柱常温力学性能与改进前大体相当。在常温轴压和偏压试验以及明火试验基础上，结合大量数值模拟，提出了该类新型组合柱的实用设计方法。

再生块体 - 骨料混凝土技术与预制装配技术结合顺应建筑工业化的发展趋势，既可更好保证再生块体 - 骨料混凝土构件的浇筑质量，又能明显提高现场施工效率。此外，在预制构件厂使用再生块体，还可降低废旧混凝土的收集与运输成本，推进建筑固废循环利用的产业化发展。近年来，课题组陆续提出了一些再生块体 - 骨料混凝土预制构件及其连接形式，并逐步应用于实际工程。

图 5 展示了一种再生块体混凝土预制叠合板。该叠合板具有如下特点：（1）在预制层中采用再生块体，不影响后浇叠合层的混凝土浇筑；（2）允许再生块体凸出预制层表面一定高度，由此可增强预制层与后浇叠合层的整体性。研究表明，该叠合板在后浇混凝土浇筑前和浇筑后，均具有不弱于传统预制叠合板的受弯性能（图 6）。

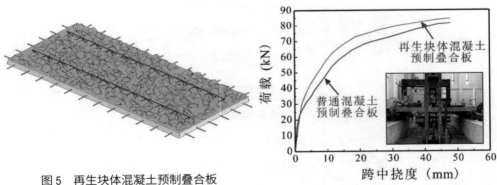

图 5　再生块体混凝土预制叠合板
（仅画出预制层）

图 6　再生块体混凝土预制叠合板的受弯性能

2.3　再生块体 - 骨料混凝土的施工方法

为提高再生块体 - 骨料混凝土的施工效率，课题组提出了竖向构件的新、旧混凝土交替投放浇筑法。针对再生块体的不同堆放高度（400 ～ 1000mm）开展了浇筑试验，并对浇筑质量进行了外观检查、超声检测和剖开复查。试验发现，为确保浇筑质量，新拌混凝土为常规混凝土时，特征尺寸 150 ~ 200mm 的再生块体的单次最大允许堆放高度约为 600mm；新拌混凝土为自密实混凝土时，特征尺寸 150mm 和 200mm 的再生块体的单次最大允许堆放高度分别为 700mm 和 1000mm。据此，可大大减少新拌混凝土和再生块体的交替投放次数，施工效率明显提升。

针对水平构件，课题组提出了一次性堆放浇筑法，即将全部再生块体一次性投放在楼板底模上表面或梁模板围成的空腔内部，然后持续泵送或浇筑新拌混凝土并充分振捣。相比前期做法（即先在楼板底模上表面浇筑一层新拌混凝土，然后投放再生块体，最后再浇筑剩余新拌混凝土并充分振捣），一次性堆放浇筑法的施工效率明显提升。

2.4 其他学者对再生块体 - 骨料混凝土的研究

除本课题组外，美国路易斯安娜州立大学、澳大利亚新南威尔士大学、香港理工大学、浙江大学等 20 余家单位的研究者也先后对再生块体 - 骨料混凝土进行了研究。例如，美国路易斯安娜州立大学的研究表明，采用再生块体混凝土相比普通混凝土可降低能耗及 CO_2 排放分别约 54% 和 57%。香港理工大学滕锦光院士将再生块体混凝土与 FRP 管结合，开展了系列研究，并得出评价，与传统再生骨料循环方式相比，再生块体混凝土的循环过程大大简化，循环利用率更高。南京工业大学、华侨大学、内蒙古科技大学、延边大学等单位的学者对钢管再生块体混凝土柱进行了大量研究，揭示了该类构件的受力性能与独特优势。

3 再生块体 - 骨料混凝土的技术标准与工程应用

基于相关研究成果，课题组主编了行业标准《再生混合混凝土组合结构技术标准》（JGJ/T 468—2019）和广东省标准《再生块体混凝土组合结构技术规程》（DBJ/T 15-113—2016）。此外，CECS 标准《再生块体与骨料混凝土应用技术标准》也正在编写中。这些技术标准在再生块体 - 骨料混凝土的材料力学性能及其组合构件的设计、施工和质量控制等方面具有鲜明特色，为该类结构的推广应用提供了标准保障。

再生块体 - 骨料混凝土已在一系列实际工程的承重结构中成功试点应用。图 7 展示了采用再生块体混凝土技术的首例工程应用，即广东省紫金县文化活动中心。建设单位将原建于 20 世纪 70 年代的紫金县影剧院拆除，然后在原址建设新的文化活动中心。该建筑舞台区的 12 根柱子采用圆钢管再生块体混凝土柱。钢管外径 600mm，壁厚 10mm，管内再生块体取代率约 25%，再生块体的特征尺寸为 150 ～ 250mm，直接来源于拆除后的紫金县影剧院。该工程主体结构于 2010 年完工，目前该工程使用情况良好。

图 7 钢管再生块体混凝土柱的首例工程应用

迄今为止，再生块体 - 骨料混凝土的应用对象涵盖钢筋混凝土楼板、钢筋桁架楼承板、压型钢板组合楼板、钢筋混凝土梁、U 形外包钢混凝土梁、钢筋混凝土柱、钢管混凝土柱等构件形式（图 8），应用场景既有现浇结构，也有预制装配式结构。这些工程应用所涉及的施工单位包括中国建筑第三工程局有限公司、中国建筑第五工程局有限公司、中国建筑第八工程局有限公司、贵州建工集团有限公司、广东省基础工程集团有限公司、广州市建筑集团有限公司、深圳市建工集团股份有限公司等。

（a）现浇混凝土楼板　　　　（b）现浇混凝土梁　　　　（c）现浇混凝土柱

（d）钢筋桁架楼承板　　　（e）压型钢板组合楼板　　　（f）U 形外包钢混凝土梁

（g）圆钢管混凝土柱　　（h）方钢管混凝　　（i）预制混凝土叠　　（j）预制混凝土叠合梁
　　　　　　　　　　　　　　土柱　　　　　　　　合板

图 8　再生块体 - 骨料混凝土的工程应用示例

4　结语

如何科学高效地循环利用工程拆除产生的废旧混凝土，尽量减少新建工程对新混凝土及水泥的消耗，是实现建筑业可持续发展、践行"双碳"国家战略目标亟待解决的问题之一。

积极推广再生块体 - 骨料混凝土技术，有助于简化废旧混凝土循环利用过程，提高废旧混凝土与工程渣土的资源化利用率，降低水泥消耗进而减少碳排放，实现混凝土结构的低碳发展。经过 15 年探索，再生块体 - 骨料混凝土技术已取得较大进展，相关成果已在一系列实际工程中成功试点应用。

尽管已取得长足进步，再生块体 - 骨料混凝土技术仍有待进一步发展。例如，再生块体 - 骨料混凝土竖向构件的施工效率有待提升，对再生块体 - 骨料混凝土受力机理的认识仍存在盲区，工程渣土再生砂生产过程中的烘干方式有待创新等。此外，为进一步促进该技术在钢筋混凝土结构中的规模化应用，有必要研制新的配筋形式，以更好地适应再生块体的投放施工。

总而言之，再生块体 - 骨料混凝土技术在研究与应用方面均有着广阔发展空间。课题组在此抛砖引玉，期待科研单位、建设企业及政府机构聚力推动该技术的进一步提升，促进相关科研成果落地见效，为我国工程建设的可持续发展贡献力量。

作者简介

卓锦德 博士，国家特聘专家，现任国家能源集团北京低碳清洁能源院资深主任工程师。担任中国硅酸盐学会固废分会理事，中国循环经济协会粉煤灰专委会专家委员会首席专家并代表专委会参加 World-wide Coal Combustion Products Network 会员会议。也是 World of Coal Ash 技术委员会委员，《Coal Combustion and Gasification Productions》期刊编委。

长期致力于煤基固废资源化利用技术开发工作。以市场为导向，材料科学为基础，带领团队开发出多项核心技术及商业化产品，包括功能填料、多功能矿物外加剂、压裂支撑剂、矿井注浆加固材料、超硬质沥青等。完成了首台套万吨级粉煤灰微纳米材料分选产业化生产线，完成煤直接液化渣制备道路沥青的研发及二条试验路段的工程验证，参与制定国标 GB/T 38772《煤液化沥青》，解决了煤直接液化发展的危废问题。申请专利 33 项，发表国内外会议论文与文章 37 篇。

主导电力行业标准 DL/T 2297《燃煤电厂粉煤灰资源化利用规范》、中国循环经济协会团队标准 T/CACE 033《气流床煤气化渣利用和处置有害成分判定技术导则》及 T/CACE 064《煤气化渣成分测定 X 射线荧光光谱法》的制定。也参与华能长江环保科技公司主导的 IEC "城市固废能源耦合发电" 白皮书编制。撰写 Elsevier 出版社出版的《Coal Combustion Products: Their Nature, Utilization and Beneficiation》Air Classification，主编中国建材工业出版社出版的《粉煤灰资源化利用》。

煤基固废用于采煤损毁土地生态修复

卓锦德

1 煤基固废用于采煤损毁土地生态修复的必要性

1.1 煤基固废利用现状

我国富煤、少油、缺气，以煤为主要能源，是世界上煤炭产量最高的国家，而煤炭储存量只居世界第三位，次于美国和俄罗斯。2020 年全球煤炭总产量为 74.38 亿 t，我国总产量为 38.4 亿 t，约占全球 51%。我国虽然极力发展非化石的可再生能源，但仍是世界最大的煤炭消耗国，也是最大的煤基固废生产国。2020 年全球总发电量为 26.82 万亿 kW·h，我国总发电量为 7.42 万亿 kW·h，占全球 27.6%，其中，以燃煤发电为主的火力发电量高达 5.28 万亿 kW·h，占全国发电量比例为 71.19%。煤化工以煤为原料，生产不同的产品包括煤制天然气、煤制油、煤制烯烃、煤制醇醚、煤经焦炭制电石、煤制合成氨等，其中煤制油产能及产量已跃居全球首位，以煤气化为主。年产量超过 1000 万 t 的大宗煤基固废包括煤炭开采及选煤过程中产生的煤矸石、煤炭燃烧发电或热产生的炉渣、燃煤烟气为了满足环保排放要求除尘工艺产生的粉煤灰及脱硫工艺产生的脱硫石膏、煤气化工艺制备油品和化学品过程中产生的气化渣（气化粗渣和细渣）。我国煤基固废目前主要用途在建材，而我国 14 个亿 t 级大型煤炭基地、9 个千万千瓦级大型煤电基地和 4 处现代煤化工产业示范区煤基固废年产量大，均处于偏远地区，建材市场小，利用率低，以填埋处置为主。如何提高偏远地区大型煤基能源基地的固废利用率，是支持我国煤基能源发展的主攻方向。

1.2 采煤损毁土地生态修复现状

煤炭开采方式包括井工开采和露天开采。两种不同煤炭开采方式所造成的土地损毁略有不同，其中井工开采煤矿易造成地表下沉、塌陷坑和地表裂缝，最终形成采煤沉陷区；而露天开采则形成岩石裸露矿坑。沉陷区和矿坑均会破坏地表土地，使地表土地丧失其生态功能，同时也可能造成地下水污染和地表水土流失。

因此，采煤损毁土地亟待治理与修复，使土地恢复其生态功能。根据中国地质调查局 2016 年度《全国矿山地质环境调查报告》统计，全国矿山总面积 1040 万 ha（1.56 亿亩），采矿损毁土地面积 300 多万 ha（4500 多万亩），其治理率小于 30%，远低于国际矿山复垦率 50% ~ 70%，而美国土地复垦率已达到 85% 以上。美国自 1977 年实施《复垦法》以来，拥有大量成功案例，根据 2004—2008 年美国俄亥俄州自然资源部矿产资源管理局的统计数据，矿区回填复垦费用约 1.2 万美元/亩（1 亩 $\approx$ 666.67m^2，后同），而固废处理量约 1.14 万吨/亩，折算固废回填复垦费用约为 1.05 美元/t，是低成本的固废消纳途径。

1.3 煤基固废用于采煤损毁土地生态修复的现实意义

将煤基固废用于采煤损毁土地生态修复，不仅可实现固废的就近处置，实现固废减量化并降低固废的占地率，最终降低相关企业固废处置成本，而且可改善损毁土地平整度，恢复矿区生态环境，具有良好的经济效益和环境效益。目前，国内已有多个煤矿利用煤矸石、粉煤灰等固废进行采煤损毁土地生态修复，并取得了良好的效果。

2 采煤损毁土地复垦

根据 1988 年国务院令第 19 号《土地复垦规定》，土地复垦是指对在生产建设过程中，因挖损、塌陷、压占等造成破坏的土地，采取整治措施，使其恢复到可供利用状态的活动。2013 年实施的《土地复垦质量控制标准》（TD/T 1036—2013）定义了土地复垦是对生产建设活动和自然灾害损毁的土地，采取整治措施，使其达到可供利用状态的活动。本文指的采煤损毁土地复垦针对煤炭开采造成挖损及塌陷土地进行复垦，不包括煤矸石压占土地。虽然我国的土地复垦基本原则是"谁破坏、谁复垦"，但土地属于公有制，地方政府的认可及批复支持是必须的。文献调研显示，我国土地复垦在 20 世纪 50 年代开始从"单一土壤层"修复，到"土壤层＋充填层"双层的土壤重构修复，发展到"土壤层＋充填层＋夹层＋充填层……"的夹层式多层土壤重构结构修复，也有"分层剥离、交错回填"的土壤重构原理及"挖深垫浅"复垦重构的工艺，可见我国土地复垦已进入成熟发展的阶段。

土地复垦按《土地复垦质量控制标准》（TD/T 1036—2013）将全国分为东北山丘平原、黄淮海平原、长江中下游平原、东南沿海山地丘陵、黄土高原、北方草原、中部山地丘陵、西南山地丘陵、西北干旱及青藏高原区 10 个土地复垦类型区。也提出了 7 个不同复垦方向的土地复垦质量指标体系，包括耕地、园地、林地、草地、渔业（含养殖业）、人工水域和公园、建设用地。每个不同复垦方向规定了在地形、土壤质量、生产力水平和配套设施 4 个方面的质量指标。土壤质量控制标准只用于农用地的耕地、园地、林地及草地，规定了有效土层厚度、土壤容重、土壤质地、砾石含量、pH、有机质及电导率 7 项指标。因此，土地复垦需先确定土地用途，包括农用地、建设用地、渔业、人工水域或公园。

对采煤损毁土地进行复垦的第一核心技术是土壤重构，直接影响后续土地利用，特别是农用地的植被重建，包括植物群落的发生、发育和演替的方向及速度。以煤基固废用于采煤损毁土地生态治理（农用地）的土壤重构在植被层下有 3 或 5 个基本结构层，从上到下顺序为表土层、中间层、填充层、防渗层及基础层，如图 1 所示。

图 1　土地复垦（农用地）的土壤重构结构层

如表土层底部具有保肥保水及阻隔效果，则不需中间层。表土层的土壤成分建议以原生土壤为主，复配煤基固废及动物粪便及秸秆等表土替代物，煤基固废用量一般不超过 50%，而填充层则采用 100% 煤基固废。中间层以煤基固废的粉煤灰和黏土为主，其他材料为辅，有效阻隔空气及水分的渗透。

3　土地复垦技术要求

本文以农用地复垦方向的生态修复为主，探讨每层的土地复垦技术要求及相关文献。

3.1 表土层

表土层按《土地复垦质量控制标准》（TD/T 1036—2013）对耕地、园地、林地及草地在 10 个不同类型区的土壤质量要求，包括有效土层厚度、土壤容重、土壤质地（土壤颗粒组成、土壤成分）、砾石含量、pH、有机质及电导率 7 项指标。土壤颗粒组成直接影响土壤质地和砾石含量，而土壤成分直接影响 pH、有机质及电导率。以下分别讨论有效土层厚度、土壤容重、土壤颗粒组成及土壤成分的复垦技术要求及相关文献。

3.1.1 有效土层厚度

《土地复垦质量控制标准》（TD/T 1036—2013）中对有效土层厚度最低值的要求范围在 0.1 ~ 1m 之间。黄土高原草地复垦方向的人工牧草地和其他牧草地的有效土层厚度最低值分别为 0.4m 和 0.3m。为了保证植物主要根系的生长分布，根据文献调研，建议表土层厚度至少是 0.5m，以不低于 1m 为最佳选择。

3.1.2 土壤容重

《土地复垦质量控制标准》（TD/T 1036—2013）对土壤容重最高限值的要求范围在 1.30 ~ 1.55g/cm³ 之间。黄土高原草地复垦方向的人工牧草地和其他牧草地的土壤容重最高限值的要求分别为 1.40g/cm³ 和 1.45g/cm³。建议土壤容重不大于 1.45g/cm³。一般采用挖坑取样检测土壤的压实干密度，但方法费时、费力，建议采用表面波密度仪更方便。

土壤容重取决于土壤颗粒级配、压实（压实强度和次数）、颗粒本身及之间的抗压强度。土壤压实是去除土壤颗粒之间的小孔，减少孔隙，使颗粒之间更密实，形成密实结构，提高土壤容重。但过于密实，可能导致空气与水无法自由流通，使透水性下降、毛细水作用减弱，因而会对作物的生长产生较大的影响。文献表明三种不同的填充材料在两种不同机械压力及不同的碾压次数下对土壤容重及植物生长影响相当大。压实强度不超过 250kPa，容重仍在 1.44g/cm³ 以下，适于作物生长；但压实强度接近 3000kPa，其容重即超过 1.5g/cm³，该紧实特征会抑制作物生长；而压实强度接近 9000kPa，容重达到 1.76g/cm³，土壤表层板结，作物无法生长。

3.1.3 土壤颗粒组成

《土地复垦质量控制标准》（TD/T 1036—2013）对 10 个不同类型区及 4 个

复垦方向的土壤质地要求及砾石最高含量要求范围为 5% ~ 50%。黄土高原草地复垦方向的人工牧草地和其他牧草地的砾石最高含量要求分别为 10% 和 15%，而土壤质地要求分别为壤土 - 黏壤土和砂土 - 黏壤土。建议表土层土壤的砾石最高含量不超过 5%，最佳土壤质地仍是壤土。最佳土壤结构是以壤土为上层，黏土为下层，起到保水、保肥作用。

我国土粒分为砾石（>1mm）、砂粒（50 ~ 1000μm）、粉粒（2 ~ 50μm）及黏粒（≤ 2μm）等 4 类。砾石又分为石砾（1 ~ 3mm）及石块（≥ 3mm）。根据砂粒、粉粒和黏粒三种粒级含量，土壤分为砂土、壤土和黏土等三类。砂土是砂粒含量大于 50%，黏土的黏粒含量大于 80%，而壤土的土壤颗粒组成主要以粉粒含量为主要、颗粒大小在 20 ~ 200μm 之间。砂土的砂粒含量多，颗粒粗糙，渗水速度快，保水性能差，通气性能好，保水保肥能力较差，养分含量少，土温变化较快，但通气透水性较好，易于耕种。黏土的砂粒含量少，而黏粒含量高，颗粒细腻，渗水速度慢，保水性能好，但通气性能差。壤土介于砂土与黏土之间，兼有黏土和砂土的优点，通气透水、保水保温性能都较好，耐旱耐涝，抗逆性强，适种性广，适耕期长，易培育成高产稳产土壤，也是较理想的农业土壤。土壤质地是将 3 类土壤（砂土、壤土及黏土）从粗到细颗粒范围顺序分为 8 类：砂土、壤质砂土、砂土壤土 / 砂质壤土、壤土、黏壤土、砂质黏土、壤黏土 / 壤质黏土、粉黏土。壤质砂土是含粉粒较多的砂土。砂质壤土或砂土壤土是含砂粒较多壤土。黏壤土是含黏粒较多的壤土。砂质黏土是含砂粒较多的黏土。壤黏土、壤质黏土或粉黏土是含粉粒较多的黏土。文献表明添加粉煤灰能提高土壤粉粒和黏粒含量，提高持水保水能力。

3.1.4　土壤成分

《土地复垦质量控制标准》（TD/T 1036—2013）对有机质含量最低要求范围在 0.3% ~ 15% 之间，电导率最高要求为 2dS/m 或 3dS/m，而 pH 范围在 5 ~ 8.5 之间。黄土高原草地复垦方向的人工牧草地和其他牧草地的有机质含量最低要求分别为 0.5% 和 0.3%，而 pH 范围要求均在 6.5 ~ 8.5，但无电导率要求。建议有机质最低含量为 3%。而 pH 维持在 5.0 ~ 8.5 之间。建议耕地或园地最高电导率限值不超过 2dS/m（盐含量 11g/L）。

土壤成分包含了无机矿物成分、有机成分（有机质含量）及水分。表土层植物的成长也需合适的土壤 pH 范围及含盐量。土壤浸出液中各种盐类均以离子的形式存在，一般以土壤电导率代表土壤的总盐量。复垦表土层的 pH 及电导率取决于土壤成分，特别是可溶盐及水含量。除了土壤中的盐分、水分、温度外，有机质含量和土壤质地都会影响土壤电导率。文献表明表土层土壤中加入一定量煤矸石与粉煤灰，能够增强土壤的保水性能，提高有机质含量，改良土壤的砂性。文献也说明了煤矸石 - 粉煤灰混合填充比粉煤灰或煤矸石单独填充，具有更好的保水及透气性。文献对比了土层、煤矸石及粉煤灰作为不同充填物的充填土壤，都适宜作物生长，但粉煤灰造成土壤偏碱性，其中土壤渗透性顺序为土层＞矸石＞粉煤灰，而土壤紧实度顺序为土层＞粉煤灰＞矸石。

3.2 中间层

中间层，根据其性能要求，也称为土心层、阻隔层、夹层或过渡层，主要是形成"上松下紧"的结构，作为表土层与填充层的界面层。建议厚度不超过 0.75m，土壤容重大于 $1.5g/cm^3$。文献表明可利用粉煤灰和黏土混合作为隔离层，空气阻隔效果顺序为粉煤灰与黏土混合＞黏土＞粉煤灰，其中以粉煤灰：黏土 =1：2 体积比效果最佳。如表土层的土壤紧实度随土层深度增加呈逐渐增大趋势，形成"上松下紧"利于植被生长的理想剖面，起到保肥保水及阻隔效果，则不需中间层。

3.3 填充层

填充层也称为地基层，是保障地层不下陷的区域。一般厚度不小于 2m，当然是越厚越好，固废消纳量也越大。填充层土壤容重应不小于 $1.60g/cm^3$。建议填充层原料采用 100% 一般工业固废。利用其颗粒级配，形成密实结构，作为固废最大消纳量的区域，支撑地表、避免地基沉降。最大沉降量一般要求不大于 120mm，或密实度不小于 93%。

煤矸石含有大小不同的颗粒，在压实后，一般在 93% 压实度下，呈现良好的承载力，沉降量也大幅度降低，也可用于采煤损毁土地的填充料。文献说明煤矸石与粉煤灰混合料在最大荷载力下（例如 1000kN），最大沉降量仅为 77.839mm，远远小于规范规定的 120mm 要求。粉煤灰的干密度比一般土小 30% ～ 40%，由于其在碱性条件下具有胶凝性质，在含水量少时，具有较高的强度及承载力。文献说明填充料中添加粉煤灰或石灰达到 20%，提高压实性能，也表明粉煤灰掺入脱硫石膏后，能提高强度和承载力。炉渣与粉煤灰混合作为填充料，可提高压缩性。

3.4 防渗层

防渗层材料，如填充层的固废属于Ⅰ类固废，可使用天然基础层，其饱和渗透系数不大于 1.0×10^{-5}cm/s，厚度至少0.75m。如填充层的固废属于Ⅱ类固废，则一般采用人工合成材料高密度聚乙烯膜，厚度不小于1.5mm，或黏土类防渗层的厚度不小于0.75m，且经压实、人工改性等措施，其饱和渗透系数不大于 1.0×10^{-7}cm/s。

4 土地复垦污染防控要求

在土地复垦污染控制要求方面，目前标准相当完善。表土层的土壤根据土地用途满足相关标准，农用地需满足《土壤环境质量 农用地土壤污染风险管控标准（试行）》（GB 15618—2018），而建设用地则需满足《土壤环境质量 建设用地土壤污染风险管控标准（试行）》（GB 36600—2018）。中间层的土壤也根据表土层的用途，满足相对应的污染控制标准。填充层的煤基固废则需满足《一般工业固体废物贮存和填埋污染控制标准》（GB 18599—2020）Ⅰ类或Ⅱ类一般工业固废的要求。

防渗层属于功能材料，如采用固废作为部分原料。《固体废物鉴别标准 通则》（GB 34330—2017）条款5.2规定了利用固体废物生产的产物的要求，先要符合国家、地方制定或行业通行的被替代原料生产的产品质量标准，然后符合相关国家污染物排放（控制）标准或技术规范要求，包括该产物生产过程中排放到环境中的有害物质限值和该产物中有害物质的含量限值；当没有国家污染控制标准或技术规范时，该产物中所含有害成分含量不高于利用被替代原料生产的产品中的有害成分含量，并且在该产物生产过程中，排放到环境中的有害物质浓度不高于利用所替代原料生产产品过程中排放到环境中的有害物质浓度。当没有被替代原料时，才可不考虑此条件。

5 煤基固废与土地复垦相关性

5.1 煤基固废材料性质

煤基固废有煤矸石、粉煤灰、炉渣、脱硫石膏、气化粗渣及气化细渣等6类。每类均有3个基本材料性质：（1）化学成分与含量；（2）矿物相与组分；（3）

颗粒大小与形貌，如图 2 所示。

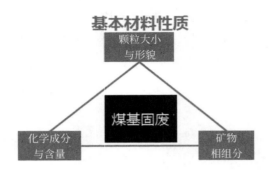

图 2　煤基固废 3 个基本材料性质

　　虽然化学成分都是灰、碳及水，但含量不同，灰的化学成分也不相同。煤矸石、粉煤灰、炉渣、气化粗渣及气化细渣均以硅铝酸盐为主，而脱硫石膏以硫酸钙为主，两者化学成分差异非常大。灰含量方面，煤矸石、炉渣、粉煤灰均可高达 99%，而最低仍大于 50%。气化粗渣的灰含量较气化细渣高，但低于前述 3 类。而脱硫石膏的灰含量属于杂质，一般小于 10%。部分煤矸石的碳含量高于 30% 但低于 50% 可用于燃烧用途，而气化细渣碳含量最高可达到 30%，其他煤基固废的碳含量一般小于 10%，甚至更低。碳的形态也不尽相同，气化渣的碳是含有纳米尺寸孔的多孔碳，具有高比表面积及吸附作用，粉煤灰、炉渣及脱硫石膏的碳是高温下的残碳，其比表面积及吸附能力较小，而煤矸石的碳则是原生碳。脱硫石膏的水主要是结晶水及少量的自由水，而其他则只有自由水。气化细渣的含水量最高，可高达 50%，其次是脱硫石膏的结晶水含量，可高达 20%，其他煤基固废一般不超过 10%，煤粉炉粉煤灰甚至低于 1%。灰中矿物玻璃相含量从大到小为气化渣、粉煤灰、炉渣、煤矸石，最小为脱硫石膏。煤矸石的矿物相含有黏土和硅酸盐，而粉煤灰、炉渣、气化渣含有石英、莫来石、钙质、铁质及硫质等矿物。脱硫石膏主要是硫酸钙。颗粒大小顺序，最大的是煤矸石（超过 1cm），然后是炉渣和气化粗渣（75μm ～ 9.5mm）、粉煤灰（0.1 ～ 600μm）、脱硫石膏（0.2 ～ 400μm）及气化细渣（0.2 ～ 1000μm）。颗粒形貌只有煤粉炉粉煤灰为球形，其他为不规则形貌。

5.2　与土地复垦的相关性

　　根据基本材料性质的颗粒大小不同，从土壤的分类，炉渣与气化粗渣粒径在微米至厘米范围属于砂土，粉煤灰、气化细渣及脱硫石膏的粒径则在微米范围属于壤土，而煤矸石则属于砾石。在化学成分的灰含量方面，除了脱硫石膏外，其他的化学成分均以硅铝酸盐成分为主，包括氧化硅、氧化铝及氧化铁，与土壤主要化学成分类似。在水含量及碳含量方面，气化细渣的水含量可高达 50% ~ 60%，碳含量可高达 20% ~ 30%，灰含量大约在 20% ~ 30% 之间；而气化粗渣的水含量可超过 5%，碳含量高于 0.5%，灰含量基本上在 85% ~ 90% 之间。粉煤灰和炉底渣的灰含量一般超过 94%，水含量低于 1%，碳含量一般不大于 5%。而煤矸石含水量一般较低但碳含量则与煤炭产地有关，变化较大。对比土壤的特性，粉煤灰及炉渣与土壤非常接近，分别为壤土和砂土，气化粗渣属于高有机质含量（碳含量）的潮湿砂土，气化细渣则是非常高有机质及非常潮湿的壤土。而煤矸石类似于砾石。脱硫石膏成分则完全与土壤无相关性，但可作为盐碱地土壤改良剂。

在土地复垦应用，煤基固废 3 个基本材料性质中颗粒大小最为重要，是决定每层土壤容重的主要因素，影响表土层的砾石含量及土壤质地，也影响中间层的饱和渗透系数，同时也是填充层的密实回填的重要因素。颗粒大小及矿物相中晶相种类和含量决定颗粒的耐压性能，在压实过程中，也是影响土壤容重的因素。矿物相组分的可溶盐含量对电导率及 pH 有直接的影响。而化学成分及矿物相组成是决定污染物含量的重要因素。

在土壤重构中煤基固废利用消纳方面，表土层以原生土壤为主，煤基固废用量一般不超过 50%，中间层的煤基固废用量可超过 50%，而填充层则采用 100% 煤基固废。防渗层则需满足地方政府要求，包括按《一般工业固体废物贮存和填埋污染控制标准》（GB 18599—2020）规定实施或其他认可的方式实施。

6　结论及建议

煤基固废作为生态材料或生态产品的原料，包括煤矸石直接覆盖表土层用于保水，改性粉煤灰及脱硫石膏用于盐碱地调节剂、粉煤灰及炉底渣用于酸性土壤改良剂、气化渣制备滤料等应用，其利用价值高但消纳量不大。煤基固废用于采煤损毁土地生态修复，不仅仅是解决大型煤基能源基地固废量大难消纳问题，同时也是对煤炭开采产生的土地破坏进行修复，是维护能源供应和生态文明共存的途径。其中填充层采用密实回填，降低实施成本、提高固废消纳量，而表土层的复垦，变废弃土地为有价值草地，吸收 CO_2。

　　采煤损毁土地生态治理，必须是沉降稳定的土地，土地复垦后的标高，也不能超过附近水平线的高度或相关规定的高度。目前，土地复垦有明确的污染控制标准，表土层及防渗层也有相当完善的实施标准，但中间层和填充层尚待制定实施标准，也需建立填充层的沉降率或密实度的技术指标。本文说明了煤基固废 3 个基本材料性质与土地复垦的技术要求，包括颗粒大小与形貌、化学成分及矿物相组分，其中颗粒大小分布最为重要，而污染物控制取决于其化学成分及矿物相，但仍需探索不同煤基固废种类、基本材料性质及颗粒级配与各层的土壤重构关系。

作者简介

段鹏选 教授级高级工程师，北京市劳动模范，北京建筑材料科学研究总院原首席专家，桂林理工大学特聘教授。中国硅酸盐学会固废分会常务理事会、中国硅酸盐学会固废分会工业副产石膏学术委员会主任委员。主要从事固体废弃物资源化利用、石膏胶凝材料、新型墙体材料、硅酸盐制品、碳减排方法学等领域的工业化技术研究和应用工作。主持完成各类科研项目 40 多项，其中国家科技计划项目 6 项，获得省部级以上科技进步奖 9 项。

张大江 博士，北京工业大学材料与制造学部助理研究员，研究方向为水硬性石灰的制备及其性能优化，工业固弃资源化利用以及高强石膏制备等。中国硅酸盐学会固废分会青委会委员、固废分会副产石膏学术委员会委员等职。主持国家自然科学基金青年项目和中国博士后科学基金项目，参与国自然基金面上项目、北京市自然基金面上项目、国家科技计划等多项课题，以第一或通讯作者发表 SCI 一区论文 7 篇，申请 4 项国家发明专利。

李 莹 博士、高级工程师。中国硅酸盐学会固废分会副产石膏学术委员会委员。主要从事工业副产石膏资源化利用、新型墙体材料等领域技术研究工作，熟悉工业副产石膏制备 α 型高强石膏工业化技术、高性能石膏制品开发和应用、碳减排方法学核算过程、建材相关标准编写方法等。参与国家科技计划项目 3 项、参与编制标准 6 项、专利授权 6 项，并获得北京市科技进步奖 2 项，中国建材联合会科技进步奖 1 项，中国循环经济协会科技进步奖 1 项。

工业副产石膏高附加值资源化利用技术及应用

段鹏选　张大江　李　莹

1　工业副产石膏资源化利用的重要意义

工业副产石膏是工业生产过程中排出的以硫酸钙（$CaSO_4 \cdot nH_2O$，n=0、0.5 或 2）为主的工业副产物，大部分以二水硫酸钙（$CaSO_4 \cdot 2H_2O$）为主要成分。我国工业副产石膏的种类较多，有脱硫石膏、磷石膏、钛石膏、柠檬酸石膏、废陶模石膏、氟石膏、芒硝石膏、盐石膏等。其中脱硫石膏和磷石膏是我国目前排放量最大的两种工业副产石膏，占工业副产石膏排放总量的 80% 左右。据统计，2021 年工业副产石膏排放总量已达到 2.45 亿 t，资源化利用率却不到 50%，各种工业副产石膏历年堆存量达到 10 亿 t 以上。长期大量堆存导致大量的土地被占用，还对河流、大气、土壤等造成了严重污染。

1.1　工业副产石膏资源化利用是国家发展战略的需要

近年来，在国家环保督察中，数次涉及以磷石膏为代表的工业副产石膏堆存对河流、水源污染的典型案例。2021 年 10 月 23 日全国人大常委会执法检查组关于检查《中华人民共和国固体废弃物污染环境防治法》实施情况的报告中指出："一些工业固废综合利用率低，锰渣、赤泥、磷石膏综合利用率仅为 5%、7%、40% 左右。""传统制造业升级改造急需的先进适用技术研发滞后，磷石膏等大宗固废综合利用缺少经济可行、高附加值、规模化利用技术。""加强对磷石膏、尾矿等大宗固体废弃物资源化利用技术和环境污染控制技术研发，提升大宗固体废弃物综合利用水平。"

2022 年工业和信息化部等八部委联合发布了《关于加快推动工业资源综合利用的实施方案》，其中明确提出"推动磷石膏综合利用量效齐增。加快磷石膏在制硫酸联产水泥和碱性肥料、生产高强石膏粉及其制品等领域的应用"。

以上国家层面上的相关法规、政策、规定都表明，推动工业副产石膏高附加值资源化利用工作、提高副产石膏资源化利用率是落实"绿水青山就是金山银山"理念的需要，是落实习近平生态文明思想的需要。

1.2　工业副产石膏资源化利用是"碳达峰、碳减排"国家发展战略的需要

"2030 年前实现碳达峰，2060 年前实现碳中和"是我国国家发展战略，也是习近平主席在第七十五届联合国大会上对世界做出的庄严承诺。

我国 2020 年 CO_2 排放大约 100 亿 t。其中建材行业 16.5 亿 t，是我国主要的碳排放来源。在建材行业中，最主要的建筑材料水泥基材料生产排放 14 亿 t，占全国的 14% 以上，是二氧化碳排放大户。

水泥、石灰、石膏是建筑材料行业三大传统胶凝材料，石膏胶凝材料是真正意义上的绿色、可循环、低碳材料。高纯度石膏可以入药、入食品是其绿色特点；石膏制品一般是二水石膏，其建筑物拆除后可以再脱水变成半水石膏，进入下一个使用循环，是典型的可循环材料。在当今"双碳"背景下，其低碳的特点更显突出。石膏胶凝材料的 CO_2 排放量显著低于水泥和石灰胶凝材料。主要是因为水泥、石灰的主要生产原材料是碳酸钙，生产过程中碳酸钙分解向大气中排放二氧化碳。石膏胶凝材料是以二水石膏为原料，生产过程是由二水石膏脱水变成半水石膏以及无水石膏的过程，向大气中排放水蒸气。另外，水泥熟料生产温度为 1450℃，半水石膏的生产温度一般在 180℃，其生产能耗也显著低于水泥熟料。德国可耐福（集团）有关资料表明，每吨半水石膏二氧化碳排放量为水泥的八分之一到六分之一。

国内外的建筑工程实践表明，石膏胶凝材料完全可以作为室内建筑材料。欧美国家石膏胶凝材料与水泥的比例为 1∶3，以我国每年 24 亿 t 水泥产量计，石膏胶凝材料将会达到 6 亿 t 以上，将会起到显著的减排效果。

因此，发展石膏建材是建材行业碳减排的需要，更是"双碳"发展战略的需要。

1.3　工业副产石膏的资源优势

1.3.1　资源优势

据统计，2021 年我国工业副产石膏年排放量约为 2.45 亿 t（2.44565 亿 t）。其中，脱硫石膏年排放量 1.27 亿 t，占比 51.93%；磷石膏年排放量 7578 万 t，占

比 30.98%；钛石膏年排放量 2274 万 t，占比 9.30%；氟石膏年排放量 479.5 万 t，占比 1.96%；柠檬石膏、芒硝石膏等其他种类工业副产石膏总排放量 1425 万 t，占比 5.83%（合计 100.00%），各种工业副产石膏历年堆存量达到 10 亿 t 以上。每年的新排放量和历年的堆存量为发展石膏胶凝材料提供了资源保证。

大部分工业副产石膏的二水硫酸钙含量都在 85%，不少副产石膏已经达到了 90%，是高品位的优质石膏资源，为发展高性能的石膏胶凝材料提供了原材料的品质保证。

1.3.2 地域优势

我国排放量最大的脱硫石膏主要来源于燃煤电厂烟气脱硫和冶金企业窑炉烟气脱硫。我国燃煤电厂和冶金企业分布较广，单体排放量不大，其产生的脱硫石膏可以就近进行高附加值资源化利用，有利于产品的推广应用。

我国排放量第二的磷石膏主要分布在云南、贵州、四川、湖北等地区，地域性很强，单体排放量大。磷石膏产品当地市场不能完全应用，需要运输到外地。由于受运输费用的制约，需要发展高附加值的产品来降低运输费用对产品销售价格的影响。

其他工业副产石膏，例如柠檬酸石膏、钛石膏、氟石膏、盐石膏等，虽然总排放量不大，但单体排放量都比较大，对所在地的环境影响大，资源化利用越来越受到重视。

2 工业副产石膏资源化利用的技术进展

我国工业副产石膏资源化利用主要分为两类：第一类是直接利用，第二类是制备石膏胶凝材料，再加工成各种制品。

2.1 直接利用

2.1.1 水泥原料

在水泥粉磨过程中工业副产石膏作为水泥缓凝剂加入，一般加入量在 5% 左右，目前是工业副产石膏资源化利用量最大的领域。另外，有少量副产石膏作为配料组分用在硫铝酸盐水泥等水泥生料配料中。

2.1.2　过硫石膏矿渣水泥

以磷石膏为代表的工业副产石膏与矿渣、钢渣、粉煤灰等活性材料和少量激发剂，有时加少量水泥熟料，复合配制石膏基胶凝材料，具有较高的后期强度和水硬性。这类材料又叫"过硫磷石膏矿渣水泥""石膏矿渣水泥"等。目前已经开始了工业化应用，主要应用于路基材料、市政道路制品、矿井回填、轻骨料等领域，取得了比较好的应用效果。

2.1.3　其他应用

以工业副产石膏为主要原料，进行土壤改良、配制复合肥等也取得了一定的进展。

尽管以水泥缓凝剂为代表的直接利用方式利用量较大，但产品附加值较低，经济效益一般。

2.2　制备石膏胶凝材料

工业副产石膏主要成分是二水硫酸钙，经过加热脱水，分别生成半水石膏、无水石膏和混合相石膏。半水石膏又分为 α 型半水石膏和 β 型半水石膏；无水石膏又分为无水石膏 I 型、无水石膏 II 型和无水石膏 III 型。

2.2.1　β 型半水石膏

β 型半水石膏又称为建筑石膏，是应用历史久、用量较大的石膏胶凝材料。主要用于生产纸面石膏板、石膏砂浆、石膏砌块、石膏墙板等石膏建筑制品等。由于 β 型半水石膏技术性能较低，制品性价比不高，产品受市场容量和产品销售半径的限制，销售价格较低，产品价值不高，企业利润不好。目前，产品生产和销售受环保压力和政策拉动较大，应用市场动力不足。

2.2.2　无水石膏

无水石膏主要以无水石膏 II 型为主，目前主要用作塑料、橡胶填料，还有用于石膏地坪。在工业副产石膏排放量较大、塑料填料产量不足的地区有一定的生产，价格较高，利润较好。

2.2.3　α 型半水石膏

以工业副产石膏为原料制备的 α 型半水石膏是我国最近 10 年开始开发、生产和应用的高附加值产品。由于工业副产石膏排放造成的环保压力，以及低端利用领域效益低下，近年来大家开始关注 α 型半水石膏技术研发、工业化生产线建设和下游产品的开发，陆续建设了一批以工业副产石膏为原料的 α 型半水石膏生产线。由于 α 型半水石膏具有需水量小、物理力学性能高、耐水性能好等优点，其产品销售价格较高，主要应用于高端产品领域。

α 型半水高强石膏的制备工艺主要有传统蒸压法、水溶液法和蒸压微晶法三大类。传统蒸压法一般以高品位的块状天然石膏为主要原料，在块状石膏蒸压釜中静态蒸压和干燥，生产周期长，生产规模小，产品力学性能较低，一般烘干后抗压强度为 20 ~ 30MPa。目前，具有高品位优质天然石膏资源的地区还有少量生产。水溶液法可分为压力溶液法和常压溶液法。常压溶液法实验室研究较多，但较少见到工业化生产线。压力溶液法技术来源于欧洲，以粉状石膏原料、外加剂和水配制成液体，在蒸压釜内加热获得温度和压力，在外加剂的作用下完成 α 型石膏晶体的生长。目前，国内一些企业基于压力溶液法工艺原理，开发了具有专有技术的生产技术并实现了工业化生产，产品性能较高，烘干强度可以达到 60MPa 以上。但该工艺技术存在单线产能低、设备投资相对较大、生产成本相对较高等问题，还存在产生污水的问题。

本文重点介绍工业副产石膏制备 α 型高强石膏新技术——蒸压微晶法制备 α 型高强石膏技术。

3 蒸压微晶法制备 α 型高强石膏成套技术

蒸压微晶法制备 α 型高强石膏成套技术是针对工业副产石膏含一定的附着水和颗粒细小等特点开发的新技术，有别于传统"蒸压法"和"压力溶液法"。共获得 8 项中国专利授权和 2 项美国专利授权，包括了"副产石膏预处理技术""生产工艺技术"和"生产装备技术"，构建了较为完整的知识产权体系。

3.1 工艺技术

本工艺技术具体描述为：磷石膏、脱硫石膏等工业副产石膏原料，经打散、筛分、计量、喷入添加剂，经过均化系统，保证添加剂与副产石膏混合均匀。然后进入到具有专利技术的转晶器内，在一定温度下副产石膏附着水首先汽化产生蒸汽，形成一定的温度和压力，诱导二水石膏结晶水脱水产生蒸汽，继续产生温度（130 ~ 140℃）、和压力（0.3 ~ 0.4MPa），依靠添加剂控制晶体生长，经短时间反应，将二水石膏晶体转变成 α 型半水石膏晶体。副产石膏颗粒细小、传热快、转晶快，恒温 30 分钟可完成全部晶体转晶过程。转晶结束后通过专有技术出料系统进入干燥系统。由于副产石膏颗粒细小，干燥也非常快，短时间内完成干燥终水分小于 0.5% 后，经空气斜槽，进入改性磨机改性并降温，经提升机、空气斜槽送入成品仓，经过均化、陈化等工艺过程，从成品仓进入包装系统，分别进行小袋包装、吨袋包装和散装，成品出厂。

本工艺技术所用热源为蒸汽（1.0MPa 饱和水蒸气），可以利用燃煤电厂、磷化工厂等工业二次热源，可以利用做过功的低温蒸汽，也可利用废热气作为干燥热源，还可以利用各种可以利用的热源加热导热油作为加热转晶设备和干燥设备的热源。本工艺过程没有废水、废物排出，生产过程中只有水蒸气排出。

3.2 净化处理技术

工业副产石膏是高品位的石膏资源，与天然石膏不同的是副产石膏伴随不同工业过程带来各种不同的杂质成分。这些杂质成分复杂，严重影响工业副产石膏制备石膏胶凝材料的生产过程和石膏制品的使用。目前，工业副产石膏制品使用中发生的质量问题多数与杂质有关。因此，工业副产石膏去除杂质净化处理技术，是副产石膏高品质、高效率、高附加值利用的关键技术。以磷石膏为代表的副产石膏净化除杂工艺方法主要有物理法、化学法和热处理等方法。本文主要介绍已用于实际生产的水洗法、浮选法和热处理法。

（1）水洗法。水洗法简单直接、效率高，处理成本低。当采用水洗工艺合适时，大部分可溶性杂质和有机质可被洗掉。通过水洗处理的磷石膏，可以用于一般用途的磷石膏制品，基本上能解决石膏胶凝材料生产和使用中的大部分问题。但水洗法存在耗水量大、产生的废水需要处理等问题。

（2）浮选法。浮选法适用于有机类杂质和硅类杂质等去除，较多采用正选、反选方法分别去除有机类杂质和硅类杂质。浮选法处理的磷石膏品位可以达到 95%，白度可以达到 85 度以上，是优质的石膏资源，可以用于高附加值 α 高强石膏产品的生产。这种方法存在浮选剂消耗量大、浮选成本较高、出渣率 20% 左右、需要重新处理等问题。

（3）热处理法。热处理法也叫高温处理法，对磷石膏中杂质去除有很好的效果。可溶杂质和共晶磷在煅烧过程中可转化为惰性的焦磷酸盐，煅烧处理比较适用于有机物含量多的磷石膏。这种方法存在生产热耗高、产品多为无水石膏、应用范围受限等问题。

3.3　晶体生长控制技术

晶体生长控制技术是制备 α 型高强石膏的核心技术之一。工业副产石膏主要成分是二水硫酸钙即二水石膏，制备 α 型石膏就是把二水石膏晶体转变成 α 型半水石膏即高强石膏。根据笔者的研究结果，α 型石膏晶体结晶机理是原位拓扑 + 溶解再结晶的过程。α 型半水石膏晶体结构、尺寸、形貌等直接影响 α 型高强石膏的物理力学性能。本晶体生长控制技术是通过加入转晶剂，配合温度、压力、时间等参数，根据 α 型高强石膏的使用领域控制晶体生长尺寸和形貌，保证石膏的物理力学性能和不同用途所需要的特殊性能。针对不同的工业副产石膏品种选择不同的转晶剂和不同的工艺控制参数，达到控制 α 型石膏晶体生长的目的。本晶体生长控制技术中转晶剂的加入对产品生产成本的影响不大，不同的控制参数能够在同一生产系统中实施，能够保证 α 型高强石膏产品达到较高的强度等级。

3.4　成套专用装备技术

成套装备系统保证了工艺技术和晶体生长控制技术的实现，成功解决了 α 型高强石膏工业化生产线大型化过程中存在的系列技术问题，实现了均化设备连续化、转晶设备大型化、干燥设备高效化、包装设备无尘化、生产过程自动化。成套装备系统主要包括以下核心设备：

（1）大型转晶器：首创大型动态转晶器（有效体积 20 立方米），生产效率高、转晶时间短、单机产量大、适用范围广。突破了传统高强石膏行业产量小、耗能高的瓶颈。该设备获得中国专利和美国专利授权。

（2）均化系统：对副产石膏原料与添加剂进行均化，保证副产石膏与添加剂混合均匀。该系统均化速度快，混合均匀度高、效果好，极大地缩短了均化时间，提高了生产效率。

（3）湿黏物料下料系统：自主研发的湿黏物料下料系统，解决了下料系统易泄漏、易堵塞、影响下料阀开闭和密封性等问题，实现了泥浆状固体物料在高温、高压下无泄漏、无堵塞，保证了设备的使用安全，实现了顺畅下料，保证了转晶器下料阀的密封性能，提高了使用寿命。

（4）快速干燥系统：针对本工艺 α 型石膏晶体颗粒细小的特点，开发多级粉体干燥系统，干燥效率高，短时间可降低物料的附着水至 0.5% 以下。

（5）负压包装系统：包装机出料管采用负压系统，可有效减少包装口分成和包装袋内物料含气量，保证无泄漏和无扬尘。包装设备采用密封装置和环保收尘系统，保证包装现场环境清洁。

（6）DCS 中央控制系统：本项目实现对整个生产过程中工艺流程的集中控制，以及对温度、压力、时间、计重、流量、阀门启闭等众多工艺参数的调整和连续监控，实现了生产过程的智能化、自动化以及流程简单化。

3.5　工艺技术优势

（1）原料适用性广，可处理多种工业副产石膏。包括柠檬酸石膏、脱硫石膏、磷石膏、钛石膏等。

（2）技术性能高。通过本生产系统制备的 α 型高强石膏，晶体稳定、级配良好、标准稠度加水量低，2 小时抗折强度可达 7.0MPa 以上，烘干抗压强度可达到 60MPa 以上。根据第三方检验，其细度、凝结时间、膨胀率、白度、放射性核素限值和可溶性重金属等数据均优于《α 型高强石膏》（JC/T 2038—2010）中 α50 的技术指标要求。

（3）晶体成长可控。在制备过程中通过专有工艺技术，达到对晶体生长过程中合理长径比的控制，使之从原料状态的针板状变成短柱状 α 型半水硫酸钙晶体形貌，从而获得物理力学性能优异的 α 型高强微晶石膏，且可根据产品的不同用途控制晶体生长形态并复配出适合不同应用领域的终端产品。

（4）生产线产能高。与传统蒸压法、盐溶液法相比较，本成套技术有效地解决了规模小、品质差、能耗高和转晶慢的技术难题。应用本技术已经投产运行年产 20 万吨 α 型石膏生产线。

3.6　成套技术社会评价

（1）2017 年 5 月，中国循环经济协会组织了科技成果评价鉴定会。专家组最终评定为，α 型高强石膏成套装备系统整体达到国际先进水平，其中转晶器等工艺技术达到国际领先水平。

（2）经工业和信息化部、科技部审核确认，α 型高强石膏成套技术成为纳入工业和信息化部、科技部 2017 年第 61 号《国家鼓励发展的重大环保技术装备目录（2017 年版）》的设备，并建议大力推广。

（3）2018 年 11 月，先后荣获中国循环经济协"工业固废（工业副产石膏）综合利用最佳技术、产品、装备实践"和"全国循环经济技术中心"。

3.7 成套技术建设示范线

3.7.1 山东项目

2018 年，以柠檬酸石膏为原料，在山东省建设 4 万吨 α 型高强石膏粉及 10 万吨高强石膏制品生产线。生产的 α 型石膏产品性能指标达到 α50 要求，技术指标处于国内领先水平。该生产线是当时国内第一条用柠檬酸石膏指标 α 型石膏生产线，也是当时生产规模最大的 α 型石膏生产线（图 1）。

图 1　山东省 α 型高强石膏生产线

3.7.2 贵州项目

2020 年，贵州建成年产 20 万吨 α 型高强石膏项目顺利生产，全面通过达产达标考核，运行效果良好。目前 α 型石膏产品质量达到 α50 以上。以该项目为磷石膏高附加值资源化起到引领示范作用，将会对整体提升磷石膏资源化利用水平，推动石膏行业转型升级起到积极的推动作用（图 2）。

图 2　贵州省 α 型高强石膏项目

4 工业副产石膏资源化利用所面临的问题和展望

工业副产石膏资源化利用面临的最大问题是技术开发能力不足，创新性的技术缺乏。目前，全国范围内正在形成良好的工业副产石膏资源化利用的政策氛围和市场机遇。因此，需要从技术的角度对以下几方面进行深入的研究：

（1）系统研究不同种类的工业副产石膏各自的特性。由于工业副产石膏来源于各种工业生产过程，其必将带来上游工艺中的各种残留物及杂质，这些杂质不但会影响石膏胶凝材料生产工艺和装备，还会影响石膏制品的使用。不同的副产石膏品种具有不同的晶体特点，需要系统研究不同副产石膏的性能特点和杂质特性，采取不同的工艺技术措施，保证产品质量。

（2）显著提高石膏胶凝材料的物理力学性能。目前石膏行业遇到的主要问题之一就是石膏制品的物理力学性能低，与水泥制品相比性价比不具有优势。发展强度更高、耐水性能更好的石膏胶凝材料是行业的发展方向，α型高强石膏具有资源、能源、性能、成本、技术及产业基础等多方面的优势，能够解决石膏行业面临的突出问题，必将对推动石膏行业技术进步做出积极的贡献。

（3）开发大规模化生产工艺及装备。目前石膏胶凝材料单线生产能力小，装备水平较低，远低于水泥生产线的装备水平和生产能力，导致产品质量稳定性较差、生产成本高等问题，成为制约石膏行业大规模、快速发展的技术瓶颈。开发工业副产石膏资源化利用的规模化、自动化、智能化等共性关键技术及大型成套装备，以解决行业发展的急需。

石膏是典型的低碳、绿色、可循环的建筑材料，工业副产石膏是优质的石膏原料，符合质量要求的工业副产石膏可以生产出高质量的石膏产品，以质量合格的柠檬酸石膏、磷石膏、脱硫石膏、钛石膏为原料，采用蒸压微晶法工艺，可以生产技术性能达到α50以上的优质α型半水石膏产品，发展α型石膏是石膏行业技术进步的必由之路。以工业副产石膏为原料的石膏制品广泛应用于建筑室内材料，具有显著的社会效益、环境效益和经济效益。

作者简介

常　钧　教授，大连理工大学建材研究所博士生导师，长期致力于建筑材料领域的研究和教学工作。主要从事特种水泥与混凝土、固废建材资源化及镁质胶凝材料等方面的研究，在海工特种工程材料、碳酸化技术制备建材制品和镁质胶凝材料等方面形成了鲜明的研究特色。获得包括国家技术发明奖二等奖、山东省科技进步奖一等奖、中国建筑材料科学技术奖基础研究类一等奖等在内的国家级和省部级科技奖励9项。2005年获"山东省优秀青年知识分子"称号，2007年获济南市拔尖人才称号，2010年获得山东省青年科技奖，2010年入选教育部新世纪优秀人才支持计划，2020年获得大连市领军人才称号。担任中国硅酸盐学会固废分会常务理事、中国硅酸盐学会水泥分会和混凝土与水泥制品分会理事、中国混凝土与水泥制品协会（CCPA）教育与人力资源工作委员会副理事长、中国建筑学会抗震防灾分会村镇绿色建筑综合防灾专业委员会委员等。

碳酸化钢渣制备建材制品

——探寻碳中和在建材科技实现路径

常　钧

1　引言

中国是世界上最大的碳排放国家，年排放 CO_2 超过 100 亿 t，占全球碳排放的 40%；中国也是全球最大的水泥和钢铁生产国，其年产量均超过全球总产量的 50%。在水泥和粗钢生产的过程中排放出大量的 CO_2，分别占中国总排放量的 15% 和 7%。近年来随着全球温室效应越来越受到关注，水泥和钢铁行业的发展也面临着巨大的环境压力。能耗高、自然资源消耗大、碳排放高严重制约着水泥和钢铁工业健康、可持续发展。

钢渣是炼钢过程中产生的一种碱性工业副产品，在我国年排放量超过 1 亿 t，且利用率处于较低的水平。国外发达国家的钢渣利用率较高，美国在 20 世纪 70 年代初，钢渣就已达到排用平衡，实现了钢渣的资源化利用。欧洲国家的钢渣利用率在 21 世纪初就达到了 65%，而德国的钢渣利用率达到了 97%。在国外的应用和研究中钢渣多用于路基材料，水泥及沥青混凝土是钢渣资源化利用的主要途径。国内大多数钢厂采用热泼工艺处理钢渣，将热态钢渣运至钢渣热泼场，倾翻落地，喷水冷却，然后用铲运机将冷却的钢渣经粗选废钢后运出堆弃。热泼法存在投资高、占地大、环境污染严重、金属铁不能全部回收、钢渣稳定性差等问题。大部分钢渣通常储存在废物堆或垃圾填埋场，易产生粉尘，且当雨水渗入时，可能会因有害元素浸出或高碱度造成地下水污染。

根据生产工艺的不同，钢渣分为碱性氧化炉钢渣（BOFS）、电弧炉钢渣（EAFS）和钢包渣（LFS）。BOFS 约占钢渣总产量的 46%，EAFS 占钢渣总产量的 38%，其余 16% 为钢包渣。由于钢渣成分波动大，含有大量的游离 CaO 和 MgO 导致钢渣的体积安定性差、利用率低，但是 CaO 和 MgO 却使钢渣具有良好的碳酸化性能。矿物碳酸化是一种有效的永久固碳方法，这不仅能够缓解温室效应，还能实现固体废弃物的资源化利用，并制备出性能良好的建材制品。

不同种类的钢渣具有不同的碳酸化能力，对于钢渣固碳量的评价主要根据其中 CaO 和 MgO 的含量来计算，其理论固碳量通常能够达到钢渣自身质量的 40% 左右。然而钢渣中大部分 CaO 和 MgO 并不是游离状态，而是以硅酸盐、铝酸盐和铁铝酸盐等矿物的形式存在。钢渣中主要矿物为硅酸二钙、白硅钙石、镁硅钙石、黑钙铁矿、铁铝酸钙和氢氧化钙等，其化学成分和矿物成分波动较大。因此，了解单矿的固碳能力及对钢渣碳酸化制品强度的贡献至关重要。

2 钢渣的组成

钢渣的化学组成复杂多变，与炼钢使用的原材料及钢渣处理方式有关。通常含有 45% ~ 60% 的 CaO、10% ~ 15% 的 SiO_2、1% ~ 5% 的 Al_2O_3、3% ~ 9% 的 Fe_2O_3、7% ~ 20% 的 FeO、3% ~ 13% 的 MgO。国内部分钢厂产生的钢渣的化学组成如表 1 所示。与硅酸盐水泥相比，钢渣中的 Ca 含量较低，Fe、Mg 含量较高，此外含有少量的 Mn、P，部分存在一些有害金属元素如 Cr、Pb 等。不同类型钢渣的化学组成存在显著差异。BOFS 中氧化铁（FeO/Fe_2O_3）含量可达到 38%，SiO_2 为 7% ~ 15%，CaO 含量最多，占 36% ~ 60%。由于生产过程相似，EAFS 的化学组成与 BOFS 相似，但由于 EAFS 使用回收的废钢，因此其化学组成同时由废钢的性质决定。其中氧化铁含量可达到 40%，SiO_2 约为 16%，与 BOFS 不同，CaO 并不是含量最高的氧化物，其含量占 23% ~ 38%。LFS 是在二次精炼过程中产生，且添加一些合金作为原料，因此其成分与其他两种钢渣差别较大，取决于所生产钢材的类型。LFS 中 FeO 的含量较少，低于 5%，SiO_2 约占 20%，CaO 含量最多为 42% ~ 57%。

由于钢渣的化学组成多变，导致其矿物组成也复杂多变。橄榄石、镁硅钙石、C_3S、C_2S、C_4AF、C_2F、RO 相和游离氧化钙是钢渣中最常见的矿相。其中 C_3S、C_2S、C_4AF 和 C_2F 的存在使钢渣具有胶凝性质。然而钢渣中 C_3S 的含量显著低于硅酸盐水泥，同时由于大量无胶凝活性的 RO 相的存在，进一步降低了钢渣的活性。因此，钢渣可视作一种弱硅酸盐水泥熟料。导致钢渣利用低的最关键原因是，钢渣中含有过多的 f-CaO 和 f-MgO，特别是当游离相体积较大时，二者的滞后水化引起体积膨胀，导致硬化浆体的开裂。f-CaO 和 f-MgO 水化转变为 $Ca(OH)_2$ 和 $Mg(OH)_2$ 固相体积分别膨胀 97% 和 119%。解决钢渣膨胀问题常用的方法是在钢渣使用前将其放置超过 6 个月，并使用蒸汽处理等老化方法，使游离

表 1　钢渣的化学组成统计

质量分数，%

材料	化学组成								
	类型	CaO	SiO_2	Fe_2O_3	Al_2O_3	MgO	MnO	P_2O_5	SO_3	f-CaO
韶钢	BOF	40.01	18.94	22.35	2.91	5.36	2.79	1.34		4.10
柳钢	BOF	38.90	17.12	20.05	4.58	6.99	2.10	1.40		3.43
武钢	BOF	39.85	17.78	17.7	3.62	7.01	0.17	1.00		8.09
太钢	BOF	45.29	13.26	20.78	3.19	5.67	1.26	1.21		3.25
邯钢	BOF	44.53	14.84	21.44	4.08	7.50	0.17	1.33		0.73
马钢	BOF	41.64	7.88	4.48	27.99	9.58	0.2	0.25		1.00
济钢	BOF	45.11	14.99	18.41	5.06	6.69	1.68	1.12		2.88
宝钢	BOF	41.06	11.51	31.52	1.57	8.09	0.42	1.14		2.61
太钢	BOF	54.84	11.50	6.76	2.42	18.26	1.20			5.59
太钢	BOF	50.13	12.05	8.08	2.87	23.43	0.87		0.88	5.20
太钢	BOF	49.58	9.63	9.71	2.74	27.18	1.13		0.38	5.16
宝钢	BOF	43.06	14.64	7.97	3.23	24.46	3.53		0.18	13.75
宝钢	BOF	43.25	13.23	11.59	2.86	26.28	3.40		0.42	6.18
德阳八角	EOS	21.58	18.6	39.59	8.47	8.69			0.36	
成钢	EOS	27.71	19.37	29.44	6.4	12.82			1.07	
德阳二重	EOS	28.92	17.22	39.3	6.96	7.99			0.40	
成钢	EOS	39.27	18.75	18.92	7.26	12.55		1.15	0.08	
江油长钢	EOS	44.7	19.35	20.85	5.08	6.91		1.24		
邯钢	BOF	42.77	13.99	21.74	2.41	4.82	1.47	1.32		
韶钢	BOF	35.68	15.56	24.27	2.98	5.08	4.42	1.06		
济钢	BOF	41.14	12.84	20.13	3.58	6.32	2.98	1.12		
柳钢	BOF	36.75	14.39	21.14	3.82	6.33	3.76	1.39		
宝钢	BOF	37.98	10.33	32.10	1.03	5.18	2.67	1.14		
马钢	BOF	42.85	5.87	5.12	25.14	8.37	0.65	0.24		
太钢	BOF	45.29	13.26	24.61	4.08	5.67	1.26			
水泥熟料		64.98	21.22	5.25	5.18	1.05				

注：BOF-转炉钢渣；EOS-电炉氧化钢渣。

相充分水化，但同时会损失钢渣中更多的具有胶凝活性的矿相，从而降低钢渣的胶凝活性。

综上所述，钢渣是一种弱胶凝活性材料，早期强度低、水化放热少、易磨性差、凝结时间长、安定性不良、碱度高且可能含有少量有害金属元素。因此，钢渣利用的关键是如何解决安定性不良、早期水化活性低及固定有害金属元素问题。此外，成分多变使得钢渣的处理难以规范化。

3 钢渣碳酸化

目前，钢渣的处理和利用方法均存在许多不足，且利用价值不高。矿物碳酸化方法是解决钢渣处理及资源化利用的有效方法。由于 Ca 含量高、pH 高，钢渣非常适用于 CO_2 封存。钢渣中含有多种含钙 / 镁碱性矿物，如 f-CaO、f-MgO；具有水化活性的 C_3S、β-C_2S；没有水化活性的 γ-C_2S、CS；硅酸盐水化产物 CH、C–S–H 等。这些矿物碳酸化过程生成的 Ca/Mg- 碳酸盐和 C–S–H 相为基体提供主要的胶结能力，是制品强度的主要来源。主要矿物的碳酸化反应见式（1）～式（3）。由于碳酸盐的稳定性，通过矿物碳酸化固定 CO_2 是一个安全且长期的储存方法。同时，具有水化活性的 C_3S、β-C_2S 等在碳酸化过程中，由于碳酸化放出大量的热，导致温度提升，促进水化反应的进行。而水化产物如 CH 和 C-S-H 仍可作为反应物发生碳酸化反应。

$$Ca(OH)_2+H_2O+CO_2 \longrightarrow CaCO_3+2H_2O \qquad (1)$$

$$(Ca，Mg)SiO_3+3H_2O+CO_2 \longrightarrow (Ca，Mg)CO_3+H_2O+Si(OH)_4 \qquad (2)$$

$$C\text{-}S\text{-}H+H_2O+CO_2 \longrightarrow CaCO_3+Si(OH)_4+H_2O \qquad (3)$$

通过钢渣碳酸化可以有效封存二氧化碳，其中湿法碳酸化通常可固定 $130 \sim 330gCO_2/kg$。并且干法碳酸化作为一种养护制度，可以在短时间内使钢渣、水泥混凝土等材料获得较高的强度，近年来越来越多的研究者利用钢渣碳酸化制备高强的建筑材料。Ghouleh 利用 KOBM（Klockner Oxygen Blown Maxhutte）钢渣在磨具中压制成型（ϕ 15mm×30mm）之后再碳酸化养护 2h，抗压强度达到了 80MPa，继续水化 28d，抗压强度达到 109MPa。该方法不仅储存了 CO_2 气体，并且制备出了性能优良的建材制品，同时碳酸化养护可以有效改善钢渣制品体积安定性不良的问题。碳酸化养护 2h 之后，游离 CaO 和 MgO 的含量分别从 4.21%、1.12% 降低到 0.60%、0.36%。经压蒸试验后，未经碳酸化养护的钢渣试块全部溃散，而碳酸化养护 10min 钢渣试块的体积安定性就得以明显改善，当碳酸化养护时间延长至 2h，钢渣压蒸后的膨胀率从 0.62‰ 减小到 −0.2‰。

另外，钢渣碳酸化可以改善其对环境质量的不利影响。碳酸化反应使钢渣中溶解度较高的碱性矿相转变成稳定的（低溶解度）碳酸盐，从而有效降低钢渣渗滤液的 pH 至 10 左右。同时，研究发现钢渣的碳酸化会大幅降低材料中有害组分的浸出。碳酸化影响浸出的机理可分为以下几个方面：

（1）碳酸盐沉淀。碳酸化除了生成 $CaCO_3$ 外，其他的碱土金属元素，如

Ba、Sr，也可发生碳酸化反应，形成稳定的碳酸盐（$BaCO_3$、$SrCO_3$），从而在渗滤液中的浓度下降。

（2）pH 中和。多数金属在强碱性条件下因生成含氧阴离子而可溶，而碳酸化反应使渗滤液 pH 明显降低，从而在一定程度上降低金属离子的浸出。

（3）碳酸盐以外的矿物形成。碳酸化反应可能因生成溶解度较高的含 Si 矿物（无定形硅），而使 Si 的释放增加。

（4）共沉淀。在中性或碱性条件下，重金属离子如 Pb^{2+}，Cd^{2+} 与 $CaCO_3$ 发生共沉淀而使其浸出浓度降低。

（5）沉淀表面上的吸附作用。如钙矾石（ettringite，AFt）、C-S-H 可吸附 Pb^{2+}、Cd^{2+}，从而对 Ca^{2+} 进行化学置换，可使重金属浸出量降低。

碳酸化对钢渣中各元素的浸出影响作用并非一致。这一点从碳酸化后钢渣渗滤液的 Ca/Si 和 Ca/Al 摩尔比的变化（与未处理钢渣相比分别降低了 2 ~ 3 和 3 ~ 8 个数量级）可以清楚地证实。在碳酸化过程中，Ca 相矿物部分转化为碳酸钙，主要为方解石型，同时有少量的文石和球霰石型碳酸钙生成。碳酸钙的溶解度较钢渣中原含钙矿物溶解度低，因此，渗滤液中的 Ca 浓度明显下降；同时碳酸化过程中 C-S-H 的 Ca/Si（C/S）比的降低，造成其结构和溶解度的改变，及少量无定形硅凝胶的生成，可能造成 Si 浸出浓度的增加。此外，部分研究表明，碳酸化后 Al、Cu、Ni 的浸出减少；Mg、V 的浸出增加；Mn、Fe 的浸出浓度略有降低；对 Zn 的浸出影响很小；碳酸化对 Cr、Zn、Mo、Ba、Sr 的浸出根据钢渣类型和浸出条件，存在不同的结果。

基于材料的化学组成，材料的理论 CO_2 固定能力可以通 Steinour 公式（4），或 Huntzinger 公式（5）预测。但材料实际最大的 CO_2 固定能力仍难以计算或预测，与所采用的碳酸化工艺和材料细度等因素密切相关。常通过增重法测试材料真实的 CO_2 固定能力。增重法对比碳酸化前后的质量差别，即为固定的 CO_2 的质量，见式（6）。或通过 CO_2 分析方法，对比碳酸化前后材料中的 CO_2 含量，见式（7）。或使用间接方法，例如热重分析（TGA）和 X 射线衍射（XRD）分析样品的碳酸化产物及活性矿物的反应程度，确定碳酸化效率。

$$CO_2 \text{ 吸收（\%）} = 0.785（CaO-0.7SO_3）+1.90Na_2O+0.93K_2O \qquad (4)$$

$$CO_2 \text{ 吸收（\%）} = 0.785（CaO-0.56CaCO_3-0.7SO_3）+$$
$$1.091MgO+0.71Na_2O+0.468K_2O \qquad (5)$$

$$CO_2 \text{吸收（\%）} = \text{（最终质量} + \text{失水量} - \text{初始水量）} / \text{钢渣绝干质量} \qquad (6)$$

$$CO_2 \text{吸收（\%）} = \text{（碳酸化后钢渣中碳酸钙质量} - \text{未碳酸化钢渣中碳酸钙}$$
$$\text{质量）} / \text{钢渣绝干质量} \qquad (7)$$

综合考虑钢渣碳酸化的优势体现在以下几个方面：

①在碱性环境条件下，碳酸盐在热力学上是稳定的，从而使 CO_2 得以长期有效的封存；

②与天然矿物相比，钢渣具有较高的碳酸化活性，这得益于其高 pH、高 Ca 和高 Mg 含量，钢渣产地钢铁厂同时是 CO_2 的大量释放地，钢渣就地处理可节省运输成本，提高生产效率；

③碳酸化可以使游离 CaO 和 MgO 快速消解，有效解决钢渣安定性不良的问题，通过碳酸化养护，短期内可使钢渣制品获得较高强度，解决其水化活性不足导致的早期强度低的问题；

④随着碳酸盐沉淀形成，碳酸化可以中和钢渣的 pH，降低其对环境的不利影响；

⑤碳酸化可减少钢渣中微量有害元素的浸出，有利于钢渣再利用及处理。

劣势主要体现在：

①碳酸化转化率低，反应物不完全消耗，碳酸化之后需要重新评估残留物；

②对碳酸化反应条件要求较高，钢渣常需要预先研磨至一定细度，增加耗能及 CO_2 排放。

4 钢渣不同组成矿物的碳酸化增重率与抗压强度

4.1 钢渣不同组成矿物的碳酸化增重率与强度贡献率

钢渣等复杂体系中发生碳酸化的矿相主要为 C_2S（β-C_2S 和 γ-C_2S），此外 C_3S、$C_{12}A_7$ 同样被消耗。若预先发生水化反应，钢渣中存在的 CH 和 C-S-H 更易发生碳酸化反应而被消耗。MH 同样具有较高的碳酸化活性，在 CH 中掺加不同比例的 MH，试块的抗压强度随 MH 的掺量增加而显著提升。钙铝黄长石、镁硅钙石则基本不发生碳酸化反应，C_4AF 的碳酸化反应活性也较低。

近年来，不同硅酸盐相的碳酸化引起了更多的关注。其中 C_3S、β-C_2S、γ-C_2S、CS、C_3S_2 表现出较高的碳酸化反应活性。部分研究认为 γ-C_2S 在其中具有最高的碳酸化反应速率，随后依次为 C_3S、$\beta\text{-}C_2S$、C_3S_2 和 CS。这些硅酸盐相通过碳酸化养护均可在数小时内获得良好的固化强度，如 $\beta\text{-}C_2S$ 碳酸化养护 2h 强度达到 77.3MPa；$\gamma\text{-}C_2S$ 相同条件养护 2h 强度达到 30.4MPa。因此，碳酸化可显著增强以硅酸盐相为主要成分的复杂体系的强度，如钢渣、镁渣等工业固废。鉴于这些低钙硅酸盐固废的水化活性普遍偏低，采用碳酸化则可以有效解决其水化活性低的问题，因而对低钙硅酸盐相的碳酸化研究具有重要意义。

一些研究认为，当水泥等材料的碳酸化达到一定程度时，即在大多数 CH 被消耗后，C-S-H 才会发生碳酸化。碳酸化反应导致 C-S-H 层间钙的脱去，对其结构完整性影响最大，通常将使基体力学强度降低。此外，产物硅凝胶的摩尔体积低于反应前的 C-S-H，会引起体积的收缩。而碳酸钙的生成弥补了体积的损失，使水泥浆体的总体积保持不变。对纯相 C-S-H 的碳酸化研究有助于进一步探究碳酸化对混凝土耐久性的影响。

C_3A 和 C_4AF 水化产生 AFt 和 AFm 相，其含量随水化龄期的变化而变化，而 SO_4^{2-} 浓度是影响二者含量的关键因素。硅酸盐水泥中 AFm 相为单硫酸盐，可表示为 $Ca_2(Al，Fe)(OH)_6X \cdot nH_2O$，X 表示一个带单电荷的阴离子或半个带双电荷的阴离子，如 Cl^-、CO_3^{2-}、OH^-、NO_3^-、SO_4^{2-}、$V_2O_7^{2-}$、CrO_4^{2-}。当阴离子为 CO_3^{2-}，其结构可表示为 $Ca_4Al_2(OH)_{12}CO_3 \cdot nH_2O$，其中较稳定的单碳 AFm 相（$C_4A\check{C}H_{11}$，三斜晶系，$P1/P\bar{1}$，Al-Mc），或界稳态半碳型 AFm（hemicarboaluminate，$C_4A\check{C}_{0.5}H_{12}$，Al-Hc，三方晶系，R3c）。硅酸盐水泥中 AFt 和 AFm 相结构中 SO_4^{2-} 可被 CO_3^{2-} 替代，因此二者均表现出碳酸化反应活性。

对钢渣中主要碱性矿物（$\beta\text{-}C_2S$、$\gamma\text{-}C_2S$、CH、镁硅钙石、镁黄长石、钙铝石、钙铁石、枪晶石、黑钙铁矿、白硅钙石）的碳酸化性能进行分别的初步探索，并对主要碳酸化产物（$CaCO_3$、C-S-H 相、Si-gel）进行表征。结果表明，碳酸化产生的 $CaCO_3$ 和凝胶的不同种类、结构及含量决定基体的强度差异，不同 C/S 比的 C-S-H 碳酸化形成的碳酸钙晶型不同，碳酸化过程中 C-S-H 中的 Ca^{2+} 逐渐脱去与 CO_2 反应，使硅氧四面体形成了聚合度更高的 Q^3 和 Q^4 结构。

钢渣不同组成矿物的碳酸化增重率和抗压强度截然不同。氢氧化钙，$\gamma\text{-}C_2S$ 和 $\beta\text{-}C_2S$ 能够吸收较多的 CO_2，碳酸化增重率的质量分数分别为 23.2%，11.9%，9.2%，然而抗压强度与碳酸化增重率并不呈现出正相关的关系。氢氧化钙的碳酸化增重率最高，但抗压强度比 $\beta\text{-}C_2S$ 和 $\gamma\text{-}C_2S$ 低。$\beta\text{-}C_2S$ 比 $\gamma\text{-}C_2S$ 吸收更少的 CO_2，但 $\beta\text{-}C_2S$ 的抗压强度却更高。铝酸钙、铁铝酸钙和黑钙铁石碳酸化效果不佳，因此，试块的抗压强度也相对较低。为了表征不同矿物碳酸化增重率对抗压强度的贡献，引入比强度（K）的概念，即单位碳酸化增重率提供的强度，按式（8）计算。铝酸钙，铁酸钙和钙铁石的碳酸化程度较低，不考虑。

$$K = \frac{\sigma - \sigma_0}{\omega - \omega_0} \qquad (8)$$

式中，K 是比强度 MPa / %，σ_0 和 σ 为碳酸化前后的抗压强度 MPa，碳酸化前的强度忽略，σ_0 为 0；ω_0 和 ω 为碳酸化前后的增重率，%，ω_0 为 0。

从图 1 中可以看出 β-C_2S 的比强度最高，即单位碳酸化增重率提供的强度最高。氢氧化钙的比强度最低。镁硅钙石，镁黄长石和尖晶石都呈现出较大的比强度。因此 β-C_2S、镁硅钙石、镁黄长石和尖晶石是钢渣中强度的主要来源，氢氧化钙尽管能吸收较多的 CO_2，但碳酸化后的强度较低。

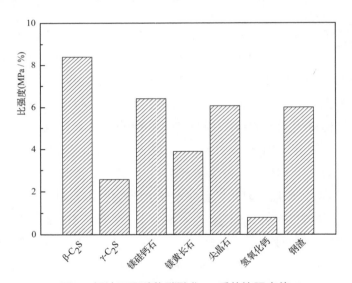

图 1　钢渣不同矿物碳酸化 2h 后的比强度值 K

4.2　碳酸化产物分析

碳酸钙是自然界中最主要的矿物之一，也是生物矿物和地质环境中的重要组成，是动物骨架、海贝壳、石灰岩等的主要成分。碳酸钙也是钢渣碳酸化的最主要产物之一，对碳酸化制品的物理化学性质起决定性作用。普遍认为碳酸钙为制品提供胶结能力、抗压强度，并降低孔隙率。

目前发现的碳酸钙有六种晶型。三种无水晶体型的碳酸钙，按热力学稳定性增长的顺序依次为球霰石、文石和方解石。两种含结晶水的晶相碳酸钙，单水方解石（$CaCO_3 \cdot H_2O$）和六水方解石（$CaCO_3 \cdot 6H_2O$）和无定形碳酸钙（ACC，$CaCO_3 \cdot nH_2O$）。不同类型的碳酸钙具有不同的热力学稳定性、密度、微观形貌和微观力学性质等。例如，在水溶液中合成的方解石的分解温度接近755℃，而ACC的分解温度仅为700℃。一些研究表明，碳酸钙晶体从无定形碳酸钙边缘成核和生长会伴随着分解温度的提高。此外，碳酸钙具有优异的机械性能，例如，溶液中合成的方解石的显微硬度约为 5 ～ 5.5GPa，这有助于提高碳酸化制品的宏观力学性能。不同晶型的碳酸钙具有不同的形态，由于形态的差异导致其性能不尽相同，从而适用于不同的领域。如文石通常呈现出针棒状的形态，生产出的制品如碳酸钙晶须，应用于水泥混凝土中，具有减振、防滑、降噪和吸波的作用。天然岩石如大理石、石灰石主要含有的矿物是菱形块状形态的方解石，具有很好的抗压性能，适用于生产混凝土中的粗骨料。球霰石则呈球状或其他不规则形态，结构不稳定有向文石和方解石转化趋势。不同类型碳酸钙的典型微观形貌如图 2 所示。但碳酸钙的实际形貌复杂多变，受形成条件（如温度、pH、反应物及外加剂种类等）影响。碳酸钙具有较低的密度，其中方解石的密度约为 $2.71g/cm^3$，而钢渣的密度可达 $3.56g/cm^3$，碳酸化过程中伴随着碳酸钙的形成可显著降低钢渣的真密度。

因此，对碳酸化过程中形成的碳酸钙的晶体成核，生长及形态和矿物学的研究将有助于更好地理解碳酸化过程的强度贡献机理，并且通过调节反应条件或掺加晶型控制成分，如氯化镁等，可实现对生成的碳酸钙晶型或形貌的控制，进而优化碳酸化制品的性能。

除了主要产物碳酸钙，由于钢渣碳酸化过程伴随部分矿物的水化反应，因此可检测到水化产物如 C-S-H、C-A-H 和 CH 的生成。C_3S、C_2S、C_3A、C_4AF 是硅酸盐水泥熟料的主要成分，均具有不同程度的水化反应活性，未发生水化反应的 C_3S 和 C_2S 在碳酸化反应早期生成方解石和 C-S-H，最终生成方解石和硅凝胶。在 CH 中掺加不同比例的 MH，将同时生成含镁方解石和三水菱镁矿；增加原材料中 MH 的含量，将更倾向于生成三水菱镁矿；在较高 CO_2 压力和更长养护时间条件下，更倾向于生成含镁碳酸盐。AFt 发生碳酸化反应生成石膏、方解石、铝凝胶和其他无定形凝胶产物。

（a）ACC　　　　　　（b）低镁方解石　　　（c）高镁方解石（Mg=20%）

（d）文石　　　　　　（e）单水方解石　　　　（f）球霰石

图 2　不同类型碳酸钙的微观形貌

4.3　碳酸钙形貌

采用扫描电子显微镜观察钢渣组成矿物的碳酸化产物如图 3 所示，可以看出不同矿物碳酸化生成的碳酸钙具有不同的结构和形貌。β-C$_2$S 碳酸化为典型的板状方解石交互生长，而 γ-C$_2$S 碳酸化形成多孔的碳酸钙，这也是造成其抗压强度低的一个重要原因。镁黄长石碳酸化形成球状的碳酸钙。

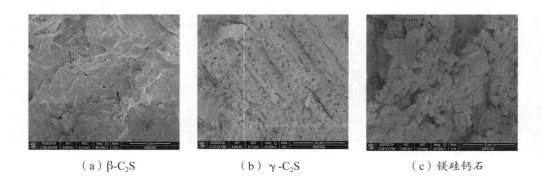

（a）β-C$_2$S　　　　　　（b）γ-C$_2$S　　　　　　（c）镁硅钙石

（d）镁黄长石　　　　　　（e）氢氧化钙　　　　　　　　（f）钢渣

图3　钢渣不同组成矿物碳酸化产物的 SEM 照片

5　碳酸化养护制备建材制品

5.1　碳酸化钢渣建材制品体积安定性

按照标准将钢渣制成 25mm×25mm×280mm 试件，分为三组：未碳酸化组、碳酸化 10min 组和碳酸化 2h 组。三组试件经压蒸试验后状态如图 4 所示，可以看出未碳酸化的钢渣制品完全粉碎，碳酸化 10min 组的钢渣制品表面有微裂纹，而碳酸化 2h 组的钢渣制品外观完整，压蒸安定性合格。

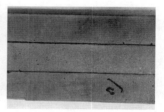

（a）未碳酸化的钢渣制品　　　（b）碳酸化 10min　　　　　（c）碳酸化 2h

图4　碳酸化钢渣建材制品压蒸后状态

5.2　碳酸化钢渣建材制品

将钢渣粉（细度为 450m²/kg）经预加水成型和碳酸化养护制成不同的建材制品，如图 5 所示，钢渣骨料 CO_2 吸收率为 14% 左右，密度为 2.6g/cm³。钢渣标砖，在压力釜内经碳酸化养护 2h 后抗折强度达 7MPa 以上，抗压强度达 20MPa 以上，均达到或超过国家标准要求。

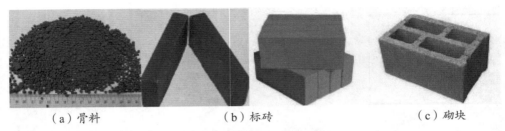

（a）骨料　　　　　（b）标砖　　　　　（c）砌块

图 5　碳酸化养护钢渣建材制品

5.3　碳酸化钢渣建材制品优势

（1）有效大量利用钢渣，解决钢渣的遇水膨胀的安定性难题。

（2）大量吸收二氧化碳工业废气，减少温室气体排放。

（3）利用钢渣吸收二氧化碳工业废气制备出以碳酸盐为主要成分的优质钢渣建材制品，减少天然原材料及水泥的用量。

（4）相较于现有蒸压硅酸盐制品，碳酸化养护过程压力更低、更安全、生产效率更高，无须加热，生产过程更低碳。

作者简介

楼紫阳 上海交通大学环境科学与工程学院教授、博士生导师，教育部青年长江学者，"十三五"国家重点专项项目负责人。担任上海市固体废物处理与资源化工程研究中心副主任，中国硅酸盐学会固废分会常务理事以及危废专委会副主任委员、秘书长。长期致力于生活垃圾分类分流减量、恶臭控制、危险废物减量及去毒、固废管理及温室气体减排等研究。以第一/通讯作者在 Science Advances，Fundamental Research，Environmental Science & Technology，Water Research 等学术期刊发表论文 100 余篇，出版垃圾处理相关著作 4 部。获上海市科技进步奖二等奖（排名第 1，2018 年），国家科技进步奖二等奖（排名第 4，2013 年）等省部级以上科技奖励 7 项。

含油污泥基多孔炭材料制备及资源化应用

楼紫阳

1 含油污泥的性质及危害

含油污泥一般指在石油开采、精炼、运输及储存的过程中产生的固体废物，因其含有多种有毒成分，如石油烃、多环芳烃、苯系物、重金属和病原微生物等，具有一定的危害特性而被列入国家危险废物名录（HW08）。按照《国家危险废物名录》分类，上海市石化/化工行业共有 20 类危险废物。从表 1 可知，在 2012—2016 年，HW08 废矿物油产生量在 39748.66 吨，占危险废物总量的 14.47%。

表 1 危险废物按名录类别的产生量

序号	废物类别	产生量(吨)	占比（%）	序号	废物类别	产生量(吨)	占比（%）
1	HW02	4896.61	1.78	11	HW38	4925.58	1.79
2	HW08	39748.66	14.47	12	HW39	7969.88	2.90
3	HW13	74580.29	27.16	13	HW40	821.07	0.30
4	HW06	21281.34	7.75	14	HW21	4.4	0.0016
5	HW11	82706.82	30.12	15	HW45	319.42	0.17
6	HW27	1839.23	0.67	16	HW46	4094.31	1.49
7	HW28	32.61	0.011	17	HW47	0.2	0.00007
8	HW34	375.95	0.14	18	HW16	49.06	0.018
9	HW35	1356.06	0.49	19	HW49	1.38	0.0005
10	HW37	260.55	0.09	20	HW50	29369.87	10.69

含油污泥的化学成分和特性受油田类型、土壤成分和石油开采条件不同的影响，理化性质差异较大。与市政污泥和其他生物质不同（表 2），含油污泥中的水通常以水包油、油包水和水包水乳液形式存在，由于油水界面的存在，含油污泥中的油和水难以有效分离。含油污泥中油的化学组分可分为饱和烃、芳烃、树

脂和沥青质四部分，污泥的油固分离难度大小与这四种成分的比例分布相关。饱和烃和芳烃可相对容易地从固体中去除，而树脂和沥青质倾向于黏附在固体表面难以消除。树脂和沥青质可吸附在油水界面上，增加了界面膜的黏度，阻止油水分离、液滴聚集以及乳液破乳脱水。此外，沥青质中杂原子之间的孔结构、氢键和固体表面上的羟基使油泥更难破乳。饱和烃和芳烃是回收油的重要组分，而油泥中存在的沥青质则有望用于制备碳质材料。含油污泥以 C、H 元素为主，原子碳氢比决定油相的环结构，原子碳氢比越高，环结构越多。

表 2　不同来源含油污泥性质

来源	组分特征	环境风险	资源回收
含油污泥	由不同含量的水、油及固体物质组成，含有碳氢化合物（油）、沥青质、胶质及部分杂质，如砂粒、泥土、重金属盐等，同时含有苯系物、酚类等恶臭有毒物质	土壤中若含油量过高，其渗透性降低，影响植物生长，苯、酚类、小分子烃类等轻组分挥发污染大气；石油烃类有机物进入河流和湖泊，对水环境构成威胁	油泥中大量的有机烃，以热解油、热解气和合成气的形式回收；固体产物（如生物炭）可用作废水处理的吸附剂和土壤改良剂
市政污泥	由有机物（蛋白质、多糖、芳香胺等）、重金属（铜、锌、铅、铬、镍等）和其他污染物（杀虫剂、药物、病原体、微生物、细菌生物质、表面活性剂、微塑料等）组成	有毒有机污染物、病原体和重金属等通过食物链和地下水传播疾病，重金属会降低土壤肥力并恶化周围环境	污泥中细胞外聚合物（包括多糖、蛋白质、脂质、核酸和腐殖质物质）的回收；污泥中氮和磷等有机营养物质以及钙、镁、硫、磷、氮等微量元素回收

SiO_2、Al_2O_3 和 Fe_2O_3 是含油污泥固体部分的主要无机组分，大多数无机组分是亲水性的，但油中的沥青质等重组分吸附在固体颗粒表面，将其转变为疏水性颗粒。粒径较小的固体主要吸附在油 - 水界面上或分散在油中，而粒径较大的固体主要分散在水相中，使油和固体组分在含油污泥中同样难以分离。含油污泥中的黏土对油固分离过程也有重要影响，黏土容易吸附油的重组分，成为油水界面稳定剂，将其从亲水性物质转变为亲脂性或两亲性物质。因此，减少油泥中油、液、固三相作用，是实现含油污泥油固分离的必要条件。

2　含油污泥处理技术

随着石油产业的发展，近年来含油污泥处理技术也在不断创新升级。目前含油污泥的处理工艺技术按照油泥的来源及组分特点，以无害化和资源回收为主，资源化利用技术主要包括机械分离、热解、溶剂萃取、表面活性剂破乳、超声辐射和微波法等（图1）；无害化处理技术主要包括焚烧、稳定固化、填埋、氧化或高级氧化技术、生物处理法等。

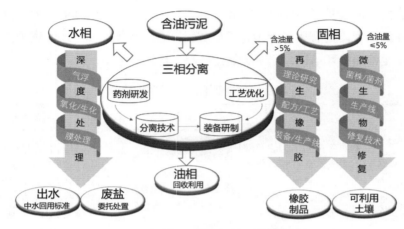

图1　含油污泥资源化利用技术体系

2.1　调质 - 机械分离处理技术

机械分离技术属于单纯物理分离技术，也是目前含油污泥资源化回收和污泥减量最普遍的技术。机械分离技术的工作原理是利用泥、水和油密度不同，在离心机高速运转下，泥、水、油三相由于密度不同所受离心力不同而逐渐分层，分离出的泥渣从下部排出，水和油再经过分层提取。通常为了有效提高离心分离效率，降低其处理能耗，就必须对含油量较高的污泥进行一定程度的预处理，以降低污泥黏度，如加入絮凝剂或破乳剂等，或通过加热的方式降低油泥黏度。离心分离技术须结合调质才能实现含油污泥减量，而调质预处理不但增加运行成本，化学调质剂的加入往往还可能造成新的环境污染。高效无污染、可循环利用的化学调质剂有待进一步开发。

2.2　热解处理技术

热解处理含油污泥的技术核心是将油泥置于无氧体系中，通过加热到高温，使含油污泥内的水相、油相、固体颗粒进行脱吸、热解、碳化等一系列反应过程，将水分、挥发性有机物分离出来，冷却后形成液态油和烃类气体等，从而实现含油污泥资源回收，剩余残渣可经现有技术深度加工再利用。有研究将含油污泥的催化热解与废铁渣的高温还原相结合，以期达到油和铁的资源化回收，废铁渣通过热解生成的气态中间产物和固体炭等还原为单质铁。在油泥与聚烯烃的共热解过程中，石油残渣在450℃时对非热解聚烯烃具有协同作用，聚烯烃中存在的叔碳会影响热降解和催化降解过程，以获得富含石蜡产品。油泥热解虽可以达到较高回收率，但是设备运行维护费用成本高、能耗大，还需对高度乳化的含油污泥进行脱水预处理，对高度乳化含油污泥的处理有很大局限性。

2.3　生物处理技术

生物技术处理含油污泥近年来取得了一定的发展，生物技术处理含油污泥的原理是基于微生物降解含油污泥有机物来促进污泥减量。目前主流的生物处理技术包括生物堆肥和生物反应器法。生物堆肥是将传统堆肥技术与生物技术相结合，通过微生物的矿化作用和土壤的腐殖化作用降解毒性有机物。添加秸秆、灰分和其他结构材料以优化污泥的化学性质，成品堆肥含有大量营养成分，因此可以在农业上替代矿物肥料。在单程有氧发酵的试验中，以HJ-1菌株为微生物，使用木屑作为土壤改良剂，农作物秸秆作为土壤填充剂，家禽粪便作为氮源，发酵后油泥颜色从黑色逐渐转变为棕色，油泥变为松散的颗粒，饱和烃含量在污泥发酵后明显降低。生物堆肥工艺简单，运行成本低，但仍需努力探究解决高重金属问题。

2.4　溶剂萃取技术

含油污泥溶剂萃取是含油污泥与溶剂以一定比例混合预处理，充分混合后经过萃取塔自然沉降，石油烃被溶于溶剂后从萃取装置顶部进入蒸馏装置，通过蒸馏冷却实现溶剂回收，萃取后的泥渣经过减压烘干后，进入后续处理过程。由于含油污泥来源广泛、成分复杂，造成溶剂适配性差，且含油污泥一般为高度乳化悬浮液，在萃取过程中溶剂消耗量大，有些溶剂沸点低易挥发，溶剂蒸气有毒，可能造成新的环境污染。目前超临界萃取发展迅速，相比传统萃取，萃取工艺速度更快，但当处理量过大时，受制于超临界条件限制，其处理能力达不到要求。萃取剂技术由于其原理为相似相容，针对三组分以下的混合液体系效果明显，而面对成分相当复杂的含油污泥，特别是乳化油泥，其处理能力略显不足，达不到更好的油泥减量化效果。

2.5 高级氧化技术

高级氧化技术在含油污泥的无害化处理中以其广泛适应性、处理周期短、产物易降解且受外界干扰小的特点，逐渐被应用于含油污泥减量化领域。当前新兴的高级氧化主要包括超临界水氧化、湿式氧化、光催化氧化、芬顿氧化、臭氧氧化技术等。因臭氧操作简单、效率高、没有二次污染物，臭氧化技术在减少污泥产量方面具有较强优势。臭氧在减少丝状膨胀和浮渣形成的同时，能够通过破坏污泥细胞，释放可生物降解和不可生物降解的内部成分，促进污泥颗粒的溶解和矿化。从表 3 可以看出，臭氧半衰期受温度和介质的影响很大。此外，反应速率很大程度上取决于所涉及的机制（直接或间接反应）和处理目标中存在的有机化合物。

表 3　臭氧的半衰期和 O_3/•OH 与不同有机物的典型反应速率

臭氧	温度（℃）	半衰期（min）
气相	20	4.3×10^3
液相	20 ~ 30	12 ~ 20
反应速率	O_3（L•mol^{-1} s^{-1}）	•OH（L•mol^{-1} s^{-1}）
烷烃	10^{-2}	10^6 ~ 10^9
芳香族化合物	1 ~ 10^2	10^8 ~ 10^{10}
含 N 有机物	10 ~ 10^2	10^8 ~ 10^{10}
醇类	10^{-2} ~ 1	10^8 ~ 10^9
酮类	1	10^9 ~ 10^{10}
酚类	10^{-1} ~ 10^3	10^9 ~ 10^{11}

臭氧作为一种高效氧化剂，可有效氧化石油烃，在有机废水处理中得到广泛应用。臭氧与饱和烃反应中臭氧与 C-H 键的反应，主要包括直接形成自由基式（1）～式（4），瞬态分子中间体三氧化合物 ROOOH 的形成式（5）。

$$RH+O_3 \longrightarrow RO\bullet +HOO\bullet \tag{1}$$

$$RH+O_3 \longrightarrow R\bullet +O_2+ \bullet OH \xrightarrow{O_2} R=O+ROOH \tag{2}$$

$$RH+O_3 \longrightarrow RO_2\bullet + \bullet OH \tag{3}$$

$$RH+O_3 \longrightarrow R\bullet +HO_3\bullet \longrightarrow ROH+O_2\bullet \tag{4}$$

$$RH+O_3 \longrightarrow R\bullet +HO_3 \longrightarrow ROOH \tag{5}$$

亲水性产物（ROH、R=O 和 ROOH）是臭氧与饱和烃相互作用的结果，考虑到 H 提取理论，O_3 从 C-H 键中提取 H 原子以产生 HOOO 自由基。HOOO 自由基进一步提取 H 原子，从而产生了瞬态分子中间体——三氧化合物 ROOOH。两个 H 提取驱使双键的形成，该双键直接受到 O_3 分子的攻击，将 HOOOH 分解为 H_2O 和 O_2。通过等效机制，前面提到的亲水性化合物可以被 O_3 进一步氧化。由于其官能团具有更强的吸电子能力，后一种的反应动力学比其前体低得多。•OH 和饱和烃之间的反应也存在于臭氧处理中，•OH 能够通过 H 原子提取来氧化烷烃、支链烷烃和环烷烃，C-H 键解离能的降低导致室温下速率常数的增加。•OH 提取 H 原子主要是自由基释放一个 H 原子，导致形成烃自由基，如式（6）所示。烃自由基随后与 O_2 反应或自分解形成其他水溶性产物。

$$R+ \cdot OH \longrightarrow R\cdot +H_2O \qquad\qquad (6)$$

将臭氧与自由基前体相结合，包括催化剂（如 O_3/Fe）、化学试剂（如 O_3/H_2O_2）和紫外线照射（O_3/UV）等，可促进 O_3 转化为更多的 •OH，从而提高臭氧降解污染物降解效能。

3 含油污泥基多孔炭材料及其改性

3.1 预处理技术

活化前的预处理对热解炭的性能影响较大，可提前分解或去除油泥中的复杂成分，以促进后续的活化和孔隙形成。经过预处理后，可以通过物理活化法、化学活化法或共碳化法进一步获得优质热解炭。在热解前采用氧化或酸化预处理工艺，引入硝酸处理含油污泥，预处理得到的热解炭比表面积显著高于未经处理热解炭的比表面积，油泥中重油成分（主要是芳烃）被氧化且油泥中大部分金属含量被硝酸去除。原位机械压缩前通过水热活化进行预处理，可以提高热解炭的回收率。水热预处理制备的热解炭具有更高的比表面积和更窄的孔径分布，有助于在酸活化条件下形成微孔。在活化前对油泥进行水热预处理可以改善热解炭的比表面积、含氧官能团含量和结晶度。

3.2 物理活化技术

物理活化主要可以改善油泥炭的物理结构，包括比表面积、孔径、孔体积、微孔内部体积和表面微孔分布等。物理活化主要受热解时间、热解温度、加热速率和活化剂类型影响，活化剂主要包括空气、氧气、二氧化碳、水蒸气和烟气等。在一定温度范围内，随着油泥热解温度的升高，油泥炭孔隙性能增强，但回收率降低。较高的温度条件不仅可以促进热解污泥中有机物质的芳构化反应快速进行，还能提高热解产物的芳构化程度。高温热解油泥炭的挥发性有机物含量较低，结晶度较高，油泥炭表面粗糙，热解时油泥炭形成发达的孔隙结构，且组分相对简单。此外，热解温度也会显著影响最终热解炭的组成。在物理活化的方法中，油泥中高无机组分含量极大地限制了热解炭的应用。物理活化方法往往需要高温条件，相应的能耗较高，对热解设备的技术要求也相应提高，热解炭的生产成本显著增加。因此，在许多情况下通过化学活化方法制备的油泥炭材料更常用。

3.3　化学活化技术

常见的化学活化方法包括碱处理和蒸气活化，碱处理不仅能促使油泥炭形成多孔结构，而且还可促进含氧官能团的形成；蒸气活化在增加热解炭的孔隙率和表面极性以及改善孔的形成和微孔结构方面具有明显优势。目前主要的活化剂是碱、含碱金属化合物和少部分酸，尤以氢氧化钾、氯化锌和磷酸最为常见。氢氧化钾作为高质量的化学活化剂在实验室中广泛使用，其活化主要是化学活化、物理活化和钾原子膨胀的协同作用，形成油泥炭的比表面积大、孔隙率高。氯化锌可促进碳的分解，引发碳焦化和芳构化反应，抑制焦油形成并防止孔隙堵塞。化学活化所需要的温度条件一般都低于物理活化，且所需的活化时间更短，但化学活化剂的类型和用量可能会造成二次污染，因此需要根据含油污泥的来源、活化效率和污染物的性质来选择合适的活化方法。

3.4　共碳化技术

利用含油污泥与生物质等其他材料共热解也是一种活化方法，可以提高油泥炭的性能。混合热解可以弥补污泥单独热解中无机组分含量高的缺陷，同时可以提高热解过程中天然气和石油生产的产量和质量。成分差异较大的各种原料在高温下可诱导产生协同作用，使热解炭产量更高、无机组分含量更低、孔隙更完善。在含油污泥和稻壳共热解中发现，油泥炭的比表面积远高于单独油泥热解获得炭材料的比表面积，所得热解炭的孔隙率也大大提高；碳含量较高的油泥和含氧量较高的稻壳共热解有利于产生更多的含氧官能团。在不同掺混比例的含油污泥与高密度聚乙烯共热解过程中发现，聚乙烯的热解可以提供丰富的甲基自由基，会加速含油污泥的热解。在共热解过程中，温度、原料、掺杂率等因素都会影响热解炭的特性，因此有望通过优化共热解参数来定向控制热解炭的质量。

3.5 修饰与改性

已有研究基于油泥热解炭制备了氮掺杂碳，可以作为大气中二氧化碳的捕集材料，为温室气体和油泥的共同处理提供了新的思路。合适的酸洗条件和最佳的尿素调和配比是制备氮掺杂碳材料的重要因素。虽然油泥中的矿物质不易去除，但充分利用盐酸或氢氟酸酸洗后，矿物成分通过自模板作用建立碳骨架。将油泥热解炭与氢氧化钾和尿素以不同掺混比例混合生成不同比例氮掺杂碳，氢氧化钾可以与二氧化碳反应生成碳酸钾，有利于酸洗后孔隙结构的形成。在油泥热解过程中使用油泥灰代替石英砂作为固体载体进行石油生产具有一定的潜力，油泥灰分的存在提高了油产量，同时降低了热解反应温度。由于油泥灰中存在磁黄铁矿，降低了油泥炭回收率和残碳量，与石英砂相比，油泥灰提高了产物的轻油与重油比率。

4 含油污泥基多孔炭材料资源化应用

提升含油污泥炭性能是实现多样化应用的基础，结合含油污泥特点和可能的原位减量方法，制备了镨基磁性油泥炭（POSCA）臭氧催化剂，并以含油污泥中 C9 为代表性污染物，探究镨基磁性油泥炭复合材料催化臭氧氧化性能及机理。

4.1 含油污泥热解产物分析

油泥热解产物受热解温度的影响较大，随着终温增加，其中的热解气体产率增加，在 700℃ 条件下达到最大值（图 2），主要是由于含油污泥中大量轻质烃和重油成分在高温条件下进一步气化或二次裂解所致。

固体残渣产率与气体产率相反，由于石油烃的降解和无机化合物的分解，较低温度下石油烃的低裂解度和较高温度下石油烃的高裂解度导致较低的油收率。如表 4 所示，CO、CO_2、CH_4 和一些 C_2 和 C_3 烃（C_2H_4、C_2H_6、C_3H_6 和 C_3H_8）是含油污泥热解过程中主要的成分，含油污泥中碳氢化合物的热分解和热解油的挥发物促成热解气体的产生。低温下形成 CO 的主要原因是含油污泥中羰基和羧基官能团的断裂。在高温下，碳和 CO_2 将转化为 CO，同时 CH_4 和 H_2O 也被

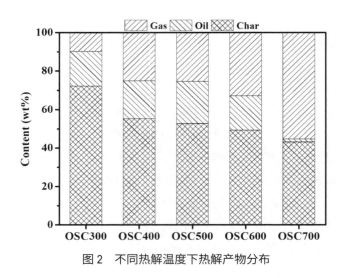

图 2   不同热解温度下热解产物分布

转化为 CO，从而导致更高的 CO 产率。CH$_4$ 含量随着温度升高而逐渐降低，在 500℃下几乎没有产生 CO 和 CH$_4$。CH$_4$ 和 CO 浓度可能会受到甲烷重整和 CO 转化反应的影响，如式（7）、式（8）所示。随着温度的升高，CO$_2$ 含量几乎随温度升高呈增加趋势，CO$_2$ 在总气体产率的占比较高，说明热解过程中脱羧反应是主要的反应。高温可以促进 C$_2$ 和 C$_3$ 烃的裂化反应，其他热解温度下产生量较低。

表 4   不同热解温度下热解气含量

mg/g

	OSC300	OSC400	OSC500	OSC600	OSC700
CO	3.20	0.44	0	18.4	288
CO$_2$	17.5	52.3	46.8	87.9	200
CH$_4$	59.7	35.8	0	16.5	0
C$_{2-3}$	6.70	1.05	13.5	21.4	0.42

$$CH_4+H_2O \longleftrightarrow CO_2+3H_2 \qquad \Delta H_{298K}=206.1kJ \cdot mol^{-1} \qquad (7)$$

$$CO+H_2O \longleftrightarrow CO_2+H_2 \qquad \Delta H_{298K}=-41.5kJ \cdot mol^{-1} \qquad (8)$$

通过对萃取热解油分析得到了其主要成分（表 5）。热解油的主要成分可分为五类：烷烃、烯烃、芳香烃、含氧化合物和其他杂原子化合物。烷烃主要包括碳原子数介于 C12～C28 的化合物，大部分源于含油污泥中有机物的解吸和轻度分解。烯烃包含壬烯、十一碳烯、十三碳烯和三十碳烯，芳香烃包括苯及其各自的烷基衍生物，含氧化合物主要是醇、羧酸和酯类等。热解油中还检测到了含有 N、S、Cl 等取代芳香族化合物，例如苯丙腈等。

表5　热解油中化合物的相对浓度

基于峰面积 %

种类	OSC300	OSC400	OSC500	OSC600	OSC700
烷烃	11.0	32.8	29.9	25.8	23.8
烯烃	4.58	7.09	10.2	19.2	10.4
芳香烃	0	1.35	1.52	12.6	4.54
含氧化合物	62.6	45.4	44.1	32.0	45.9
其他杂原子化合物	21.9	13.4	14.4	10.5	15.4

　　烯烃的增加可能源自含油污泥热解过程中的脱氢作用，而 Diels-Alder 反应是芳香族化合物形成的主要途径。当热解温度超过 600℃时，烯烃的连续聚合导致其含量减少。热解油中含氧化合物的含量在 600℃时达到最低，这可能归因于含氧化合物在高温下，通过脱水（醇）、脱羰基（醛和酮）和脱羧基（羧酸）反应分别去除了以 H_2O、CO 和 CO_2 等形式的氧含量。含氧化合物和杂原子化合物的含量减少，进一步提高了热解油的质量。热解油的主要组成取决于反应温度，其主要形成机理包括气化、油的二次裂解和蛋白质中肽键的断裂，此外，环化和酰胺化也对热解油的分布和组成有影响。

4.2　含油污泥臭氧化过程分析

　　含油污泥中不同组分比例的变化以及组分之间复杂的相互作用导致油泥具有高强度的界面膜结构和黏弹性，增强了系统稳定性，增加了油、水、泥分离的难度。沥青质和树脂作为具有界面活性和乳化能力的物质，由于其分子极性可以被油水界面吸附。沥青质是油泥的主要组分，以稠环芳香结构为主体，连接环烷烃、烷基支链和桥键，同时还富含杂原子和金属衍生物。由于含有羧酸、酚类成分、羟基、氨基和其他极性基团，其还具有很高的乳化能力。沥青质的强极性和高芳香性使沥青质分子很容易聚集形成更大的分子结构，如聚集体或团簇，这些分子结构是通过 π-π 相互作用、范德华力、酸碱相互作用和氢键相互作用诱导的。树脂是沥青质的前体，主要以黏性液体或无定形固体形式存在。树脂由于含有环烷酸、硫醇、噻吩和吡啶等极性成分而表现出一定的极性。油泥中的固体颗粒通过降低系统的吉布斯自由能，在疏水、静电和范德华力的驱动下，可以吸附在油泥乳液液滴的表面。固体颗粒在油水界面膜上形成致密且刚性的固体边界膜（单层或多层），从而阻挡液滴的凝聚。由于污泥颗粒间双电层斥力和偶极斥力的存在，导致相邻液滴之间存在静电排斥，降低了液滴聚集的概率。

除了极性相互作用外，有研究证明了油组分和污泥之间 O-H⋯O 的氢键是导致油泥解吸效率低的重要原因。颗粒表面的 Al-OH 和 Si-OH 与组分有机分子中的羧基（R-COOH）相连，形成 Al/Si-OOCR 键，导致有机物在污泥颗粒表面的黏附。氢键的形成很大程度上归因于沥青质的杂原子（O、S 和 N），沥青质分子倾向于与污泥相互作用并与固体表面的羟基形成各种氢键。例如 O-H⋯O、O-H⋯S 和 O-H⋯N，其中，O-H⋯O 具有最高的键能（30.0 ～ 34.0kJ/mol），而其他键能小于 25.0kJ/mol。

微气泡臭氧在处理含油污泥时表现出一定的浮选作用，浮选过程涉及的机制主要包括几个步骤（图3）：①气泡和油滴的接近；②气泡和液滴之间的水膜变薄；③超过临界厚度的水膜破裂；④疏水油附着在气泡上；⑤油在气泡表面扩散；⑥由于密度降低，与独立的油滴相比，凝聚成团的液滴的上升速度更快。微气泡上升过程中受水压影响，气泡不断收缩，产生增压效应，当内部压力超过水中压强时，气泡会膨胀和破裂，产生空化效应。气泡破裂产生的高温高压将水和氧分子分解为自由基，同时伴随着冲击波和微射流等机械效应，从而破坏油和固体颗粒之间的氢键，污泥颗粒逐渐从界面膜表面脱落，油类物质不断释放并降解。微气泡的空化效应和臭氧的强氧化性会进一步破坏油组分和污泥颗粒间的氢键，从而

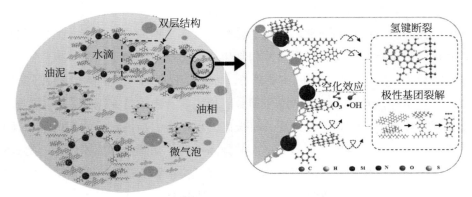

图3　含油污泥颗粒在微气泡臭氧中氢键断裂过程

导致油类与污泥固体表面分离。微气泡为布朗扩散提供更大的比表面积，可以增强污染物与气泡之间的相互作用、提高黏附效率。由于微气泡的疏水性和对油的良好亲和力，可以有效防止油在固体表面的再吸附。

4.3　含油污泥基炭材料催化臭氧氧化分析

生物炭在内的碳质材料可以强化 Fe 促进有机污染物分解，铁镨等金属可能通过形成 M-O-C 负载到油泥炭上，桥羟基不仅连接催化剂中表面金属原子与碳基质，且是催化臭氧氧化的活性位点。POSCA 表面上 C-C 相对含量较高，表明 POSCA 中形成大量的芳香结构，高石墨化程度允许电子跨芳香族转移。由于催化剂表面形成了 Fe-O-C，π 电子将从油泥炭芳香环（缺电子中心）转移到金属阳离子（富电子中心），可能加速了 Fe^{3+}/Fe^{2+} 之间电子循环。油泥炭的表面电活性主要来自芳香族上的表面醌基团（C=O），电子经油泥炭多孔结构富集后激活 O_3 分解为 •OH。多价过渡金属氧化物通常具有氧化还原对，这些氧化还原对可用于将臭氧分解为活性物质。掺杂在油泥炭上的镨和本身存在的铁是多价的，金属氧化物多氧化态的界面电子转移可能会加速臭氧的分解并引发高氧化性自由基的形成。Fe^{3+}/Fe^{2+} 和 Pr^{3+}/Pr^{4+} 之间的交替转变通过与臭氧的相互作用，证明氧化还原对参与了催化臭氧化过程（图 4）。

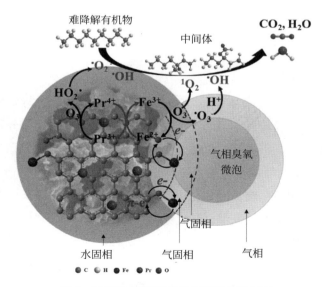

图 4　POSCA 催化臭氧氧化有机物的过程

催化剂表面的路易斯（Lewis）酸位是催化臭氧分解的活性位点，臭氧在这些活性位点上被催化分解生成吸附态原子氧，原子氧与臭氧发生链式反应生成吸附态过氧化物后脱离催化剂表面。POSCA 表面的路易斯（Lewis）酸位在与水分子发生配位反应时，水分子被离解形成羟基附着在催化剂的表面，同时铁氧化物中氧原子的不饱和晶格也会与水发生作用产生羟基。臭氧可与制备的催化剂的表面羟基反应，导致形成 •OH。溶解的 O_3 从液体本体转移到催化剂表面，有机物分子和 O_3 吸附到催化剂表面。吸附的 O_3 与 M-OH 基团结合，在金属氧化物的表面活性位点发生电子转移并释放出 O_2，同时铁氧化物表面会形成 HO_2^-。HO_2^- 会与本体溶液中的 O_3 发生反应并生成 $•O_3^-$ 和 $HO_2•$，$•O_3^-$ 与水中的 H^+ 结合生成 $HO_3•$，$HO_3•$ 将继续分解为 O_2 和 •OH。HO_2^- 也可能会与 O_3 发生反应并生成 $•O_2^-$ 并释放出 $HO_3•$，$HO_3•$ 进一步分解生成 •OH。通过油泥炭芳香环以及芳香环上的 C=O 提供的电子将 Fe^{3+} 还原为 Fe^{2+}，加速体系中 Fe^{3+}/Fe^{2+} 和 Pr^{3+}/Pr^{4+} 之间的循环式（9）、式（10）。

$$\equiv M^{n+} + O_3 + H_2O \longrightarrow \equiv M^{n+1} + •OH + O_2 + OH^- \tag{9}$$

$$\equiv M^{n+1} + O_3 + H_2O \longrightarrow \equiv M^{n+} + •OH + HO_2 + O_2 \tag{10}$$

催化剂表面的路易斯酸位点、桥羟基 Fe-O-C 和油泥炭表面醌基团是催化 O_3 活化产生自由基的潜在活性位点。催化剂表面电子转移速率的增加提高了体系中自由基的产生效率，活性物质浓度的增加加速了降解反应。

5　小结

采用热解炭作为催化剂是实现热解产物资源化利用的经济方式，但热解炭的性质随热解条件和污泥来源而变化，其来源和成分的不稳定性导致相同活化方法制备的油泥炭性能差异较大。因此，选用合适的技术调控污泥组分种类及比例，进而调节油泥炭的性能仍具有挑战性。预处理技术对富集碳组分和预分解复杂化合物具有关键作用，可正向调控热解炭的制备过程。与直接热解和物理活化相比，化学活化可以产生脱氢、腐蚀、氧化还原等多种效果，使热解炭的孔结构更加丰富，未来的研究应集中在提高油泥炭化学活化的效率和无害化处理上。污泥与其他废物共热解时可能存在协同或拮抗作用，因此建议通过优化共热解参数来提高热解炭的质量。

开发的镨基磁性油泥炭催化剂具有高路易斯（Lewis）酸位密度、高效臭氧催化活性，探究了其增效催化臭氧的作用机制，催化剂表面的路易斯酸位点、桥羟基 Fe-O-C 和油泥炭表面醌基团是催化臭氧活化产生自由基的潜在活性位点。未来研究应该集中开展油泥炭作为催化剂的研究，以实现废物的再利用，同时需要改进油泥炭的活化方法，以增强其催化性能。关于催化机理的研究仍具有局限性，因此机理的深度探究对调控催化性能具有重大意义。

作者简介

王　强　清华大学长聘副教授，博士生导师。主要研究领域为工业废渣综合利用、现代混凝土理论与技术。主持国家自然科学基金优秀青年基金1项、面上项目3项、主持工程应用的横向课题30多项。兼任全国混凝土标准化技术委员会委员、全国墙体屋面及道路用建筑材料标准化技术委员会委员、中国混凝土与水泥制品协会混凝土矿物掺合料分会秘书长、中国混凝土与水泥制品协会岩土稳定与固化技术分会副理事长、中国硅酸盐学会固废分会常务理事、中国电子显微镜学会理事、亚洲混凝土协会辅助性胶凝材料专委会主任、Cement and Concrete Composites 编委、Journal of Sustainable Cement-based Materials 副主编、《材料导报》执行编委、《电子显微学报》编委、《建筑材料学报》青年编委。获中国硅酸盐学会青年科技奖、华夏建设科技奖一等奖（排名第1）、华夏建设科技奖二等奖（排名第1）、中国建筑材料联合会＆中国硅酸盐学会科学技术奖基础研究类二等奖（排名第1）、中国百篇最具影响国内学术论文（排名第1）。以第一作者或通讯作者发表SCI论文80多篇，以第一作者出版专著2部，主编团体标准5部。

铜渣和镍铁渣的资源化利用研究

王　强

1　引言

全球铜矿资源非常丰富，但分布极不均匀，主要集中于南美洲和澳大利亚，全球铜矿资源储量最大的国家是智利，我国铜矿储量约占全世界的3%，分布相对集中，呈现西多东少的趋势，中西部占91.9%，而东部仅占9.1%。此外，中国的铜矿床呈现三多三少的特点：贫矿多，富矿少；共伴生矿多，单一矿床少；中小型矿床多，大型 - 超大型矿床少。故尽管储量基数大，但能够开采的量并不多。未来，随着欧美发达国家经济复苏，亚洲经济体持续快速发展，全球对于铜的需求也将稳步上升。与此同时，日趋严格的节能减排环保要求及人力资源成本上升等因素，将导致铜的供应出现缺口。世界金属统计局（WBMS）公布的最新报告显示，2022年全球精炼铜总产量为2508.48万吨，消费量为2599.18万吨。目前，中国是全球精炼铜产量最大的国家，超过全球总产量的40%，我国铜生产以火法为主。而每生产1吨精炼铜排放2～3吨铜渣，因此，2021年我国约排放2000～3000万吨铜渣。

镍铁渣是冶炼镍铁合金过程中产生的，以Fe_2O_3、SiO_2和MgO等氧化物为主要成分的熔融物经水淬后形成的球形颗粒状工业废渣，通常呈墨绿色。每生产1吨镍会产生6～16吨废渣。近年来，我国镍铁渣年排放量超3000万吨，镍铁渣已成为我国继铁渣、钢渣、赤泥之后的第四大冶炼工业废渣，但其利用率只有8%～10%，绝大部分镍铁渣没有得到很好的利用，污染环境，还造成资源浪费（图1）。

2　铜渣的综合利用

2.1　铜渣的基本性质

铜渣中含有多种有价金属元素，如铁、铜、镍、钴和锌等金属元素，被称为

图1　广东阳江清理堆存的镍铁渣
（图片来源：广东省生态环境厅）

"人造矿石"。其中多数铜渣的铜元素含量超过0.7%，高于我国铜矿0.2%的可开采品位；铁元素含量普遍在40%左右，高于我国铁矿29.1%的可开采品位。铜渣的成分以Fe_2O_3和SiO_2为主，伴有少量的CaO、Al_2O_3和MgO，其结晶相以铁橄榄石为主，伴有少量的磁铁矿和石英。在冶炼过程中，随着冶炼条件的变化（如添加剂、冷却时间和熔炼方法等），得到铜渣的物理化学性质不同，成分不同[1]（表1）。

表1　不同熔炼方法产生的铜渣成分

%

熔炼方法	Fe	Fe_3O_4	SiO_2	Cu	S	Al_2O_3	CaO	MgO
鼓风炉熔炼	29	—	38	0.42	—	7.5	11	0.74
因科闪速炉熔炼	44	10.8	33	0.9	1.1	4.72	1.73	1.61
奥托昆普闪速熔炼	44.4	11.8	26.6	1.5	1.6	—	—	—
诺兰达熔炼	40	15	25.1	2.6	1.7	5	1.5	1.5
瓦纽克熔炼	40	5	34	0.5	—	4.2	2.6	1.4
白银法熔炼	35	3.15	35	0.45	0.7	3.3	8	1.4
奥斯麦特熔炼	34	7.5	31	0.65	2.8	7.5	5	—
三菱法熔炼	38.2	—	32.2	0.6	0.6	2.9	5.9	—
艾萨炉熔炼	36.61	6.55	31.48	0.7	0.84	3.64	4.37	1.98

经过回收铜、铁处理的铜尾渣仍有一定的利用价值，其主要成分是铁橄榄石和 SiO_2，还有少量的 CaO 和其他的微量元素。由于铜渣有坚硬的玻璃相，尤其是水淬铜渣含有高达 99.3% 的玻璃相，因此铜渣火山灰活性较强，其理化性质与建筑行业的相关原料相似，可用于建筑材料（图 2）。

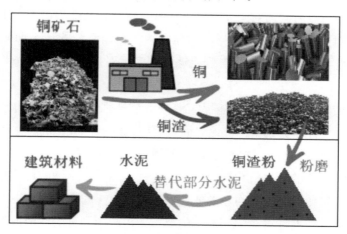

图 2　铜渣用于制备建筑材料示意图

2.2　铜渣粉的性能

铜渣中二氧化硅的含量为 20% ~ 40%，二氧化硅能与水泥中的 $Ca(OH)_2$ 发生微弱的反应，在一定的分子作用力作用下生成水合硅酸钙等胶状物质。因此铜渣的掺入使混凝土内部结构更加密实，也可以在一定程度上提高混凝土的强度。一般来说，铜渣粉的密度大于 $3.7/cm^3$。铜渣具有良好的耐磨性和稳定性，属于低钙高硅熟料，可直接作为铁原料制备熟料和水泥的混合料。铜渣具有良好的耐磨性、稳定性和流动性等优点，具有作为细骨料的潜力。

铜渣粉可以改善水泥胶砂的流动性能。通过改进粉磨工艺来获得合适的粒形和颗粒级配，可以实现掺 30% 铜渣的铜渣 - 水泥试样流动度比超过 105%。由于铜渣粉的活性相比矿渣等高活性的掺和料较低，改善混凝土工作性是其在混凝土中应用的优势之一。铜渣可引起诱导期内水化放热量的少量增加，掺量极少（2.5%）时还会提高水化放热量，但铜渣在较大掺量使用时对放热总量的抑制作用明显。铜渣粉还有较强的缓凝作用，掺量 5% 就可以使初凝和终凝时间分别延长 21.2% 和 20.5%，但凝结时间随掺量增加的延长幅值较缓和。铜渣粉通常可起到提高流动性、降低需水量的作用，但也会造成泌水率增加的问题，应当给予足够重视。

铜渣粉导致混凝土早期强度不足，可通过添加激发剂、提高细度、降低水灰比等方式予以缓解和控制。铜渣粉对混凝土强度的负面影响会随龄期延长逐渐减轻，甚至在一段时间后对强度有利。此外，铜渣粉还能提高混凝土弹性模量并减少收缩，对抗断裂性能也无明显不利影响。当铜渣粉的比表面积接近或超过450m²/kg，绝大多数种类的铜渣粉能够实现 7d 活性指数不小于 60%，28d 活性指数不小于 75%。

铜渣有较强的缓凝性能，能提高混凝土后期强度的增长能力，同时能提高 C-S-H 含量，改善孔隙结构，优化界面过渡区，降低混凝土的吸水性和渗透性，提高抗碳化、抗氯离子和抗硫酸盐侵蚀的能力，有利于提高混凝土的耐久性能。

针对铜渣进行的游离氧化钙、煮沸安定性、压蒸安定性的检测报告显示，各种铜渣中游离氧化钙的含量均非常低，不会对混凝土的安定性产生不良影响。

铜渣粉样品放射性符合国家规范的要求。由于不同种的铜渣放射性强度差距较大，仍需对铜渣粉的放射性能按照国家标准进行检测与限定。

铜渣作为混凝土掺和料，可以降低水泥的用量，并改善混凝土的工作性能。随着我国冶炼技术的不断进步，如何合理利用经贫化后的铜渣具有一定的环保战略意义和非常好的市场前景。

2.3　重金属的问题

在铜的冶炼工艺流程中，不同种类的杂质重金属将从原矿石中富集并以存在于铜渣中的形式排放到外部环境，因此铜渣中往往存在较高含量的重金属。图 3 是铜渣中不同重金属元素的分布图，铜渣中重金属的种类繁多，包括 Cu、As、Pb、Cr、Mn、Ni、TI、Sb 等。如图 3 所示，Cu 元素的富集区域与 Sb 元素重叠（区域 1）；As 元素可能与 Mg 元素共存（区域 2）或与 Pb、Cu、TI、S、As 元素共存（区域 3）；在区域 4 观察到 Cr、Mn、Ni 的存在区域与 Cu、Sb 存在重叠，但是 Cr、Mn、Ni 的富集现象不明显。需要说明的是，这些重金属元素对应的矿物在 XRD 中未被检测出。可能的原因有两个：一是因为重金属元素部分存在于非晶态玻璃体中；二是重金属对应的矿物相含量低于 XRD 的检测限，被衍射的背景噪声掩盖。此外，Sb 和 TI 元素由于含量低，未被 XRF 检测出。

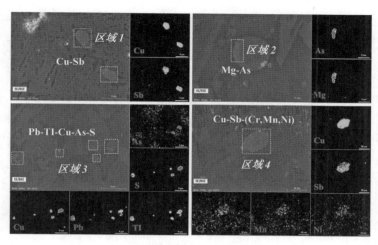

图3　铜渣中重金属的分布图

含重金属的工业固体废弃物处理是世界上废物管理中的难题，如若处理不当，废渣中重金属离子的浸出风险将严重威胁生态环境。研究采用了醋酸缓冲溶液法评价冶金渣在酸性环境下的浸出风险。该方法模拟工业废物在进入卫生填埋场后，其中的有害组分在填埋场渗滤液的影响下，从废物中浸出的过程，结果如表2所示。由浸出结果可以发现，铜渣中 Cu、Zn、Ni、Pb、As 的浸出浓度均很高，存在重金属污染的风险。

表2　酸性条件下铜渣的重金属浸出浓度

$\times 10^6$

	Cu	Zn	Mn	Ni	Pb	Cr	As
铜渣	382.8	414.2	12.8	39.2	127.3	3.2	5.4
浸出限值	100[a]	100[a]	5[b]	5[a]	5[a]	15[a]	5[a]

注：a—《危险废物鉴别标准　浸出毒性鉴别》（GB 5085.3—2007）

　　　b—《污水综合排放标准》（GB 8978—1996）

图4（a）和图4（b）显示了分别使用质量分数为30%和50%的铜渣作为掺和料从砂浆中浸出的重金属浓度。在质量分数30%的替代水平下，Cu 和 Pb 的浓度超过了规定的限值（分别为1.0m/L 和0.3m/L），而其他元素（Zn、Mn、Ni、Cr 和 As）的浓度则在限值以下。其中，Cr 的浓度最低（接近0.003m/L 的检测限）。当铜渣的质量分数增加到50%时，与质量分数为30%的情况相比，Cu 和 Pb 的浸出浓度也增加。此外，元素 Zn、Ni 和 As 的浸出量也超过了浸出线。

结果表明，使用铜渣作为掺和料，重金属（特别是 Cu、Pb、Zn、Ni 和 As）对环境的浸出风险很大，尤其是在高掺量下。同样，其他铜渣的利用方法，如混凝土中的骨料和用于碱活化的原材料，也可能导致重金属浸出危险。

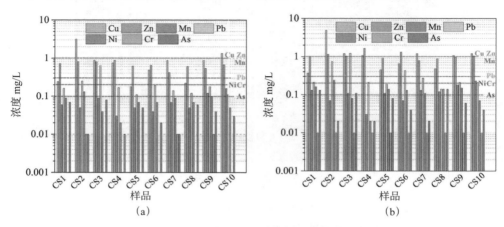

图 4　铜渣 - 水泥复合浆体的重金属浸出量

2.4　铜渣的其他用途

2.4.1　铜渣在水泥工业的应用

水泥的主要化学成分为氧化钙、二氧化硅、三氧化二铝以及少量的三氧化二铁（表 3），水泥在生产过程中，需要向其中添加少量铁质校正剂，铁氧化物与二氧化硅反应生成较低熔点的硅酸铁，可以降低水泥熟料的烧成温度。铜渣中的铁若以氧化铁形式表示则高达 43% ~ 64%，二氧化硅为 30% ~ 40%，向水泥中添加少量铜渣，其中的铁恰好可以作为水泥所需的铁质校正剂。但毕竟水泥和铜渣两者化学成分有差异，导致水泥工业不能大量添加铜渣，一般仅添加 5% 左右。

表 3　水泥和铜渣的化学成分含量

%

名称	CaO	SiO_2	Al_2O_3	Fe_2O_3	PbO	ZnO	MgO	SO_3	As_2O_3	CuO
水泥	60.2	19.74	7.79	3.68	—	—	1.34	2.11	—	—
铜渣	2~8	30~40	3~10	43~64	0.5~1.1	1.3~2.5	1~2	0.7~1.3	0.1~0.4	0.25~0.5

2.4.2　铜渣中铁回收

直接磁选法，常温下采用磨矿 + 磁选的方式回收铜渣中的铁，但是直接采用磁选法后，铁的品位和回收率均不高，不具有明显优势。

氧化焙烧结合磁选法，在 800 ~ 1400℃ 条件下，加入调渣剂，使铜渣中的铁向磁性铁转变，然后缓慢控制冷却速度，使磁性铁颗粒长大，再采用磨矿 + 磁选的方式回收铁，铁的回收率高达 90%，但铁精矿中含杂质以及存在能耗较高的问题。

直接还原结合磁选法，采用向铜渣中加入还原炭和添加剂，在 1200 ~ 1300℃ 条件下，将铜渣中的铁还原为单质铁，然后采用磨矿 + 磁选的方式回收铁，可直接获得金属铁粉，品位大于 92%，回收率也较高，但仍然存在铁粉中含铜、能耗高的问题。

熔融还原法，向铜渣中配入还原剂和造渣剂，在大于 1250℃ 条件下将铁还原为液态铁水并进行回收，铁的品位和回收率都高，但存在铁产品含铜的问题。

2.4.3 铜渣中铁硅分离

采用氧化焙烧 + 碱浸的方式，能有效分离铁和硅，可以从浸出液进一步提取得到硅的产品，铜渣中含铁品位较高，但铜渣中 Zn、Pb、Cu 远高于高炉炼铁杂质元素控制标准。

采用碳热还原 + 碱浸的方式，铜渣中的 Zn、Pb 挥发进入烟尘，可极大地降低碱浸渣中铁粉 Zn、Pb 含量，但 Cu 仍在铁粉中。

2.4.4 铜渣制备不锈钢材料

在 1150 ~ 1350℃ 熔融还原制不锈钢，铜渣中的铜得到充分利用，铅锌进入烟尘回收，贫化尾渣制造水泥，提高了产品附加值，资源得到综合利用，具有推广和应用价值。

2.4.5 铜渣中铜回收

火法回收技术，通过对炉渣还原、硫化、鼓风搅拌、提高炉渣温度等措施，达到贫化炉渣、加快铜渣分离、回收金属铜的目的。铜渣中铁、钴等金属、采取还原造锍进行回收。

选矿法回收技术，铜渣实际上是一种人造矿石，依据有价金属赋存相表面亲水、亲油性质及磁学性质的差别，通过浮选和磁选分离富集，达到回收有价金属的效果。

湿法回收技术，能综合回收有价金属，同时湿法过程可以克服火法贫化过程的高能耗以及产生废气污染的缺点，其分离的良好选择性更适于处理低品位炼铜炉渣。

3 镍铁渣的综合应用

3.1 镍铁渣的基本性质

镍铁渣分为电炉镍铁渣和高炉镍铁渣。镍铁渣与硅酸盐水泥的化学组成相似，电炉镍铁渣的化学成分主要包括 SiO_2、Fe_2O_3 和 MgO，Al_2O_3 和 CaO 含量很低。高炉镍铁渣的主要化学成分是 SiO_2、Al_2O_3 和 CaO，另外含有少量 MgO 和 Fe_2O_3。两者的显著差别在于高炉镍铁渣中的 Al_2O_3 和 CaO 含量明显高于电炉镍铁渣，高炉镍铁渣中 SiO_2 和 MgO 含量明显低于电炉镍铁渣。镍铁渣中含量较高的 MgO 会引发安定性问题，其中的重金属 Cr 会引发重金属浸出问题。镍铁渣矿物组成以玻璃体为主，出渣温度和成粒温度越高，冷却速度越快，玻璃体越多，一般玻璃体的质量分数都在 50% 以上。高炉镍铁渣的玻璃体含量比电炉镍铁渣高，其火山灰活性明显高于电炉镍铁渣。CaO 和 Al_2O_3 含量高、MgO 和 Fe_2O_3 含量低的高炉镍铁渣表现出更高的活性，不同化学组成的电炉镍铁渣的活性差异并不明显。高炉镍铁渣的晶态矿物主要是硅酸三钙、硅酸二钙和尖晶石（$MgAl_2O_4$），电炉镍铁渣的晶态矿物主要是顽辉石（$MgSiO_3$）和镁橄榄石（$MgSiO_4$）。高炉镍铁渣的细度与基准水泥接近，电炉镍铁渣的颗粒粒径比水泥略小，密度为 $2.9g/cm^3$。高炉和电炉镍铁渣的碱度值为 0.4 ~ 0.7，皆小于 1，属酸性渣。

3.2 镍铁渣粉的性能

3.2.1 关键指标

为了规范镍铁渣粉在水泥混凝土中的应用，中国建筑学会标准《水泥和混凝土用镍铁渣粉》（T/ASC 01—2016）对作为混凝土掺和料的镍铁渣粉和作为水泥活性混合材料的高炉镍铁渣粉的性能做出了具体规定。关键指标包括活性指数、流动度比、安定性等。I 级和 II 级电炉镍铁渣粉 7d 活性指数需分别不小于 65% 和不小于 60%，28d 活性指数需分别不小于 75% 和不小于 65%；I 级和 II 级高炉镍铁渣粉，7d 活性指数需分别不小于 80% 和不小于 70%，28d 活性指数需分别不小于 105% 和不小于 90%。两类镍铁渣的流动度比均需不小于 95%。电炉镍铁渣压蒸膨胀率需不大于 0.50%，高炉镍铁渣粉沸煮法需合格。

3.2.2　非碱性条件下镍铁渣粉的胶凝性能

选取五种镍铁渣粉，分别与水混合制备净浆试样，其中水与镍铁渣粉的质量比为 0.3∶1。每一类镍铁渣粉净浆试样分为两组，一组在标准养护室内进行常温养护（20℃ ±1℃），另一组在温度为 80℃ ±1℃ 的水浴锅内进行高温养护。

在 360 d 龄期时，所有的电炉镍铁渣粉净浆，无论是在常温养护还是 80℃ 高温养护条件下都没有硬化。选取 80℃ 高温养护 360 d 后的电炉镍铁渣粉 1 号净浆试样，在扫描电子显微镜下观察其微观形貌，结果如图 5 所示。电炉镍铁渣粉的反应产物非常少，浆体结构非常松散，基本上还是由未反应的颗粒堆积在一起。由此可以推断，在非碱性环境下，电炉镍铁渣粉的反应活性极低。

（a）放大 1200 倍　　　　　　　　　　　　（b）放大 2600 倍

图 5　80℃高温养护 360d 后电炉镍铁渣粉 1 号净浆的微观形貌

对于两种高炉镍铁渣粉净浆，常温条件下养护 360d 后也没有完全硬化，但是在 80℃ 高温条件下养护 150d 后，浆体已经初步硬化。选取 80℃ 高温养护 150d 后的高炉镍铁渣粉 2 号净浆试样，在扫描电子显微镜下观察其微观形貌，结果如图 6 所示。可以看到，浆体中已经有一定量的产物生成，通过能谱分析（图 7）发现反应产物主要是一类 C-A-S-H 凝胶。尽管如此，高炉镍铁渣粉净浆中的反应产物并不是很多，因此可以推断，非碱性条件下高炉镍铁渣粉的活性也比较低，尤其是在常温环境下。

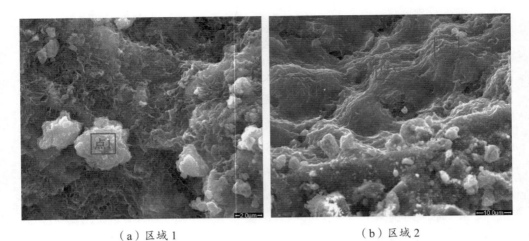

（a）区域1　　　　　　　　　　　（b）区域2

图6　80℃高温养护150d后高炉镍铁渣粉2号净浆的微观形貌

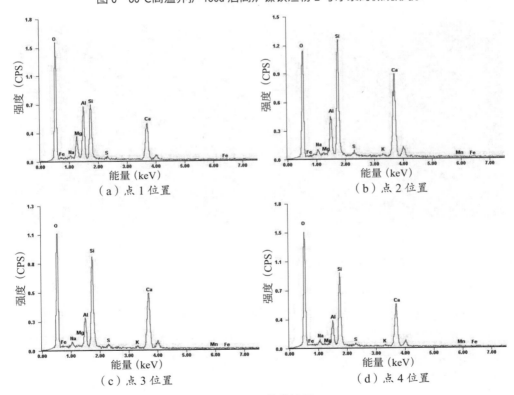

（a）点1位置　　　　　　　　　　（b）点2位置

（c）点3位置　　　　　　　　　　（d）点4位置

图7　EDX能谱结果

3.2.3　镍铁渣粉对水泥和混凝土性能的影响

五种镍铁渣粉的掺量均为30%，并采用纯水泥组作为对照，混凝土的配合比如表 4 所示，采用的水胶比都包括 0.5、0.4 和 0.3 三种。所有试件成型后均置于标准养护室（温度 20℃ ±1℃，相对湿度 95% 以上）内进行养护。

表 4　混凝土的配合比

kg/m³

水胶比	编号	水泥	镍铁渣粉	细骨料	粗骨料	水
0.5	C-0.5	380	0	805	1025	190
	E1-0.5	266	114（EFS1）	805	1025	190
	E2-0.5	266	114（EFS2）	805	1025	190
	E3-0.5	266	114（EFS3）	805	1025	190
	B1-0.5	266	114（BFS1）	805	1025	190
	B2-0.5	266	114（BFS2）	805	1025	190
0.4	C-0.4	420	0	769	1063	168
	E1-0.4	294	126（EFS1）	769	1063	168
	E2-0.4	294	126（EFS2）	769	1063	168
	E3-0.4	294	126（EFS3）	769	1063	168
	B1-0.4	294	126（BFS1）	769	1063	168
	B2-0.4	294	126（BFS2）	769	1063	168
0.3	C-0.3	500	0	720	1080	150
	E1-0.3	350	150（EFS1）	720	1080	150
	E2-0.3	350	150（EFS2）	720	1080	150
	E3-0.3	350	150（EFS3）	720	1080	150
	B1-0.3	350	150（BFS1）	720	1080	150
	B2-0.3	350	150（BFS2）	720	1080	150

（1）水化热

从图 8（a）可以看出，掺有 30% 镍铁渣粉的复合胶凝材料的水化过程与纯水泥是类似的，但是由于活性组分的减少，第二放热峰明显要低于纯水泥组。在前 23h 内，五种镍铁渣粉对水泥水化热的影响并没有太大差异，但是在这之后，掺高炉镍铁渣粉的胶凝材料的放热速率明显要高于掺电炉镍铁渣粉的组。根据

图 8 （b），用电炉镍铁渣粉或高炉镍铁渣粉替代 30% 的水泥都会明显降低胶凝体系的水化放热量。掺入电炉镍铁渣粉的胶凝材料 7d 内的水化放热总量明显要低于掺入高炉镍铁渣粉的组。

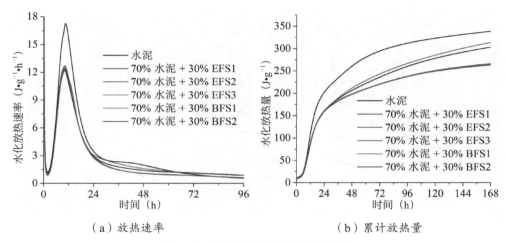

（a）放热速率　　　　　　　　　　（b）累计放热量

图 8　复合胶凝材料的水化放热曲线

（2）抗压强度

不同配合比的混凝土在 7d、28d 和 90d 龄期时的抗压强度结果如图 9 所示，在所有的龄期、三种水胶比条件下，掺 30% 电炉镍铁渣粉的混凝土抗压强度都明显低于纯水泥混凝土组。在 7d 和 28d 龄期时，掺 30% 高炉镍铁渣粉的混凝土的强度低于纯水泥混凝土组，但是在 28d 龄期时差距已经很小；到 90d 龄期时，掺高炉镍铁渣粉混凝土的强度与纯水泥组非常接近，掺高炉镍铁渣粉 1 号的混凝土的抗压强度甚至稍高于纯水泥混凝土。

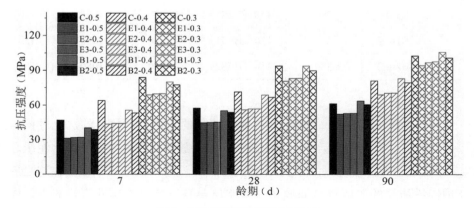

图 9　不同龄期时的混凝土强度

（3）氯离子渗透性

图 10 显示了在 28d 和 90d 龄期时各组混凝土的 6h 电通量和相应的混凝土渗透性等级。从中可以看出，在 28d 龄期时，掺入 30% 高炉镍铁渣粉可以显著减小混凝土的电通量、降低其氯离子渗透性等级。而电炉镍铁渣粉对混凝土的抗氯离子渗透性能的改善作用在 28d 龄期时并不明显，掺入电炉镍铁渣粉之后混凝土的渗透性等级在 0.5 和 0.3 水胶比条件下并没有变化。到了 90d 龄期，掺高炉镍铁渣粉和电炉镍铁渣粉的混凝土的氯离子渗透性等级都比纯水泥混凝土组低。因此可以推断，镍铁渣粉的火山灰反应能够明显改善混凝土的界面过渡区结构，降低连通孔隙的数量，从而增强了抗氯离子渗透的能力。

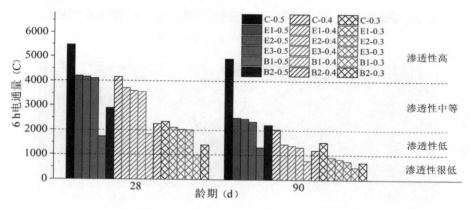

图 10　不同龄期时混凝土的 6h 电通量和氯离子渗透性等级

3.3　重金属的问题

高炉镍铁渣和电炉镍铁渣中均存在一定含量的重金属。高炉镍铁渣中重金属元素的面分布见图 11。Mg、Si、Al 是颗粒中的主要元素，构成高炉镍铁渣中的玻璃体和主要晶体。Cr 和 Mn 两种重金属元素分布在颗粒中，说明 Cr 和 Mn 主要存在于玻璃体或主要晶体中。此外，Cr、Mn 在区域 1 含量较高，且该区域不存在 Si、Mg、Al，说明在该区域 Cr、Mn 以 Cr-Mn 固溶体的形式存在。图 12 是电炉镍铁渣中不同元素的面分布。与高炉镍铁渣相似，Mg、Si、Al 是颗粒中的主要元素，构成电炉镍铁渣中的玻璃体和主要晶体。但是 Mg 元素与 Al 元素的富集区域不重叠，这说明电炉镍铁渣中的 Mg 主要以镁橄榄石（Mg_2SiO_4）的形式存在，而不存在于玻璃体中。Cr 和 Mn 两种重金属元素分布在颗粒中，但同时也存在局部富集的现象（区域 1），且富集区域不存在 Si 和 Al。这说明 Cr、Mn

可能存在于玻璃体中和 Cr-Mn 固溶体中。

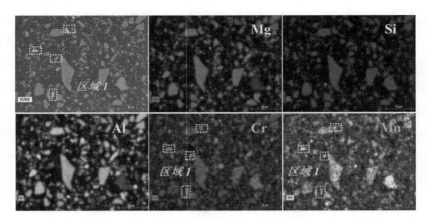

图 11　高炉镍铁渣中重金属的分布图

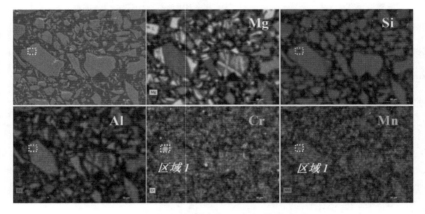

图 12　电炉镍铁渣中重金属的分布图

3.4　镍铁渣的其他用途

3.4.1　镍铁渣中镁回收

电炉镍铁渣中的镁含量一般高于镁矿中的镁含量，从中回收镁的方法一般有高温还原法、浸出法和焙烧－浸出法 3 种。

（1）高温还原法。加入添加剂、CaO、Na_2CO_3 等将镁化合物转化为 MgO，再加入还原剂得到金属镁，还原剂分为非碳质还原剂（铝硅铁等）和碳质还原剂两种，前者镁回收率可超过 90%。

（2）浸出法。通过浸出、净化、结晶、沉淀提取镁，根据浸出剂的种类，可分为酸性浸出和碱性浸出，酸性浸出的浸出率较高，可达 90%，但工艺中的酸性溶液腐蚀性较强，沉淀过程中需要加入碱性材料，对原材料的消耗较大。碱性浸出目前浸出率大约在 70%，低于酸性浸出，但原料消耗较少。

（3）焙烧-浸出法。先对镍铁渣进行焙烧，将镁和硅分离后再进行浸出，在降低了浸出难度的同时还可提高浸出率。

3.4.2 改善电炉炉况

镍铁渣加入镍铁冶炼的电炉中，可降低冶炼过程中的渣温和铁温，降低功耗，改善炉况，而且镍铁渣直接用于镍铁的冶炼，降低了物料和运输等各项成本。

3.4.3 制作建筑材料

镍铁渣可替代传统墙体中的砂石骨料，作为新型墙体的原料，电炉镍铁渣中含镁量较高，可用于制作耐火材料和保温材料，用镍铁渣制作的蒸压砖强度较高，可代替黏土砖。

参考文献

[1] 唐超凡，张荣良.铜渣高价值化利用研究进展 [J].粉末冶金工业，2022，32
    (5)：117-123.

作者简介

卢忠远 博士，教授，博士生导师。中国硅酸盐学会水泥分会副理事长、中国硅酸盐学会固废分会常务理事、四川省学术和技术带头人、国务院政府特殊津贴获得者、四川省有突出贡献的优秀专家、四川省装配式建筑产业协会绿色建材分会会长。长期从事材料科学与工程的教学、研究与开发，专注于高效节能材料、高性能绿色建筑材料等方面的基础研究、应用基础研究和应用技术开发。

李　军 博士，副研究员，硕士生导师，中国硅酸盐学会固废与生态材料分会专业专家委员会委员、中国建筑学会建筑材料分会专业专家委员会委员、中国硅酸盐学会混凝土与水泥制品分会专业专家委员会委员、四川省装配式建筑产业协会绿色建材分会秘书长。主要从事绿色低碳胶凝材料及制造，高性能多功能绿色建筑材料，特种功能水泥基材料、建材用高性能绿色助剂等方面的基础研究、应用基础研究和应用技术开发。

李晓英 博士，特聘副教授，硕士生导师。主要从事固体废弃物处理处置，高性能绿色建筑材料组成、微结构设计及其功能化构筑、服役性能等方面的基础研究和应用技术开发工作。

高钛矿渣制备绿色建材的研究及应用

卢忠远　李　军　李晓英

1　引言

四川省攀枝花西昌地区（攀西）是中国最重要的钒钛磁铁矿资源地，已探明的钒钛磁铁资源储量达 95.35 亿吨。其中，铁资源约占全国的 19.6%；钛资源储量 8.7 亿吨，占全国的 90.5%，占世界的 35.2%；钒资源储量 1862 万吨，占全国的 52%，占世界的 11.6% [1]。20 世纪，攀钢突破全钒钛磁铁矿高炉冶炼生铁技术瓶颈，随之，以钒钛磁铁矿为主要原料的高炉炼铁-转炉提钒炼钢工艺磅礴发展，而含钛高炉矿渣排放和处置问题也凸显出来。

2　高钛矿渣的产生及特性

2.1　含钛高炉矿渣的产生

含钛高炉矿渣是以钒钛磁铁矿选矿后的铁精矿为原料，在高炉冶炼生铁时排出的熔渣经冷却处理得到的大宗冶炼废弃物。目前，钒钛磁铁矿中的钛主要依靠选矿过程回收，但仍有较多钛残留于铁精矿中，高炉冶炼过程中该部分钛主要进入钙硅铝镁系熔渣并与含钒铁水分离，熔渣冷却后即形成含钛高炉矿渣。

2.2　含钛高炉矿渣分类

根据 TiO_2 含量不同一般可将含钛高炉矿渣划分为高钛矿渣（TiO_2 含量 > 15%）和钛矿渣（2% < TiO_2 ≤ 15%）。目前，四川地区钢铁企业含钒钛铁精矿用量较高，因此高炉渣普遍为高钛矿渣。国内其他地区，含钒钛铁精矿中钛含量低或该类铁精矿配入量少，故含钛高炉矿渣多为钛矿渣。因钛矿渣近于普通高炉矿渣，其资源化利用水平较高，因此本文重点在于阐述高钛矿渣建材资源化利用。

根据炉渣冷却方式及外观特点可将钛矿渣分为三类：①水淬粒化渣。熔渣经水淬冷后得到，杂质含量较少、玻璃相含量高、质地较坚硬；②自然冷却渣。熔渣自然冷却后得到,杂质含量少、稳定矿物含量高、质地坚硬; ③风淬粒化/膨化渣。熔渣经空气淬冷得到，玻璃相含量高，但颗粒较为致密坚硬（图1）。

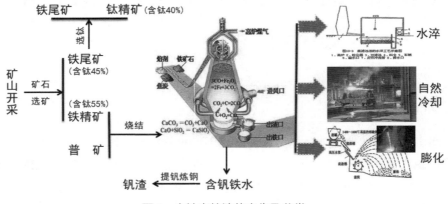

图 1　含钛高炉渣的产生及分类

2.3　高钛矿渣组成和结构特点

（1）化学组成方面。高钛矿渣的主要成分包括 CaO、SiO_2、TiO_2、MgO 和 Al_2O_3 等，且 CaO 和 SiO_2 的含量通常低于 55%，TiO_2 的含量则超过 15%。高钛矿渣熔体则主要由 Ca^{2+}、Ti^{4+}、Mg^{2+}、Ti^{3+}、O^{2-} 等基本离子和 SiO_4^{4-}、AlO_4^{5-}、TiO_3^{2-} 等复合阴离子组成。

（2）结构方面。Ca^{2+} 的存在方式对高钛矿渣性能具有明显影响[2]。普通高炉矿渣中钙离子主要与硅氧和铝氧结构单元结合形成黄长石（$2CaO·Al_2O_3·SiO_2$）、钙长石（$CaO·Al_2O_3·2SiO_2$）、硅灰石（$β-(CaO·MgO)_2·SiO_2$）、硅钙石（$3CaO·SiO_2$）等矿物。而高钛矿渣熔体冷却成核过程中，TiO_2 作为良好的晶核形成剂促进了 Ca^{2+} 与 TiO_3^{2-} 结合，形成钙钛矿、透辉石等矿物；同时抑制 Ca^{2+} 与 SiO_0^{4-}、AlO_4^{5-} 结合，阻止了黄长石、硅酸钙等水化活性物质的形成[3]。因此，高钛矿渣的矿物组成主要包括钛辉石、钙钛矿、巴依石和尖晶石，它们的含量范围分别为 40% ～ 50%、15% ～ 30%、20% ～ 30% 和 2% ～ 6%。可见，高钛矿渣属于 $CaO/MgO-Al_2O_3-SiO_2-TiO_2$ 四元体系，其较高的结晶相含量降低了活性 Ca^{2+} 进入玻璃相形成逆性玻璃的能力，结晶体系使其结构更加密实[4]。

2.4　高钛矿渣化学活性

如上所述，高钛矿渣中钙、钛、硅、铝等多赋存于稳定的晶体矿物中，与普

通高炉矿渣相比，其水化活性较低。高钛矿渣活性系数的表征方法包括质量系数

$$\left(K, \quad K = \frac{W_{CaO} + W_{MgO} + W_{Al_2O_3}}{W_{SiO_2} + W_{MnO} + W_{TiO_2}} \right) 法、碱性系数 \left(M, \quad M = \frac{W_{CaO} + W_{MgO}}{W_{SiO_2} + W_{Al_2O_3}} \right) 法和$$

砂浆活性指数法。以砂浆活性指数法为例，相同条件下，普通矿渣粉的 28d 砂浆活性指数多在 95% 以上，而高钛矿渣粉的活性指数通常不足 55% [5]。在颗粒形貌方面，与普通矿渣相比，高钛矿渣颗粒表面粗糙多孔，且孔径分布较广。另外，高钛矿渣因冷却工艺不同导致密度差异较大；自然冷却渣颗粒密实，密度一般较普通矿渣略重；而水淬渣则因颗粒内部疏松多孔而致密度较小，堆积密度较低。

3　高钛矿渣综合利用研究现状

俄罗斯钒钛磁铁矿储量丰富，多属于低钛型矿，且主要分布在古谢沃格尔和卡奇卡纳尔两地，矿产综合回收率超过 65% [6]。该低钛型钒钛磁铁矿冶炼的废渣用于生产发泡骨料和焊接材料 [7-8]。南非钒钛磁铁矿多属于低钛富钒型，集中分布在布什维尔德杂岩，该钛矿渣中三价和四价钛与氧化剂反应可提高导电性，有望将其用于制备导电辅助材料 [9]。加拿大 [10-11]、捷克 [12]、波兰 [13]、印度 [14] 等国家利用钒钛磁铁矿冶炼废渣制备金红石，日本则主要用于制备 $TiCl_4$ [15]。新西兰钛铁矿冶炼生铁后的富钛渣中含钛量高达 30%，主要用于回收高价值金属 [16]。

自 20 世纪 60 年代起，国内针对钛高炉渣的综合利用开展了大量科研工作，取得了一定成果。我国高钛矿渣综合利用研究可分为 3 个阶段：性能和利用途径初步探究阶段、规模化利用研究阶段、高价值功能化利用研究阶段。

（1）性能和利用途径初步探究阶段

学者针对高钛矿渣的物理化学性质进行研究，发现高钛矿渣含钛高、活性较低。一方面，高钛矿渣中的 TiO_2 因能在高温下结合 CaO 形成具有水硬性的 $3CaO \cdot 2TiO_2$，且促进水泥熟料中 C_2S 和 C_3A 的形成，可被用作水泥熟料矿化剂。掺入 0.7% 的高钛矿渣，便可明显提高水泥熟料早期强度。另一方面，高钛矿渣因含大量硅酸盐矿物，与石英砂、萤石配合可生产性能良好的耐碱矿物棉 [17-18]。

（2）规模化利用研究阶段

高钛矿渣排出量已远远超过综合利用量。中国建筑材料科学研究总院有限公司水泥科学研究所针对钛矿渣作混合材制备硅酸盐水泥进行了较为系统的研究，

认为高钛矿渣对水泥性能和人体无害，可作为非活性混合材使用，制备普通硅酸盐水泥。同时，通过工业试生产和工程应用，为有效利用高钛矿渣开辟了新途径[19-20]。随之，高钛矿渣陆续被用于制备耐火材料、建筑墙材[21-22]，并作为混凝土掺和料[23-27]、普通混凝土骨料[28-33]使用。期间，高钛矿渣处置量得到显著提高。

（3）高价值功能化利用研究阶段

随着冶炼提纯、纳米合成等技术的发展，高钛矿渣中钒、钛的回收率不断提高，高钛矿渣冶炼硅钛合金、硅钛铁合金取得一定进展。同时，高钛矿渣还被用于制备纳米复合材料（TiC/SiC）[34]、纳米磁铁矿黑颜料[35]、吸附剂[36]、光催化剂[37]等功能材料。截至目前，高钛矿渣的综合利用方向已涵盖包括建筑业、医疗业、航空业等在内的数十个行业领域。

综合来看，高钛矿渣综合利用途径主要分为提钛与非提钛利用两个方面。其中，提钛利用受技术和成本限制，尚未实现工业化，利用率较低；非提钛利用则主要用于生产制备水泥、砂浆、混凝土、微晶玻璃等建材产品，利用率高。面对逐年递增的高钛矿渣堆存量和环境压力，加大高钛矿渣的建材资源化利用研究意义重大。

4 高钛矿渣建材资源化研究进展

4.1 高钛矿渣胶凝材料利用技术

4.1.1 高钛矿渣制备辅助性胶凝材料

高钛矿渣磨细后可作为辅助性胶凝材料在水泥、砂浆、混凝土等水泥基材料中应用，因其钙钛矿、透辉石等稳定矿相含量较高，玻璃相含量较少，导致其水化活性低，但其微颗粒填充效应较好。随高钛矿渣掺量的增加，水泥 - 高钛矿渣胶凝体系的胶砂强度逐渐降低；单独使用高钛矿渣磨细粉作水泥混合材时，可制备低等级矿渣硅酸盐水泥；当磨细高钛矿渣作掺和料部分取代水泥，可制备普通等级混凝土，但该混凝土早期强度较低[3]。高钛矿渣粉作掺和料制备泡沫混凝土时，掺量较高会导致泡沫混凝土气孔变大，影响多孔材料的力学性能和保温性能，故其掺量最好控制在 15% 以内[38]。同时，磨细高钛矿渣作砂浆、混凝土掺和料，可有效改善浆体流动性，起到辅助减水作用。此外，高钛矿渣粉用于制备水泥灌浆料，可有效降低灌浆料的收缩，改善早期开裂情况。

综合来看，高钛矿渣磨细后因颗粒密实光滑、活性低，作为辅助性胶凝材料使用可大量降低砂浆用量、混凝土需水量、水化温升，改善新拌浆体的工作性、早期收缩和长期性能。但在不降低混凝土力学性能的情况下，单独使用磨细高钛矿渣会因其活性较差而导致掺量较低，通常不超过 10%。水泥 - 高钛矿渣胶凝材料体系的水化产物主要有 C-S-H 凝胶、$Ca(OH)_2$ 晶体及少量 AFt 晶体。高钛矿渣具有填充效应和微骨料效应，适量掺入可增加体系致密度，但掺量过高时会降低体系的水化程度。随着水化反应的进行，水化凝胶产物明显增多，逐渐将高钛矿渣晶体颗粒包裹，使硬化水泥石的强度能够正常发展。但由于高钛矿渣的掺入，导致生成的 C-S-H 凝胶含量较少，致使水泥石难以形成致密的网状结构，且随着高钛矿渣掺量的增加，水泥石孔径逐渐增大，最终降低水泥基材料的综合性能。

通过机械活化可增加高钛矿渣颗粒的比表面积，增大颗粒表面粗糙度，并在表层覆盖少量非晶相[23]。但高钛矿渣易磨性较差，粉磨能耗较高。研究发现高钛矿渣粉磨细度在 $400m^2/kg$ 左右时，水化活性较高，继续增加粉磨细度，对强度贡献不大。但高钛矿渣比表面积不是影响复合胶凝体系胶砂强度的主要因素。

4.1.2　高钛矿渣化学激发

随着磨细高钛矿渣粉掺量的增大，比表面积对复合胶凝体系胶砂强度的影响程度逐渐减弱。直接掺入化学激发剂可一定程度改善高钛矿渣的水化活性，提高胶凝体系强度。例如，水玻璃激发钛矿渣效果良好，水胶比越低，强度越高，流动性越小，水玻璃掺量越大，高钛矿渣基体的强度越高，但水玻璃掺量过高时，基体强度增加大幅减缓。水玻璃在水中水解生成强氧化钠和含水硅胶，氢氧化钠在反应中起催化作用，促使玻璃态硅氧网络解体，释放出的 Al^{3+}、Si^{4+} 等离子与含水硅胶重新聚合，生成新的凝胶产物（包括 C-S-H、C-A-S-H、N-A-S-H 等），从而提高基体整体力学性能[39]。

4.1.3　高钛矿渣基多元复合胶凝材料

多元复合辅助性胶凝材料可通过微骨料效应、形态效应、界面效应、火山灰效应的复合，实现 "1+1 > 2" 的性能叠加效果。首先，复合胶凝材料水化过程中不同粒径的胶凝材料颗粒互相填充，减少颗粒间空隙、减少基体凝结硬化后的总孔隙率；其次，辅助性胶凝材料的颗粒形貌、细度、颗粒分布对水化程度及硬化性能有不同程度的影响，多元复合胶凝材料体系可通过形态互补的方式，改善水泥基材料的微观结构及性能；再者，复合辅助性材料水化过程消耗部分氢氧化钙并形成 C-S-H 等水化产物，抑制氢氧化钙在界面过渡区的大量生长，且多元辅助性胶凝材料之间因水化速率差异，可实现水泥基材料早期、后期强度的持续叠加增长。此外，多元辅助性胶凝材料之间可相互激发产生复合胶凝效应，有效保证材料后期强度增长。

在满足磨细高钛矿渣粉大掺量情况下，通过复合多元材料，可制得高等级复合硅酸盐水泥和道路硅酸盐水泥。高钛矿渣粉的掺入不会改变水泥水化产物种类，高钛矿渣粉混合一定量的其他材料（如，普通矿渣、粉煤灰、石灰、固硫灰等）不仅不会降低水泥的后期力学性能，还可改善水泥石的硫酸侵蚀性能，降低总孔隙率，改变孔隙结构。利用优势互补的特点可获得性能优于 S75 级矿粉的高钛矿渣基复合辅助性胶凝材料。例如，高钛矿渣 - 固硫灰体系，两者复合可以改善固硫灰吸水量大问题；同时固硫灰中活性 SiO_2 和 Al_2O_3 含量高，且自身含有少量起激发作用的 f-CaO 和硫酸盐组分可激发高钛矿渣的火山灰活性，二者可实现有效协同。此外，"石膏＋石灰""钢渣＋硅灰"也可对高钛矿渣活性起到一定激发作用[40]。对比来看，机械活化、化学激发和多元复合方式是提高磨细高钛矿渣粉活性的有效措施（图 2）。

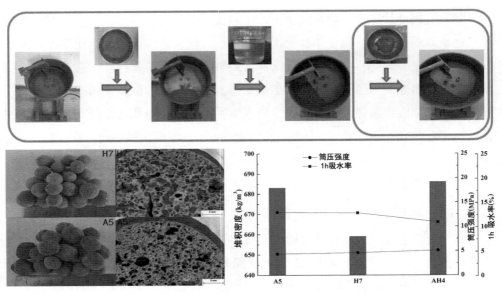

图 2　钛矿渣多元复合辅助性胶凝材料制备陶粒及性能

4.2　高钛矿渣骨料利用技术

我国一半以上地区出现天然砂石骨料资源严重短缺的现象，天然骨料过度开采也导致了河流、湖泊生态环境破坏及堤坝桥梁倒塌等诸多问题和隐患。近年来，各级政府不断加大对天然骨料开采的监管力度，多地出台禁采政策，并鼓励和支持机制砂发展。机制砂的原料来源丰富，可通过利用矿山废料、建筑垃圾及工业固废实现资源的重复再利用，有效缓解天然骨料日渐枯竭和产能紧张的问题。骨料作为砂浆、混凝土的骨架被要求具有较好的化学稳定性和较高的抗压碎强度。自然冷却高钛矿渣强度高、耐磨性好，被认为具有作砂浆、混凝土骨料的潜质。

4.2.1　高钛矿渣作骨料在普通砂浆和混凝土中的应用 [3,26,28-32,40-41]

高钛矿渣粗、细骨料由高钛矿渣分级破碎制成，主要由表面粗糙多孔的骨料颗粒和部分微粉组成，高钛矿渣微粉因具有火山灰活性不宜被当作骨料含泥量处理。高钛矿渣作骨料的应用可追溯到 20 世纪 60 年代。

高钛矿渣破碎后可替代天然砂、石，制备高钛矿渣骨料混凝土。当高钛矿渣完全替代砂、石时，通常称为全钛渣混凝土。与天然骨料混凝土相比，高钛矿渣骨料混凝土具有更优异的抗压强度和劈裂强度，混凝土后期强度增长较大。在强酸作用下，高钛矿渣混凝土抗压强度不降低；其抗氯离子渗透、抗海水腐蚀、抗碳化性能均较优异；且高钛矿渣混凝土不存在体积安定性问题。高钛矿渣骨料混凝土比天然骨料混凝土性能优异（图3、图4）。

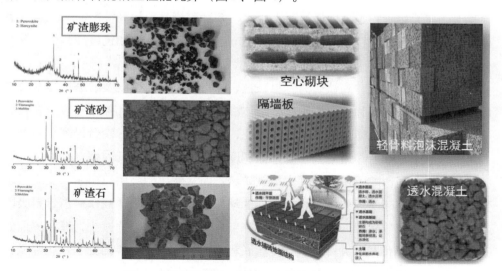

图3　高钛矿渣作骨料制备水泥基材料及其制品

图 4　钛矿渣作辅助性胶凝材料及骨料制备墙板

　　然而，因自然冷却型高钛矿渣密度较大，普通混凝土水灰比较大时，容易出现泌水、离析现象，且因为骨料颗粒粗糙多孔导致拌和物经时损失较大，故利用高钛矿渣骨料制备砂浆、混凝土时需根据工程实际合理调整水灰比和减水剂用量。

4.2.2　高钛矿渣超高性能混凝土 [42-43]

　　近年来高钛矿渣的综合处置量增长明显，高钛矿渣作混凝土骨料是公认的效率最高的处置方式。高钛矿渣颗粒本身强度较高、稳定性好，具有成为优质骨料的潜质，若仅用于普通甚至低强度等级混凝土则与其优异的性能不匹配，故而高钛矿渣作为超高性能混凝土骨料正逐步被研究。

　　高钛矿渣全部替代天然粗、细骨料，采用实际最紧密堆积法并控制水泥用量在 500kg/m³ 以内、固废利用率大于 70%，可制备强度等级超过 C120 的超高性能混凝土。与天然骨料超高性能混凝土相比，高钛矿渣骨料超高性能混凝土具有更高的早期水化程度和抗压强度，优异的抗冻融循环、抗碳化和抗硫酸盐侵蚀等耐久性能，证实了高钛矿渣用作超高性能混凝土骨料的可行性。

　　与天然骨料相比，高钛矿渣骨料颗粒表面粗糙多孔、强度及耐磨性高、含少量玻璃相。混凝土拌和、成型阶段，浆体渗入高钛矿渣骨料孔隙内并覆盖在孔壁及颗粒表面，增加浆体与骨料的接触面积，并通过机械嵌固、咬合提高界面黏结力。机械嵌固、咬合作用的大小受浆体稠度、高钛矿渣骨料孔隙率、孔径和孔壁粗糙程度的共同影响。水化过程中高钛矿渣不断从浆体中吸附自由水，实现"水分交换"，并不断实现浆体与骨料湿度的动态平衡。一方面，高钛矿渣骨料吸附浆体中自由水后导致界面处浆体水灰比降低，界面过渡区尺寸减小，减小界面处 $Ca(OH)_2$ 的晶体尺寸并降低其定向生长程度。另一方面，界面处水灰比降低，水泥颗粒浓度提高，促进水泥水化。此外，随着水化的进行，水泥基体中水分不足，高钛矿渣释放孔隙中自由水，补充水泥水化所需水分，这不仅延缓浆体混凝土内部湿度的降低，还可以改善高钛矿渣高性能混凝土的自收缩，而且通过内养护作用增强界面结构。界面处的水分交换作用受高钛矿渣吸水率、骨料颗粒间隙和骨料孔隙结构影响。然而，物理作用和化学作用过程几乎同时发生且相互影响。高钛矿渣骨料主要由钛辉石、钙钛矿、巴依石和尖晶石等矿物组成，颗粒表层覆盖少量玻璃相，具有潜在的微弱火山灰活性。当水泥熟料矿物不断水化生成 $Ca(OH)_2$，浆体 pH 增大，促进水泥进一步快速水化的同时，激发高钛矿渣表层玻璃相参与火山灰反应生成 C-S-H 及其衍生物，覆盖在骨料颗粒表面，填充在界面间隙，提高界面密实度，表现出一定的"自愈合"功能。此时，高钛矿渣高性能混凝土界面过渡区已成为水分和离子富集的扩散层。

4.3　高钛矿渣制备功能建材

4.3.1　高钛矿渣制备微晶玻璃[44]、微晶铸石[45-46]

微晶玻璃的基础玻璃成分及制备过程热处理制度均对晶体的析出与长大有明显影响，而晶相析出与分布直接影响微晶玻璃的机械性能、耐腐蚀性能。TiO_2 是一种良好的晶核形成剂，适宜掺量范围可降低玻璃结晶温度，改善基础玻璃的析晶与晶化过程。但当 TiO_2 含量过高时，会在形核阶段析出大量晶核，且在晶粒长大阶段由于生长空间所限，晶粒之间相互挤压，导致微晶玻璃结构疏松进而降低微晶玻璃性能，尤其是抗弯强度。同时，微晶玻璃的碱度对其析晶及性能有重要影响。根据高钛矿渣的化学、矿物成分，可利用其自身 TiO_2 作晶核剂，制备得到密度、维氏硬度、抗弯强度及耐酸碱腐蚀性能均较优异的硅酸盐类微晶玻璃。但以钛矿渣原渣为主要成分制备微晶玻璃时，其基础玻璃结构不稳定，容易析出钙钛矿晶体。适量 SiO_2 的掺入可提高析晶温度，制备得到具有稳定玻璃体、晶相仅为透辉石且抗压强度超过 80MPa 的微晶玻璃。

矿渣微晶铸石因结晶颗粒细而均匀，机械强度较普通铸石高，且耐磨、耐腐蚀性能优良，有望扩大铸石代钢的使用范围。微晶铸石还可制成各色板材，作建筑饰面材料、地面材料使用时，其耐风化性能优于大理石和花岗岩。以含钛高炉渣及硅砂为主要原材料，掺入少量硫酸钠、萤石等，在 1450℃左右熔化、成型、热处理可制备得到密度约 2700kg/m³、莫氏硬度约 6.5、抗折强度约 110MPa、抗压强度约 700MPa 的矿渣微晶铸石。研制矿渣微晶铸石的关键是控制结晶，含钛高炉渣微晶铸石的主要结晶相为透辉石、硅灰石及黄长石（图5）。

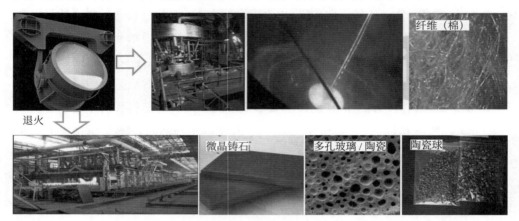

图5 钛矿渣制备微晶玻璃、微晶铸石、矿渣棉、多孔陶瓷

4.3.2 钛矿渣制备矿渣棉[47]、多孔陶瓷[48]

高钛矿渣玻璃具有较好的耐碱性能，通过工艺调整可制成纤维。但由于该玻璃料性短，对铂铑合金的浸润较小，拉丝难度较大。采用 SnO_2 作漏板，以单孔喷吹方式可制备得到直径约 15μm 的钛矿渣纤维。

多孔陶瓷具有质量轻、孔隙率高、热导率低等优点，在国防、化工、建筑等行业得到广泛应用。以高钛矿渣、微硅粉为主料并加工业氧化镁、氧化铝作辅料，可制备出多孔陶瓷，该多孔陶瓷基体中含有董青石、钙长石和尖晶石三种晶相，三者相互交织堆积在一起，使基体强度较高。但当高钛矿渣掺量从25%增加至40%时，其引入亚铁离子含量增加，基体因"缺氧"导致黏度增大，使多孔陶瓷的孔隙率降低、连通孔数量减少且孔形逐渐不规则化。可见，适宜的高钛矿渣掺量是制备性能优异多孔陶瓷的重要条件。

5 结语

高钛矿渣处理处置中，建材资源化利用的优势在于大幅提高高钛矿渣的综合利用率。现阶段，建材资源化技术基本解决了高钛矿渣大量排放堆存所带来的占地、环境污染等现实难题。未来，从高钛矿渣的提钛尾渣再利用和进一步赋予高钛矿渣新的特殊功能、性能两个技术路径着手，实现高钛含量与高钛矿渣使用功能、价值的同步匹配将成为钒钛钢铁及建材领域科研工作的重点方向。

参考文献

[1] 王雪峰.我国钒钛磁铁矿典型矿区资源综合利用潜力评价研究 [D] .北京：中国地质大学，2015.

[2] 敖进清.高钛型高炉渣微粉特性及其在高性能混凝土中的应用 [D] .武汉：武汉科技大学，2002.

[3] 杨华美.高钛矿渣作为水工混凝土掺和料及骨料性能研究 [D] .武汉：长江科学院，2010.

[4] 李玉梅，娄太平，隋智通.含钛高炉渣中钛组分选择性富集及钙钛矿结晶行为 [J] .中国有色金属学报，2000，10（5）：719-722.

[5] 敖进清.磨细高钛高炉渣水化特性研究 [J] .钢铁钒钛，2004，25（4）：43-46.

[6] VIONOKUROV Y I,PANFILOV M I,GOLOV G V,et al. Production of foamed titanium slag [J] .Metallurgist，1977，20（3）：180-182.

[7] SADYKHOV G B,GONCHAROV K V,OLYUNINA T V,et al.Phase composition of the vanadium-containing titanium slags forming upon the reduction smelting of the titanomagnetite concentrate from the Kuranakhsk deposit [J] .Russian Metallurgy（Metally），2010（7）：581-587.

[8] NIKOLAEV A I,BRUSNITSIN Y D,VASILIEVA N Y,et al. Production of Welding Materials from Minerals of North-West Russia [J] .Mineral Processing and Extractive Metallurgy Review,2001，22（1）：273-278.

[9] PISTORIUS P C,COETZEE C.Physicochemical aspects of titanium slag production and solidification [J] .Metallurgical and Materials Transactions B，2003，34（5）：581-588.

[10] TOROMANOFF I,HABASHI F.Transformation of a low-grade titanium slag into synthetic rutile [J] .Elsevier,1985，15（11）：65-81.

[11] TOROMANOFF I,HABASHI F.The composition of a titanium slag from sorel [J] .Journal of the Less Common Metals,1984，97（2）：317-329.

[12] SAMAL S.Synthesis and Characterization of Titanium Slag from Ilmenite by Thermal Plasma Processing [J] .JOM，2016，68（9）：2349-2358.

[13] MACIEJ J.Investigation of thermal power of reaction of titanium slag with

sulphuric acid [J] . Open Chemistry,2010，8（1）：149-154.

[14] LAXMI T,MOHAPATRA R,BHIMA R R.Preliminary investigations on alkali leaching kinetics of red sediment ilmenite slag [J] .Korean Journal of Chemical Engineering,2013，30（1）：123-130.

[15] KIUCHI S J,OKAHARA Y.The Study on the Chlorination of High Titanium Slag in Fluidized Bed [J] .Journal of the Mining and Metallurgical Institute of Japan,1961，77（872）：115-120.

[16] SAMUEL M T,NICHOLAS W,ANTOINE A,et al.Electrochemical behaviour of titanium-bearing slag relevant for molten oxide electrolysis [J] . Electrochimica Acta,2020，354（7）：136619.

[17] 白永忠，佟田林 . 用钛矿渣作矿化剂提高熟料质量 [J] . 建筑材料工业，1961（1）：27-28.

[18] 南京玻纤院定长室 . 用含钛矿渣熔制耐碱矿棉 [J] . 玻璃纤维，1978（1）：6.

[19] 杨基典，王文义，尚衍成 . 钛矿渣作水泥混合材料的研究 [J] . 水泥与房建材料，1988（1）：11-14+35.

[20] 方荣利，金成昌，陈飞 . 利用攀钢钛矿渣生产复合水泥的试验 [J] . 水泥技术，1994（5）：21-24+20.

[21] 张军伟 . 含钛高炉渣的熔渣特性及其应用研究 [D] . 武汉：武汉科技大学，2010.

[22] 谭克锋，潘宝凤，李玉香，等 . 利用钛矿渣生产混凝土空心砌块的可行性研究 [J] . 新型建筑材料，2004（8）：44-45.

[23] 何志军 . 应用磨细高钛矿渣配制混凝土的相关试验研究 [J] . 中国港湾建设，2004（6）：4-7.

[24] 余韵 . 粒化高炉钛矿渣制作矿渣微粉研究 [J] . 攀枝花科技与信息，2007，32（1）：6.

[25] ZHANG Z M，DONG X L. Hydration Properties and Sulfate Attack of Composite Cement Mixed with High Titanium Slag [J] . Key Engineering Materials，2016，680：439-446.

[26] 范志 . 钛矿渣—固硫灰辅助性胶凝材料的性能研究 [D] . 绵阳：西南科技大学，2015.

[27] 李晓英 . 固硫灰—钛矿渣复合辅助性胶凝材料对水泥与减水剂相容性的影

响 [D]．绵阳：西南科技大学，2015.

[28] 肖斐．钛渣混凝土性能的研究 [D]．重庆：重庆大学，2004.

[29] 何小龙．全高钛矿渣混凝土的研究与应用 [D]．重庆：重庆大学，2006.

[30] 孙金坤．全高钛重矿渣混凝土应用基础研究 [D]．重庆：重庆大学，2006.

[31] 游天才．高钛重矿渣混凝土应用技术研究 [D]．武汉：武汉科技大学，2007.

[32] 李奎．高钛重矿渣混凝土装配式叠合板轻量化及力学性能研究 [D]．成都：西华大学，2019.

[33] 江海民．高钛重矿渣集料制备高性能混凝土的研究与应用 [D]．武汉：武汉理工大学，2011.

[34] ZHOU Z R, ZHANG Y J, DONG P, et al. Electrolytic synthesis of TiC/SiC nanocomposites from high titanium slag in molten salt [J]．Ceramics International,2018, 44 (4)：3596-3605.

[35] REN G K, WANG X L, ZHANG Z Y, et al. Characterization and synthesis of nanometer magnetite black pigment from titanium slag by microwave-assisted reduction method [J]．Dyes and Pigments, 2017, 147 (7) :24-30.

[36] REN G K,WANG X L,ZHENG B H,et al. Fabrication of Mg doped magnetite nanoparticles by recycling of titanium slag and their application of arsenate adsorption [J]．Journal of Cleaner Production, 2020, 252 (4) :119599.

[37] HU Z Y.Study on Preparation of Titanium Dioxide from Low Iron and Rich Titanium Slag with Acid Hydrolysis Technical [J]．Advanced Materials Research, 2012, 1915 (7)：682-686.

[38] 马林,何顺爱．钛矿渣对泡沫混凝土性能的影响研究[J].混凝土与水泥制品，2015 (12)：79-82.

[39] 罗健．钛矿渣免烧轻质陶粒的制备及其性能研究 [D]．绵阳：西南科技大学，2017.

[40] 王帅．高钛矿渣 - 钢渣 - 硅灰复合矿物掺合料在混凝土中的应用研究 [D]．绵阳：西南科技大学，2021.

[41] 肖超．利用固硫灰和高钛矿渣制备普通湿拌砂浆的研究 [D]．绵阳：西南科技大学，2015.

[42] 李晓英 . 高钛矿渣高性能混凝土性能及其浆 - 骨界面作用机制研究 [D] . 绵阳：西南科技大学，2021.

[43] 陈嘉琨 . 水淬高钛矿渣轻质高强混凝土的制备及其性能研究 [D] . 绵阳：西南科技大学，2021.

[44] 周明凯，林方亮，陈立顺，等 . SiO$_2$ 含量对钛矿渣微晶玻璃晶化行为的影响 [J] . 硅酸盐通报，2022，41（4）：1133-1140+1147.

[45] 亢德华，于媛君，邓军华，等 . 熔融制样 -X 射线荧光光谱法测定微晶铸石中 6 种组分 [J] . 冶金分析，2018，38（8）：32-36.

[46] 杨永钊 . 矿渣微晶铸石的研制 [J] . 建材研究院院刊，1979（1）：8-17.

[47] 程西亚，庞焯刚，宁顺利，等 . TiO$_2$ 含量对酸性低钛矿渣棉熔体粘度和结构的影响 [J] . 冶金能源，2022，41（1）：28-32.

[48] 杨益 . 多种固废协同制备复相多孔陶瓷工艺及性能研究 [D] . 绵阳：西南科技大学，2022.

作者简介

张以河 俄罗斯工程院、俄罗斯自然科学院外籍院士，国务院政府特殊津贴专家，泰山学者，中国地质大学（北京）教授（二级）、博士生导师，非金属矿物与固废资源材料化利用北京市重点实验室主任、全国循环经济工程实验室主任、自然资源部矿区生态修复工程技术创新中心副主任，科睿唯安"全球高被引科学家"、全球前万名顶级科学家。分别获得北京理工大学学士、哈尔滨工业大学硕士、中国科学院博士学位，香港理工大学博士后；历任中国地质大学（北京）材料科学与工程学院院长、资源综合利用与新材料创新团队首席科学家，香港理工大学研究员、香港城市大学研究员，中国兵器非金属材料研究所高工、总体规划，先后在美、澳、德、荷、加等国家合作研究或访问。兼任中国复合材料学会矿物复合材料专委会主任委员、中国环境科学学会固废分会副主任、中国微纳技术学会理事、中国材料研究学会理事、中国矿产资源与材料应用联盟理事、中国地质学会盐湖环境资源专委会副主任、中国硅酸盐学会固废与生态材料分会常务理事、中国循环经济协会全国尾矿综合利用产业技术创新战略联盟/废旧纺织品综合利用专委会副主任。发表论文 700 余篇（SCI 他引 2.6 万次，H 指数 84），授权发明专利 100 余项部分转化，获多项科技奖，主编专著/教材 10 部。

王新珂 博士。主要从事矿物复合材料、矿产资源综合利用研究及产业化工作。合作申请专利 12 项、授权 8 项，发表论文 10 余篇。参与国家或部级项目 4 项以及企业横向课题多项。

作者简介

张　娜　博士，副教授，博士生导师。主要从事矿物复合生态环境材料、固废资源材料化利用、尾矿基 3D 打印建筑材料研究。主持国家自然科学基金 3 项、中央高校基本科研业务费 3 项，参与国家科技支撑计划、美国能源部项目等 10 余项。发表 SCI 论文 50 余篇，授权发明专利 10 余项。

吕凤柱　博士，副教授，博士生导师。长期从事环境响应型药物缓释载体与环境治理功能复合材料制备和应用研究，主持或参加多项科研项目，以第一作者或通讯作者发表 50 多篇高水平 SCI 论文，授权发明专利 6 项，获得自然资源科学技术奖二等奖。

周凤山　中国地质大学（北京）材料科学与工程学院教授，博士生导师。长期从事油田化学及油气田环境污染控制等领域科学研究，在工农业副产物材料化利用开发油田化学品、废弃钻井液/压裂返排液/稠油油泥无害化与资源化、黏土矿物材料深加工等方向有研究专长。先后主持或承担各类科研课题 40 多项，获得中国发明专利授权 26 项，发表学术论文 70 余篇，参撰《钻井流体工艺原理》《钻井完井废弃物治理实用技术》《完井液与修井液》等石油科学专著 6 部。

赤泥与尾矿绿色低碳矿物复合材料研究及应用

张以河　王新珂　张　娜　吕凤柱　周风山

1　赤泥与尾矿简介

　　赤泥是氧化铝过程中产生的强碱性副产物，在我国是排放量最大的工业固废之一，国家统计局数据显示，2021 年中国氧化铝产量为 7747.5 万吨，估算赤泥每年新增 1.1 亿吨左右。从目前国内外生产情况来看，国外多采用拜耳法，国内主要采用改进拜耳法和拜耳法，而采用烧结法和联合法较少。目前国内外氧化铝及相关企业已开展大量赤泥综合利用的研究或产业化工作，但由于赤泥的排出量大于实际消耗量，赤泥大部分被输送到堆场，或者采用筑坝湿法或干法堆存，都对土壤和地表、地下水源造成污染或出现漏坝、垮坝事故。2022 年《关于加快推动工业资源综合利用的实施方案》中对赤泥综合利用有明确要求。

　　尾矿是在采矿或选矿过程中产生的固废，如铁矿石经过分选工艺选取铁精矿后剩余的废渣，是工业固废的主要组成部分。2019 年我国产生大宗工业固废产生量约为 36.98 亿吨，尾矿占比约 34.39%，铁尾矿产出量平均 5～6 亿吨 / 年。目前我国尾矿产出量主要来源于黑色金属矿采选业和有色金属矿采选业，主要包括铁尾矿、铜尾矿和有色金属尾矿，其中铁尾矿占比超过一半。2021 年我国铁尾矿产量 5.43 亿吨，铜尾矿产量 3.34 亿吨，黄金尾矿产量 1.95 亿吨。尾矿利用量小于新增量，而大量的尾矿以固废的形式存储于尾矿库中，2021 年我国尾矿综合利用率增长至 32.7%，在国家大力发展绿色循环经济、鼓励技术创新、激发民营资本投入尾矿综合利用项目的背景下，我国尾矿综合利用的潜力较大。

　　随着生态文明建设的发展，与碳中和、固废资源化循环利用制备新材料等国家战略需求有关的节能环保战略性新兴产业日益受到重视，围绕解决赤泥、尾矿大宗固废利用这一难题，国内外学者对赤泥、尾矿开展了大量研究，部分实现了产业化，对于解决赤泥、尾矿的利用和生态环境可持续发展具有重要引领作用。

本团队在多年开展系统研究的基础上，将矿物资源的高效利用和工业固废的环境污染治理与制备矿物复合新材料相结合，在材料科学与工程、地球科学、环境工程、冶金、矿物加工、化学化工等领域进行了一些交叉融合的尝试。

2 低碳矿物复合材料技术

赤泥与尾矿综合利用制备绿色低碳矿物复合新材料技术，可解决赤泥、尾矿等多固废资源的环境污染、占用土地和利用率低以及高附加值矿物复合材料技术和功能化（如耐腐蚀、阻燃、抗菌等）的问题，符合《关于加快推动工业资源综合利用的实施方案》要求。针对赤泥与尾矿的材料化利用研究方向主要包括但不限于以下几类：①脱硫和碳中和材料；②低碳矿物复合板材与管材技术；③赤泥与尾矿基绿色建筑材料，包含免烧绿色建材、烧结功能材料，如保温材料、微晶玻璃、多孔材料等；④赤泥-尾矿胶凝材料及3D打印建筑构件技术、路基材料等；⑤矿物复合环境修复材料；⑥水处理用吸附与絮凝材料；⑦矿井充填胶凝材料。

2.1 脱硫与碳中和材料

燃煤或化工生产过程中产生的酸性废气是温室效应、雾霾等环境问题的主要来源之一，对环境造成相当大的危害，赤泥是高碱性固废粉体或浆料，其资源化利用过程中经常存在泛碱问题，需要脱碱处理，现有的脱碱方法主要是高温、高压石灰脱碱，对工厂设备及能源成本要求比较高。

本团队通过利用赤泥与工业燃煤烟气中酸性气体成分进行协同处理，同步借助燃煤锅炉使用过程排出大量的余热提供反应所需热源，达到利用赤泥脱除二氧化硫和实现二氧化碳中和的脱硫脱碳效果。此外，利用调质赤泥、白云石、蛭石等粉体制备调质赤泥-矿物材料协同燃煤固硫剂，固硫率达到80%，使拜耳法赤泥的利用率得到提高。采用赤泥实现部分或全部代替石灰等用于脱硫和碳中和材料，对于降低燃煤锅炉脱硫脱碳成本、促进碳达峰碳中和发展具有重要意义和实用价值。

2.2 低碳矿物复合板材与管材技术

目前已自主研发并生产多种矿物复合板材、管材，根据材质可分为以下几类：聚氯乙烯（PVC）模板和装饰板、聚乙烯（PE）复合板材、挤塑聚苯乙烯塑料板、木塑复合板材等。由于石油资源的逐步匮乏，树脂成本大幅度上升，利用无机粉体填充塑料（如聚丙烯、PE、PVC）制备复合材料，可降低制品的成本，减少资源的消耗。通过不同种类无机粉体填充塑料制备的复合材料可以提高或赋予材料优良的理化性能。如材料的力学性能，包括拉伸强度、断裂伸长率、弯曲强度、冲击强度等，以及材料的耐热性能等。传统的无机粉体填料种类包括多种：碳酸钙、金属纤维、碳系填充剂、二氧化硅、硅灰石、空心玻璃微珠、滑石粉、水镁石、白云母以及其他矿物粉体。目前在高分子板材与管材填料中使用数量最大、应用面较多的粉体是碳酸钙，其次是滑石粉等。据统计，这些粉体填充复合材料年产量已超过 3000 万吨，粉体填料添加量占塑料总质量大于 50%，目前我国塑料工业每年使用的各种规格的塑料填充粉体在 1500 万吨以上。通过上述数据可以看出，目前塑料填料行业中对粉体填料的需求量相当大，并且随着塑料行业的快速发展，粉体填料的需求量必将进一步增大，其市场不容忽视。

本团队研发的"替代木材战略"系列低碳矿物复合板材和管材新技术，关键技术之一是采用赤泥与尾矿等固废经过处理和表面改性后，代替传统的木粉及碳酸钙、滑石粉天然矿物，节约木材与矿石资源，有效减少尾矿等固废资源堆存。借助赤泥、尾矿的有价成分和物理、化学特性，进一步发挥与纤维材料的协同增强增韧作用，改善提高了有关材料和产品的性能，应用于室内装饰低碳无甲醛矿物复合板材、建筑模板、栅栏、托盘、包装箱、快递箱等制品方面，部分样品见图 1 和图 2，具有良好的经济效益和社会环境效益。

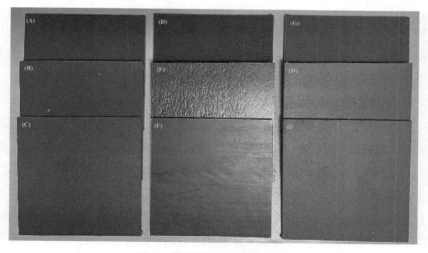

图 1　低碳矿物复合板样品图

图 2　赤泥与尾矿等固废矿物复合板材样品图

2.3　赤泥与尾矿基绿色建筑材料

2.3.1　赤泥与尾矿免烧材料

赤泥与尾矿免烧材料以赤泥、尾矿、粉煤灰、淤泥、石粉、炉渣、竹炭中的一种或多种为主要原料，通过预处理、混料、成型等系列工艺制成，具有高强、保温、隔热、轻质、节能等优点，且可以适合现代化建筑需求。从社会效益和经济效益来看，赤泥与尾矿免烧材料工艺简单、设备少、投资小，也可以利用劣质土、含砂山土、页岩等原料，有利于开山造地、保护农田和森林。在劳动生产率方面，也比烧结砖提高 1.5~3 倍，且产品外观整齐美观，很适合广大农村，特别是经济发展较慢的边远地区和山区开发，为我国农村地区的墙体材料提供了新的途径。

2.3.2　以赤泥与尾矿为原料制备多孔保温材料

多孔保温材料是以赤泥与尾矿等固废通过湿法成型和干法成型，经过高温烧结制备成品，形成含有孔洞、导热系数较低的材料产品。

（1）以赤泥与尾矿为主要原料湿法制备多孔保温材料

以赤泥与尾矿为主要原料，烟尘碳粉为高温发泡剂，双氧水为低温发泡剂，羧甲基纤维素等作为稳泡剂，采用发泡成型方式，制备出多孔保温材料，通过二次发泡，可制备出低导热系数赤泥 - 尾矿基多孔保温材料。

（2）干法工艺制备保温材料

干法工艺一般直接采用固体粉末与不同介质磨碎混合，经过高温烧结制备目标材料及制品。对于以赤泥和尾矿为原料制备建材的干法工艺就是把原料采用球磨、气流粉碎、钢磨粉碎，使原料粒径变小后用混合机把原料混合均匀，再采用静压成型、冲压成型等手段，制成具有一定形状（砖形、圆柱形）的坯体，进行高温烧结、保温提高强度，得到最后成品。一般干法需要的温度和压力较高，设备也比较大，但通过控制工艺过程，产生的污染会很少。

无论是拜耳法形成的赤泥还是烧结法形成的赤泥，原料中大都含有针铁矿、一水铝石、二水铝石、三水铝石、铝硅酸钠或钙盐、无定形二氧化硅等矿物物相。这些物质如针铁矿、一水铝石、二水铝石、三水铝石结构加热到 800℃，脱水并与无定形二氧化硅反应形成钠长石或钙长石，钠长石和钙长石是具有三维结构的稳定化合物，在高温下，不同组分间融合反应形成三维网状结构，提升了材料的力学性能和承载能力，作为建筑材料应用是可行的。

2.3.3 以赤泥与尾矿为原料制备陶瓷材料、微晶玻璃

随着建筑陶瓷行业的迅速发展，陶瓷砖年产量近 40 亿平方米，但用于陶瓷砖的天然矿物资源日益减少，使得陶瓷（砖）行业的原料供应紧缺。利用赤泥、尾矿等不同矿物资源，通过混料造粒、压制成型、干燥、烧制成型，可制备出符合要求的陶瓷材料及制品，为陶瓷行业提供了一种有效生产途径。陶瓷材料中含有大量玻璃相，主要由赤泥、尾矿中的氧化铁、氧化钙、石英成分形成，玻璃相在高温条件下能填充气孔，与钙长石等物质交错，在陶瓷内部形成网络结构，提高了陶瓷的强度。

微晶玻璃的结构和性能与陶瓷不同，玻璃微晶化过程中的晶相是从单一均匀玻璃相或已产生相分离的区域，通过成核和晶体生长而产生的致密材料；而陶瓷材料中的晶相，除了通过固相反应出现的重结晶或新晶相以外，大部分是在制备陶瓷时通过组分直接引入的。微晶玻璃因其优良的性能而广泛应用于建筑、机械工程、电子工业、航空航天、国防军事和生物医学等领域。

目前，利用赤泥与铁尾矿制备微晶玻璃主要以实验室研究为主，不同类型赤泥与尾矿组分之间波动比较大，给实际生产中的原料选择和工艺制造带来很大难度。多数固废中钙、镁等含量较高，对材料成型的影响较为明显，如何在保障固废利用率的同时解决材料的成型是材料核心技术之一。

2.4 赤泥与尾矿基胶凝材料

2.4.1 赤泥与尾矿胶凝材料——3D 建筑构件技术

3D 打印技术诞生于 20 世纪 90 年代中期，已在航空航天、工业设计、机械

制造（汽车、摩托车）、文化艺术、军事、建筑等诸多领域得到应用。据前瞻产业研究院发布的《3D打印产业市场需求与投资潜力分析报告》数据显示，2012年中国3D打印机市场规模达到1.61亿美元，至2016年，中国3D打印产业规模达到11.87亿美元约80亿元人民币，复合增长率为49%。2020年2月1日，根据3D Hubs发布的《2020 3D打印趋势报告》，在未来五年中，3D打印市场平均将增长24%，到2024年将达到350亿美元。

随着各国对3D打印技术的重视，越来越多的公司、设计室等研发3D打印技术在建筑行业进行应用。研究较多的建筑3D打印技术可以分为三种：轮廓工艺、D-shape、混凝土打印技术（自由形体建造）。

国内建筑3D打印机多是采用桁架式结构，打印精度可控，其中盈创采用装配式方式，已承接美国时速1200千米的超级高铁项目，已完成迪拜某办公室和苏州某景区环保厕所的构建，中国建筑股份有限公司目前的设备已经成功实现了建筑构件和实体房屋的3D打印，实施效果良好，对其自主研发的材料连续性施工情况下的工作性、黏结性和打印强度进行了应用验证，为大型建筑3D打印机和打印材料的应用作好了技术储备。2014年上海盈创公司自主研发的6.6m×10m×150m的3D打印设备，并在24h内打印出来十幢有着纹理的完整的房子，这些建筑的墙体"油墨"材料主要是建筑垃圾、工业垃圾、水泥，通过加入玻璃纤维等助剂调节材料性能，此外也同时打印了各种小型构件，如图3所示。

图3　打印成型实物图

以赤泥与尾矿为原料制备3D打印建筑用材料，其中涉及具有胶凝特性的矿物材料、不同地区的赤泥和尾矿、纤维种类及长度，在打印过程中所用原料比例关系、打印材料的凝结时间、外加剂种类、用量等，是研究3D打印建筑用材料成型的关键因素。3D打印整体工艺包含试验过程中的物料系统、搅拌系统、泵（送）

料 - 机械臂系统，其中打印材料与设备适配性是成型的重要工序之一，打印构件每层打印时间设定和打印过程浆料的流动度控制，是打印材料的必要条件，根据相关设备参数稳定运行，打印才可以较为流畅进行（图 4）。此外，打印材料的力学性能、早期抗裂特性、耐久性和安全特性是检验 3D 打印构件材料作为建筑主体材料的重要方面。

图 4　赤泥与尾矿胶凝材料——3D 建筑构件技术

研究发现利用赤泥与尾矿作为主要原料制备 3D 打印胶凝材料，可以极大地促进 3D 打印发挥其最大的经济效益和环保潜力。通过对尾矿、赤泥的处理，对于矿物的不同形式转化提供了研究途径，也为研究地质过程中化学作用机制和条件、元素的共生组合及其赋存形式及元素的迁移和循环提供了条件。

2.4.2　赤泥与尾矿胶凝材料—路基材料

路面基层是在路基（土基）垫层表面上用单一材料或混合料按照一定的技术措施分层铺筑而成的层状结构。基层是直接位于沥青面层下用高质量材料铺筑的主要承重层，或直接位于水泥混凝土面板下用高质量材料铺筑的结构层，是路面结构中的重要组成部分。具有较高强度、刚度和稳定性的基层才能保证面层结构的良好使用品质。路面基层底基层可分为粒料类、无机结合料稳定类和有机结合料稳定类。

在粉碎的或原状松散的土中掺入一定量的无机结合料包括赤泥、尾矿、水泥、石灰等工业品或废渣，与水拌和得到的混合料在压实与养护后，其抗压强度符合规定要求的材料称为无机结合料稳定材料，以此修筑的路面基层称为无机结合料稳定基层，其具有稳定性好、抗冻性能强、结构本身自成板体等特点，但其耐磨性差，因此广泛用于修筑路面结构的基层。无机结合料稳定类基层常用类型有水泥稳定类、石灰稳定类、综合稳定类、工业废渣类。其强度不仅与使用材料本身性质有关，更主要的是无机结合料加水拌和碾压后发生的一系列物理 - 化学作用，强度随时间增长而逐渐提高。

2.5 矿物复合生态修复材料

缓释肥料广义上讲，是指能够较大程度延长养分释放时间的一类肥料，狭义上说肥料养分释放的速率与作物需要或者吸收的速率相同或基本相同的一类肥料。世界标准组织认为缓释肥料应该是所含养分主要以化合物或物理状态存在方式作用于植物，延长植物对养分的吸收时间。美国学者 Shaviv 则把缓释肥料理解为"一种采用物理、化学、生物手段使肥料在土壤中缓慢释放，延长肥料对作物的作用时间"。我国的国家标准《缓释肥料》（GB/T 23348—2009）中规定"缓释肥料"是通过养分的化学复合或物理作用，使其有效养分对作物随时间而缓慢释放的化学肥料。

世界上首次合成具有缓释效果的肥料是缓释缩合肥料尿素——甲醛，随后日本、德国、英国等发达国家开始研究缓释肥。缓释肥料分为缓释肥与控释肥两大类型。缓释肥是指所含的养分以化合的或物理的状态存在，从而延长其养分对植物的有效性。控释肥是缓释肥的高级形式，其可溶性养分粒子通过包覆、包膜等方式变成在土壤溶液中具有微溶性的粒子，从而使其肥效作用于整个作物生长期。生物或化学作用下可分解的有机化合物（如脲甲醛 UF）肥料通常被称为缓释肥（SRF），而对生物和化学作用等因素不敏感的包膜肥料通常被称为控释肥。目前缓释肥料主要通过物理法、化学法和生物法三种制备手段，对应生产的缓释肥料称之为物理包膜型、化学生产型和生物抑制型缓释肥料。

由于目前传统包膜型缓释肥料大多采用高分子对传统化学肥料进行包膜，达到缓释的效果，而大量高分子的加入在长期使用过程中会污染土壤，另外，高分子包膜材料往往价格较高，且包膜工艺对设备和工艺要求较高，这也是现有缓释肥料价格偏高的原因，大大限制了缓释肥料的应用推广。

　　矿物缓释肥料能很好地解决上述的问题，而且该类缓释肥料不仅能够起到提供肥效的作用，同样也能显著改良酸性土壤，改善土壤的通透性。目前矿物缓释肥料研究主要集中在矿物结构型缓释肥料、矿物载体型缓释肥料、矿物包覆型缓释肥料三种上。矿物结构型缓释肥料主要包括天然矿物型缓释肥料和人工制备矿物结构型缓释肥料，目前矿物结构型主要以人工合成法为主，合成的方法有高温烧结法、机械力化学法和鸟粪石结晶法。矿物载体型缓释肥是利用一些矿物性质稳定、具有较强的吸附性及离子交换性，作为缓释肥料良好的载体，沸石是最常用的矿物载体之一。矿物包覆型肥料最先是指由美国研发的硫黄包覆尿素缓释肥料，后来，还相继研发了硫黄包覆氯化钾、磷酸二铵等。

　　国内外有学者对赤泥在土壤改良剂和肥料方面的应用进行了研究。赤泥和土壤混合物作为垃圾填埋场覆盖表层物的潜在应用研究表明，当混合土壤添加量大于 20% 时，毒性没有明显的变化，但是保水性明显提高，同时其也对赤泥作为酸性砂质土壤改良剂进行了初步探索。石灰和赤泥可用于重金属污染土壤的修复，当赤泥的添加量为 3% 或者 5% 时，土壤的 pH 升高，可溶性的重金属含量明显降低。活化赤泥吸附废水中的磷酸根，吸附磷酸盐后的赤泥能成为一种潜在的磷肥，为赤泥的利用提供了一种非常好的途径。

　　尾矿的化学组成含有大量的 SiO_2，另外还含有对植物有益的 Ca、Mg 等元素，SiO_2、CaO 和 MgO 含量合计达到 70% 左右，但是目前尾矿中物质大多在水或者弱酸性环境下不能溶解，导致能被植物吸收的有效成分很低。

　　研究发现以赤泥与尾矿为原料，通过与碳酸钾和氢氧化钾高温烧结的方法制备出以 $K_2MgSi_3O_8$ 和 $KAlSiO_4$ 为主要成分的缓释硅肥，$K_2MgSi_3O_8$ 和 $KAlSiO_4$ 在水或弱酸性环境下溶解，从而释放出可溶性的 SiO_2，可提高其有效硅成分的含量。同时，对其水溶性能及缓释性能进行了详细分析，尾矿基矿物缓释硅肥有效硅含量可从 0.67% 提高至 20.77%，能够达到《硅肥》（NY/T 797—2004）行业标准，制备的肥料主要成分 K_2O 和 SiO_2 的含量累计释放量都没有超过 80%，制备的尾矿缓释硅肥具有良好的缓释效果，样品典型重金属含量远远低于现有国家肥料的标准。

2.6　水处理用吸附与絮凝材料

　　赤泥与尾矿通过改性或复合制备出吸附材料或多孔陶瓷滤料，在水处理中可作为絮凝剂或吸附剂，用于吸附水中的有机物、重金属、阴离子、放射性元素等。

目前制备多孔陶瓷有很多方法，包括颗粒堆积烧结法、添加造孔剂法、有机泡沫浸渍法、发泡法等。多孔陶瓷在污水处理中的应用包括两个方面：一是在固定化生物滤池中作为生物载体；二是利用多孔陶瓷的吸附性和离子交换性对污水中的有机质、细菌等污染物进行物理截留。

制备的絮凝剂材料，其絮凝过程包括絮凝剂的分散扩散、电中和凝聚、吸附、絮凝及絮体形成等阶段。主要絮凝原理有：压缩双电层理论、吸附-电中和作用、吸附-桥联作用和沉淀物网捕卷扫作用。具体过程为：首先絮凝剂在溶液中溶解扩散，形成的水解离子会被胶体表面的异性离子所吸附，进而中和胶体表面的离子。这会使胶体扩散层压缩，ζ电位降低，胶体稳定性下降，到达一定程度后，颗粒物间会相互碰撞，桥连形成"胶粒-高分子-胶粒"结构的絮凝体，从而沉降下来。在这个过程中也存在大量的絮状物聚合体网捕卷带水中的细小胶粒，从而达到共同沉淀的目的。

2.7 矿井充填胶凝材料

常规矿山开采每吨矿石需回填 $0.25 \sim 0.4$ m 或更多的充填料，赤泥、尾矿的回填是解决超量堆存的有效途径之一。充填开采作为一种解决地表压覆及保护地下含水层的一种特殊开采方式，可保护工作面上覆岩层，使其不受破坏或者是少受破坏，进而有效保护地下水资源，同时也可以控制地表的下沉。

利用赤泥与尾矿制备矿井填充凝胶材料用于填充矿井，主要是通过处理的尾矿代替传统河砂、海砂等天然砂石骨料，也可利用赤泥、尾矿与其他工业固废配合，水化胶结固化形成充填用胶凝料，其流动性好，符合施工要求，填充材料强度、采空区局部环境下重金属的浸出是该项材料技术需重点关注的问题。

3 结语

目前赤泥和尾矿作为二次矿产资源，资源化、材料化利用是实现赤泥、尾矿规模化消纳的重要手段。除了大量堆存外，赤泥、尾矿年产量依旧呈增加势态，利用率有待再进一步提高。结合我国的现有情况，按照减量化、无害化、资源化原则，通过赤泥、尾矿改性和梯度综合利用，大力推广赤泥、尾矿绿色低碳矿物复合材料化应用技术，鼓励固废资源循环利用，倡导绿色低碳循环经济发展模式，符合国家发展战略需求。

作者简介

李化建 博士，中国铁道科学研究院集团有限公司主任研究员，博士生导师，"万人计划"领军人才，科技部中青年领军人才，国铁集团专业领军人物，荣获"科学探索奖""杰出工程师奖"。长期从事铁路机制骨料智能制造与低碳应用、新型土木工程材料、高速铁路混凝土结构耐久性等研究。主持国家级、省部级课题30余项，编制标准规范27部，研究成果获国家技术发明奖二等奖1项、国家科技进步奖二等奖1项、中国专利优秀奖3项。

易忠来 博士，硕士生导师，中国铁道科学研究院集团有限公司研究员，国铁集团专业拔尖人才，詹天佑铁道科技奖青年奖、中国硅酸盐学会青年科技奖获得者。兼任中国硅酸盐学会工艺岩石学分会理事、中国工程建设标准化协会防水防护与修复专业委员会委员，主要从事铁路工程材料应用基础研究相关工作，在铁路工程固体废弃物利用方面形成了多项成果。

作者简介

王　振　硕士，中国铁道科学研究院集团有限公司助理研究员，主要从事铁路工程固废资源化利用、铁路混凝土结构耐久性等方面的研究。主持国家重点研发计划子课题1项、铁科院青年课题1项，参编国铁集团标准3项，发表学术论文30余篇，其中SCI/EI收录12篇，研究成果获中国专利优秀奖1项、中国铁道学会科技特等奖1项。

黄法礼　硕士，中国铁道科学研究院集团有限公司助理研究员，中国硅酸盐学会固废与生态材料分会学术委员会委员。主要从事固体废弃物绿色建材资源化利用、铁路工程混凝土施工性能调控与耐久性能提升等方面的基础研究和应用开发工作。参与编制铁路行业/国铁集团标准6项，获得国家发明专利7项，发表学术论文40余篇，研究成果获省部级特等奖1项、一等奖3项、二等奖1项。

大宗固废在高速铁路工程中的应用研究与实践

李化建　易忠来　王　振　黄法礼

自 2008 年我国第一条高速铁路京津城际铁路开通以来，我国高速铁路建设取得了飞速发展，到 2022 年底，全国铁路营业里程达到 15.5 万千米，其中高速铁路里程达 4.2 万千米。由于高速铁路呈条带状分布，混凝土需求分布较广，造成原材料需求分散，由此引发混凝土原材料，尤其是河砂和矿物掺和料严重短缺。混凝土主要原料之一河砂，是天然资源，受季节性影响大，且具有不可再生性，大规模的建设已使部分地区河砂枯竭。与此同时，灰渣、尾砂、秸秆、洞渣、废弃混凝土等固废大量堆存占用土地、引发严重的污染环境和生态破坏，其高附加值大规模资源化利用刻不容缓。作为高速铁路建设需求量最大的混凝土，每千米高铁混凝土使用量达 2 万多立方米，具有消纳大宗固废的巨大潜力。

1　工业固废在高速铁路工程中的应用

典型的工业废弃物包括钢铁厂炼铁产生的固废矿渣和火电厂发电产生的粉煤灰，矿渣粉和粉煤灰是高性能混凝土制备所需的必要组分矿物掺和料的优质原料。铁路行业自 2001 年青藏铁路建设之时开始率先推广高性能混凝土，如今矿渣粉和粉煤灰已成为紧俏资源。与此同时，还有一些工业固废因其胶凝活性相对较低，而无法应用于混凝土中，如火电厂产生的灰渣即是典型的尚未大规模利用的工业固废。

煤粉燃烧后的固体副产品除粉煤灰外，还有炉底灰和炉渣。根据锅炉和收尘器的类型，火电厂所产生的粉煤灰、炉底灰和炉渣的比例也差别很大。煤粉炉的灰渣中粉煤灰占 80% ~ 90%，其余为锅底灰；液态炉的灰渣中粉煤灰只占 50% 左右，其余为液态渣；旋风炉的灰渣中粉煤灰只占 20% ~ 30%，液态渣占 70% ~ 80%。湿底锅炉中粉煤灰的产量只占灰渣总量的 20% 左右。另外，我国在主要产煤地区兴建了很多矸石电厂，虽然其规模均属中小型，但由于电厂数量多、燃料中灰分含量高，因此煤灰的产量也很高，占全国灰渣排放量的 1/4 左右。而在沸腾炉所产煤灰中，底灰约占 60% 以上。优质粉煤灰被广泛用作混凝土掺和料和水泥混合材，成为紧缺资源，却留下来大量的灰渣被堆放，占用大量农田耕地，并引起环境污染，亟待寻找规模化应用灰渣的技术途径。

1.1　灰渣应用于高铁混凝土及预制构件

高速铁路混凝土虽以中高强度等级为主，但中低强度等级（<C30）混凝土也占一定比例，如边坡防护、排水沟槽、人行道步板等小型构件、CFG 桩桩体材料、无砟轨道支承层材料等。如果能够将灰渣用于低强度等级的混凝土，将大幅度节省粉煤灰的用量，不仅能够降低工程造价，而且能够缓解粉煤灰资源短缺的局面。根据低强度等级混凝土设计要求，结合现有铁路规范要求，灰渣可以用于高速铁路 C30 级以下的混凝土结构，可以应用的主要部位包括：① CFG 桩；② 支承层材料；③沟槽；④挡土墙；⑤护坡构件；⑥基坑回填等。

研究表明灰渣的细度不是影响灰渣性能的主要因素，影响灰渣主要性能的因素是其烧失量，且灰渣中粗颗粒的烧失量并不一定比细颗粒烧失量大。揭示了不同粒度颗粒所赋予灰渣的不同性能，小于 10μm 颗粒主要赋予灰渣的火山灰活性；小于 45μm 颗粒主要提高灰渣的流动性，起到滚珠作用；当颗粒较粗（大于 45μm），这样的颗粒需水量比也减小，但这种颗粒并不会起到灰渣中玻璃微珠的效应。对于灰渣与外加剂相容性，马歇尔流出时间相比净浆流动度更适合评价灰渣与外加剂相容性。通过对比研究坍落度筒、增实因子测试法与 Orimet 流速仪法评价灰渣混凝土工作性能的敏感性，Orimet 流速仪法更适用于评价大流动性灰渣混凝土工作性能。

试验制备出的灰渣混凝土完全可以满足高速铁路用 C30 级以下混凝土的相关要求。系统研究了灰渣混凝土的工作性能、力学性能及其耐久性能，其力学性能和耐久性能完全满足规范要求，鉴于灰渣混凝土力学性能后期具有较大的增长幅度，建议用 56d 强度来评价灰渣混凝土的力学性能。

采用灰渣混凝土在京沪高速铁路制备出了预制砌块、排水沟槽等，相比普通混凝土，灰渣混凝土成本更低。工程实践表明，灰渣混凝土预制构件应用效果良好（图 1）。

（a）排水沟槽　　　　　　　　　　（b）护坡构件

图1　灰渣混凝土制作预制构件

1.2　灰渣应用于高铁换填的泡沫轻质材料

　　泡沫轻质材料是一种使用压缩空气预先发泡技术，将气泡和砂浆（水泥净浆）混合而成的材料，该材料具有轻质、保温等功效，被广泛应用于公路路基、矿业充填等领域，日本铁路在路基工程中也使用该轻质材料。灰渣泡沫轻质材料在路桥过渡段的应用可以有效解决大型设备无法进行夯实的问题。另外，处在严重化学侵蚀环境H4级中的混凝土结构可以采用换填土或降低地下水位等工程措施。鉴于灰渣泡沫轻质材料具有比土更高的强度与抗渗性，以及换填土所需要的运输费用，可以将灰渣泡沫轻质材料用作严重腐蚀地区的换填土。

　　基于灰渣泡沫轻质材料高工作性能、低密度、适当的强度以及一定的抗渗性，研究明确了灰渣泡沫轻质材料应用场合：①应用于路桥过渡段，来解决大型设备无法振实的问题，也可代替级配碎石+5%水泥中的部分水泥；②应用于严重化学侵蚀地区，桥墩、承台周围的换填土。采用灰渣制备的泡沫轻质材料成功应用于京沪高速铁路严重化学腐蚀地段的换填土工程，取得了良好的应用效果（图2）。

图2　灰渣泡沫轻质材料作为回填土

2 矿业固废在高速铁路工程中的应用

尾矿是产量最大、堆存量最大的矿业固废。尾矿是指选矿厂在特定经济技术条件下，将矿石磨细、选取"有用组分"后所排放的废弃物，也就是矿石经选出精矿后剩余的固体废料，尾矿中细粒级部分被称为"尾砂"。尾砂一般是指由选矿厂排放的尾矿矿浆经自然脱水后所形成的固体矿业废料，是固废中最主要的组成部分，含有一定量的金属和矿物，可以视为一种"复合"的硅酸盐、碳酸盐等矿物材料，具有粒度细、数量大、成本低、可利用性好等特点。由于种种原因，现在绝大部分尾砂都没有被利用，因此，尾砂具有二次资源和环境污染双重特性。通常尾砂作为固废排入河沟或抛置于矿山附近修筑的尾矿坝中。在铁路工程中，尾矿可用于制备 CFG 桩和纤维增强砂浆构件等。

2.1 尾矿制备 CFG 桩

CFG 桩是由水泥、粉煤灰、碎石、石屑或砂加水拌和形成的高黏结强度桩，和桩间土、褥垫层一起形成复合地基。2002 年铁路路堤首次引入 CFG 桩技术，在建的高速铁路在软土路基广泛采用 CFG 桩复合地基技术，桩身强度等级多在 C15 ～ C25 之间。CFG 桩桩体材料的技术要求如下：① 出机坍落度 180 ～ 220mm；② 坍落度经时损失宜小于 30mm/h；③ 压力泌水率小于 40%，$V140$ 小于 130mL；④ 28 天立方体抗压强度 10 ～ 25MPa；⑤ 胶凝材料用量介于 300 ～ 380kg/m^3。

中国铁道科学研究院集团有限公司（以下简称"铁科院"）创造性地以尾砂取代天然河砂、灰渣取代粉煤灰，通过匹配设计、粒度优化，制备出满足长螺旋施工工艺要求的尾砂灰渣 CFG 桩桩体材料，采用添加具有增稠和保水作用的活化铝硅酸盐等技术手段，实现了低胶凝材料（270kg/m^3）尾砂灰渣 CFG 桩桩体材料的高泵送性；形成了以尾砂和灰渣等工矿业固体废料为主要组分的 CFG 桩桩体材料制备技术体系。尾砂灰渣桩体材料 56d 强度比 28d 强度大幅度增长。在固定胶凝材料用量的情况下，各龄期的强度均随着砂率的减小而增加，表明当水泥浆满足骨料润滑表面时，单位体积内骨料所占比例越大，桩体材料强度越高。综合考虑性能与经济因素，尾砂灰渣桩体材料的砂率宜为 28% ～ 32%。

尾砂灰渣 CFG 桩桩体材料已在京沪高速铁路全线 CFG 桩分布较为密集的标段以及车站进行规模化应用，CFG 桩累积长度达 400 多万延米，桩体材料应用总量达 70 多万立方米。工程实践表明桩尾砂灰渣 CFG 桩体材料工作性能良好，可以适用于现场长螺旋施工工艺；力学性能满足设计要求，28d 抗压强度具有较大的富余系数；小应变检测结果表明桩身完整性良好，受检桩体中 I 类桩所占比例为 100%；单桩竖向抗压静载和复合地基静载试验结果表明，桩体的承载力满足设计与规范要求（图 3）。

图 3　尾砂灰渣 CFG 桩在高速铁路现场应用

2.2　尾矿制备活性粉末混凝土（RPC）构件

活性粉末混凝土（RPC）是 20 世纪 90 年代法国的 BOUYGUES 科学部以 Pierre Richard 为首的研究小组首先研究开发的一种新型超高强水泥基材料，这种材料由于其中粉末组分的活性和细度的增加而取名为活性粉末混凝土。活性粉末混凝土由密实填充的细颗粒混合料、超塑化剂和钢纤维在低水胶比下拌和成流态浆体经养护硬化而制成，随组成、成型工艺及养护方法的不同，活性粉末混凝土可以具有 200～800MPa 的强度。活性粉末混凝土材料以其优异的力学性能，可减轻桥面二期恒载，提高桥面设施的耐久性，减轻安装时的劳动量。以活性粉末混凝土为基材的人行道步板和电缆槽盖板被广泛应用于高速铁路工程，并被纳入铁路行业暂行技术条件。

传统的活性粉末混凝土以石英砂为原材料，成本高昂。以尾矿砂代替石英砂制备活性粉末混凝土构件，可显著降低活性粉末混凝土构件的成本。应用于高速铁路功能性构件的尾矿性能指标包括颗粒级配、含泥量、泥块含量、云母含量、轻物质含量、有机物含量、压碎指标、吸水率、坚固性、硫化物及硫酸盐含量、氯离子含量、碱活性等。从粒度连续分布与最紧密堆积原理出发，以最大限度利用工矿业废渣——尾矿料为出发点，尾矿类纤维增强砂浆用原材料的选材原则主要包括提供胶凝性能的胶凝组分、提供高韧性的纤维材料以及起到级配优化的尾矿。通过机械力化学作用与强极性激发作用使尾矿的活性充分发挥。采用高浓高效减水剂，在满足工作性能的前提下，最大限度地降低纤维增强砂浆体系的水胶比，通过多组分复配作用，使纤维增强砂浆体系达到最紧密堆积。通过预养护、高温蒸养（80℃）、常温静停等工艺方式，使纤维增强砂浆获得超早强性能，通过加强养护以及组分设计（增加可以提高混凝土后期强度的硅铝质废渣成分），使纤维增强砂浆保持后期强度。制备出尾矿类活性粉末混凝土材料抗压强度147.8MPa、抗折强度20.9MPa、弹性模量50.2GPa、抗冻性能大于F500的产品。规模生产盖板的构件性能能够满足《铁路电缆槽盖板和人行道步板 第1部分：活性粉末混凝土型》（Q/CR 2.1—2014）要求。

制备出的尾矿类活性粉末混凝土盖板已经在盘营客专铁路（盘锦到营口）应用，工程实践表明，尾矿类活性粉末混凝土制备的电缆槽盖板质量良好（图4）。

图4　尾矿活性粉末混凝土盖板在高速铁路工程应用

3　农业固废在高速铁路工程中的应用

我国作为农业大国，随着农业连年丰收，秸秆产量也大幅度上升，产量大约为 8 亿吨 / 年，我国每年约有 2 亿吨秸秆被露天焚烧，这焚烧的 2 亿吨秸秆约占全年秸秆产量的 30% 左右，农作物废料秸秆等的处理已成为社会问题，除了少部分被当作饲料、肥料等开发利用外，大部分被付之一炬，不仅浪费资源，而且严重危害了自然生态环境。因此，废弃农作物的综合利用意义重大。植物纤维墙体材料的诞生恰好解决了废弃农作物的利用问题，同时又适应了国家建设节能型社会的需求，促进了可循环经济的发展，加快了我国高效、低价、环保、实用的节能建筑产品的研发和应用。在铁路工程中，可将秸秆制成秸秆纤维，将其应用于制备秸秆墙体材料，用于变电站站房等墙体工程中。在京沪高速铁路的建设过程中，将秸秆墙体材料应用于变电站站房墙体工程，取得了良好的应用效果。

3.1 秸秆墙体材料的特点

秸秆墙体材料是以秸秆为原材料的一种新型节能环保生态建筑材料。其特点主要表现在：①原材料可以再生、废弃且无害；②节能利废，改善环境。生产该类材料将尽可能减少矿产资源的过度利用，降低生产能耗，并可大量利用农业废弃物，减少由于对其处置不当而引发的环境污染；③节约土地。既不毁地（田）取土，又可增加建筑物的使用年限；④可实行清洁化生产。在生产过程中，减少废渣、废水、废气的排放，大幅度降低噪声，实现较高的自动化程度；⑤可再生利用。产品达到其使用寿命后，可再生利用而不污染环境。

3.2 秸秆纤维的加工方法

秸秆包含纤维素、半纤维素、脂键、木质素和营养液等成分，对秸秆进行处理获得的秸秆纤维可以用于造纸和建材，是缓解我国树木资源缺乏的重要原料。在秸秆纤维化的加工上也是试验和探索性的，在工艺和设备上没有形成统一的标准。要将秸秆加工成纤维状，最难解决的是要保持秸秆表皮与内部的一致性。

当前国内外秸秆纤维的加工工艺主要有以下几种：

（1）分离法。将秸秆切段后进行喷蒸处理，再用纤维解离设备将秸秆表面含有不利于胶合的物质进行有效分离，尽可能使秸秆原料呈纤维状，然后经过干燥得到秸秆纤维。这种工艺比较复杂，需用设备较多，成本较高。

（2）电磨法。这种秸秆纤维的加工工艺与分离法大同小异，也是要经过加温蒸煮后再用电磨将其加工成纤维。

（3）搓揉法。这种工艺与以上两种方法差不多，就是分离、电磨设备换成了搓揉设备，不同的地方在于设备成本和效率的高低。

（4）汽爆法。该法是类似于爆米花的一种工艺，将秸秆放入一压力容器中加温加压，然后瞬间打开释放压力，致使秸秆膨胀分离成纤维状。

前三种的秸秆纤维加工工艺基本上差不多，就是在加温过程中所添加的化学试剂和纤维的加工设备上有所区别，而汽爆法是将加温和纤维分离合在一起，比前三种少了一道工序。相比较而言，搓揉法是最好的一种工艺，它可以一直把秸秆搓揉到所需要的纤维状为止，而其他几种工艺都是不可逆的，如果剩有少量没有加工成纤维的秸秆是没有办法反复加工的，多少都有一点缺陷。总的来说，目前的秸秆纤维加工工艺还是比较复杂的，所需设备较多、进出料麻烦、所需时间较长且效率不高，因此成本较高。

3.3　秸秆应用于墙体材料

将秸秆应用于墙体材料中，可提高板材的抗折强度和弯曲韧性，减小体积密度和提高保温隔热性能。秸秆用于墙体材料时，主要包括秸秆 - 石膏墙体材料和秸秆 - 氯氧镁水泥墙体材料。秸秆的掺入能起缓凝作用，当秸秆的掺量在 5% ~ 8% 间变化时，试件的凝结时间虽变化不大，但仍能延长凝结时间。初凝时间在 10 ~ 15min 之间，能够改善工作性，满足施工要求；秸秆的掺入能明显降低试件的表观密度，且随着秸秆掺量的增加，试件的表观密度逐步降低；随着秸秆掺量的增加，试件抗压强度明显下降，而抗折强度变化较小。当秸秆掺量达 8%（占石膏的质量）的时候，强度已变得较低；随着秸秆的掺入，试件的软化系数有所降低，但都能达 0.7 以上；秸秆的尺寸对试件性能有一定的影响，但影响不大，对比掺 3 ~ 20mm 秸秆的试件，其中以掺 8mm 秸秆的试件综合性能较好。

采用以工业废弃物脱硫石膏和农业废弃物秸秆以及氯氧镁水泥和秸秆所制备的秸秆保温墙体材料具有较好的力学性能，能满足设计规定的强度要求，可用于站房内非承重内墙的砌筑，同时该秸秆墙体材料隔热、保温、隔声性能较好，且秸秆墙体材料施工工艺简单快捷。利用该秸秆墙体材料代替黏土砖或烧结多孔砖，不仅能节约墙体成本、提高施工效率，且具有显著的社会效益和环境效益，符合我国节能减排政策（图5）。

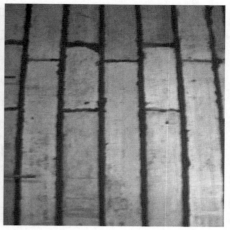

图 5　秸秆纤维增强墙体材料现场应用

4　废弃混凝土在铁路工程中的应用

混凝土是铁路工程建设使用量最大的材料,每年产生的废弃混凝土数量庞大。据统计,我国各工务段平均每年更换 7000 ～ 8000 根混凝土轨枕,仅北京铁路局每年更换的废弃轨枕数量就高达约 100 万根,我国废弃混凝土轨枕已达约两亿根。韩国、荷兰等国家同样存在铁路工程废弃混凝土轨枕数量庞大的问题。韩国每年约产生 20 万根废弃混凝土轨枕,相当于全国铁路轨枕总量的 1.4%,其中除少量用于建设停车场围栏外,大部分被填埋在地下,回收利用率低。由于泥浆冲刷、沉渣等原因,铁路地基施工中灌注桩顶部往往出现夹杂泥团、强度不足等问题。为保证桩身顶部混凝土质量及桩基与承台的有效连接,采取超灌混凝土再予以破除的方法处理桩基桩头。铁路桥梁段和路基段因截取桩基桩头产生的废弃混凝土可达每千米数百立方米。实现废弃混凝土资源化再利用,不仅可以解决因建筑废弃混凝土露天堆放或填埋造成的侵占土地、污染环境的问题,还可以缓解当前建筑材料资源短缺现象,也是建筑材料行业碳减排、碳达峰的具体实践。

4.1　铁路工程废弃混凝土的特点

铁路工程废弃混凝土具有以下特点:①分布散、范围广。铁路工程条带状分布、跨越区域大,形成了铁路工程特有的"一线多点"模式,即一条铁路的建设需要多个标段来共同完成,一条铁路的运营也需要多个铁路局或工务段共同承担,决定了铁路工程废弃混凝土分布不集中的特点;②强度高,回收价值大。铁路工程主体结构均采用中高强度等级混凝土,因此具有较高的回收价值;③清洁度高,可溯源。铁路工程混凝土结构以素混凝土或钢筋混凝土为主,不含油漆、沥青、玻璃、塑料及泡沫板类保温材料,且铁路工程混凝土通常采用自建拌和站的模式供给,随着铁路工程混凝土拌和站标准化、信息化的实施,混凝土原材料、配合比、施工时间与施工数量等信息均可实现及时留痕与回查,为废弃混凝土建设期关键数据的溯源提供了条件。

4.2　废弃混凝土用作路基填料

路基承受由路面传来的车辆荷载,对建设过程中的填料和后期路面加宽材料都有较严格的要求。尤其是铁路加宽过程中须考虑新老路基材料性能不同而导致的路基沉降和衔接处开裂问题。当前路基填料一般为砂、黏土和碎石的混合料。废弃混凝土强度高、抗环境侵蚀能力强,破碎至一定粒级后作为路基填料,其弹性模量优于黏土且具有一定的自胶结性能,是路基填料的优质原料。对新建时期合安铁路工程中废弃混凝土再生骨料的化学组分以及硫酸盐浸泡后的压碎指标进行测试,结果表明均满足铁路基床的路用要求。太原铁路局将废弃混凝土轨枕用于路基加宽工程中,实践表明使用废弃轨枕替代片石用作路肩小挡墙切实可行;与原有材料相比,采用废弃轨枕每千米可节省 3 万元,并在全局推广。

4.3　废弃混凝土用作边坡防护材料

随行车密度和速度的不断提高,在雨雪等恶劣天气下高速铁路和公路的路基高边坡存在泥石流、滑坡等地质灾害风险。目前,路基边坡防护的主要技术措施有植被防护、喷射混凝土防护、护面墙防护、砌石防护等。废弃轨枕强度高、耐久性好,切割后的废弃轨枕易于运输且外表美观,是极好的防护支挡材料。废旧轨枕再利用存在两种施工工艺,既可以整根利用也可切割后利用,二者经济性相当。北京铁路局将废旧轨枕用于砌筑坡面防护骨架、挡墙、拦石墙等结构中,已在京通线、丰沙线等水害复旧工程中应用,应用效果良好。

4.4　废弃混凝土制备再生骨料

废弃混凝土制备再生骨料是解决天然骨料短缺以及废弃混凝土堆存、缓解环境压力、降低建筑成本的最佳方法。废弃混凝土可作为再生骨料使用。目前我国建筑固体废弃物回收利用率在5%左右,而在比利时、丹麦、荷兰等国家回收率已接近95%。与天然粗骨料相比,再生粗骨料表面黏附砂浆、颗粒级配差、吸水率大,从而导致再生混凝土坍落度损失大、浆体 - 再生骨料界面存在黏结性差、空隙率高等问题。

以废弃轨枕为代表的预应力钢筋混凝土结构,其内部密集的横竖向钢筋限制了常规破碎设备的直接使用。一般先使用破碎机将废弃轨枕初步破碎,收集其中的钢筋等材料,随后将处理后的混凝土块进一步加工为再生骨料。武汉铁路局研发了一体化的轨枕破碎装置,可在破碎过程中分离钢筋和混凝土。

铁科院以废弃桩头混凝土为原料,制备出再生粗骨料和再生砂粉,并在津兴铁路工程进行了全流程应用。

(1)废弃混凝土的回收

铁路工程废弃桩头混凝土与土壤接触,为避免杂土对再生砂粉性能产生负面影响,在废弃混凝土回收过程中应避免夹杂杂土,并对其外表面黏附的土块进行人工清理。

(2)废弃混凝土的运输

废弃混凝土运输过程中应对运输车辆进行覆盖,不仅可以避免运输过程中外界环境对废弃混凝土产生二次污染,同时也可以避免运输过程中因扬尘、掉渣等对外界环境造成污染。

(3)废弃混凝土的存储

废弃混凝土存储场地应进行硬化处理且应具备良好的排水系统,若废弃混凝土中木屑、泥土、泥块含量较高,应通过水洗加以去除。废弃混凝土在存储场地存放期间应对其进行表面覆盖,以避免遭受外来杂物的污染。

(4)再生混凝土的破碎、筛分

再生混凝土的破碎、筛分应采用专门机组,一次破碎的加工设备可采用颚式破碎机,二次破碎的加工设备宜采用圆锥破碎机。破碎过程中应在皮带下料端采取喷水抑尘措施,防止环境污染。废弃混凝土中钢筋宜采用磁铁分离器加以去除。筛分设备的类型应与筛分骨料所需处理能力、筛分效率、使用工况以及设备的配置要求相适应,筛孔尺寸应满足产品粒级要求。

再生砂粉堆存期间,应分类别和规格分别堆放,不得混放,并防止久存和倒堆以及人为碾压污染成品。

（5）再生混凝土制备与应用

再生砂粉混凝土应采用绝对体积法进行配合比计算，施工前应进行再生砂粉混凝土配合比试验，确定施工配合比，确保混凝土各项性能指标满足设计要求。再生砂粉混凝土应由拌和站集中拌和，然后采用混凝土搅拌罐车运输至施工现场。再生砂粉混凝土浇筑前对其工作性能进行检测，在确保混凝土工作性能满足施工要求后方可进行浇筑。

依托津兴铁路工程，铁科院采用再生粗骨料全部替代天然碎石、再生细骨料取代 30% 天然河砂方案，制备出性能优异的 CFG 桩用再生混凝土，并成功应用于津兴铁路 CFG 桩体，经检测实体桩体达到 I 类桩要求，其他各项性能均满足相关标准要求。废弃混凝土制备再生骨料用于混凝土制备，具备良好的技术经济效益（图 6）。

（a）废弃混凝土加工　　　　　（b）CFG 桩检测

图6　废弃混凝土用于铁路工程 CFG 桩

5　洞渣在铁路工程中的应用

随着我国铁路建设逐渐向西部山区推进，受地形条件的影响，隧道占比超过 80%，隧道洞渣是隧道开挖过程中的必然产物，众多隧道工程建设势必会产生大量洞渣，通过现有隧道建设工程洞渣产量估算，隧道建设每千米洞渣产量大致在 13 ～ 37 万立方米，如何处置隧道洞渣问题是铁路工程建设必须面临的重大问题。隧道洞渣应用于铁路工程主要有以下几个方面：一是作为填料回填路基、取土场和低洼坑地等；二是作为机制砂石骨料配制不同类型混凝土，以满足施工现场需求；三是作为铁路道砟；四是用作造地、生态砌块和景观建设等。

5.1 隧道洞渣的特点

（1）性能波动大

与专门经过地质勘察选取的原生矿山不同，性能波动大是隧道洞渣作为母材的典型特征之一。母岩矿山选择性强，可以根据石质情况变化随时改变挖深和走向，从而保证母材的质量稳定性。对于隧道洞渣来说，隧道在开挖过程中只能沿设计线路被动前进，连开挖截面尺寸都不得随意改变，所以随着开挖深度的不同，隧道围岩级别、岩性、抗压强度、风化程度和化学性能等都会发生一定程度的变化。

（2）分布分散

在铁路工程中，隧道洞渣沿隧道走向分布，弃渣处置点分散，影响区域较大。隧道占比越大，隧道越短，则分散性越强，越不利于洞渣质量控制。

（3）产量受制于施工进度

隧道施工进度一般比较缓慢，正常施工条件下，隧道每天开挖长度约为3～5m，洞渣的产量严重受限，与工程应用的匹配成了现场技术难题。

（4）堆存危害性大

隧道洞渣数量巨大，若直接堆存，将带来严重危害。主要包括：改变原有地表环境、引发次生地质灾害、危及周边和下游环境、含有的放射性和重金属元素导致的环境污染等。

（5）处理费用高

隧道洞渣的处理费用极高，主要包括租用土地、运输和处置维护等。隧道洞渣处理需要占用大量土地，且大部分土地为永久占用。此外，隧道洞渣的运输分为洞内运输和洞口至弃渣场运输，若洞口至弃渣场运输距离较远，将会大幅度增加运输成本。处置维护主要从环保和安全方面考虑，经绿化和压实处理的弃渣场需要大量的费用。

（6）清洁度低

隧道洞渣在开挖和搬运过程中易夹杂泥土和被石粉包裹，因此洞渣的利用需采取适当的除杂、除土和冲洗措施。

5.2 隧道洞渣用作路基填料

隧道洞渣中含有大量的坚石、次坚石等优良的路基填筑材料，经简单地筛选便可用于抛石挤淤、石方路基施工和台背回填，不但可以改善路基填料的质量，而且能够使隧道洞渣变废为宝。我国大部分地区处于多雨地带，雨季相对较长，造成了部分路基填料天然含水率较高，即使对其进行反复翻晒，仍会因超出土壤的最佳含水量而无法保证填筑施工的效果，而用洞渣作为填筑材料就可以良好地解决这一问题。

5.3　隧道洞渣制备机制砂石骨料

随着河砂禁采限采政策的实施，铁路工程建设用砂逐步从河砂转变为机制砂，《铁路混凝土用机制砂》（Q/CR 865—2022）、《铁路机制砂场建设技术规程》（Q/CR 9570—2020）等标准的颁布实施，推动了机制砂在铁路工程中的应用。近年来，《铁路机制砂用隧道洞渣质量评定暂行规定》的颁布，规范了隧道洞渣用作生产机制砂石骨料的母岩。隧道洞渣用于制备砂石骨料时，由于隧道洞渣母岩波动较大，严重影响隧洞洞渣的利用率。因此应加强隧道洞渣检验频率，当围岩等级发生变化或目测岩性发生变化时，至少需进行一次碱活性、坚固性、母岩强度、吸水率和有害物质等试验。西成客运专线建设项目以Ⅱ、Ⅲ级围岩洞渣为主，剔除泥岩、风化岩和吸水率高的板岩后，筛选出母岩抗压强度不小于60MPa的洞渣，生产出细度模数适中的机制砂，并制备出满足性能要求的C35强度等级及以下的混凝土。洞渣制备机制砂石骨料在张吉怀高铁、池黄高铁、沈白高铁等铁路工程中取得了成功应用（图7）。

图 7　隧道洞渣制备机制砂

5.4　隧道洞渣用于铁路道砟

铁路有砟轨道道床采用大量道砟，基于仿真分析发现，道砟材质对固化道床的性能影响较小，因此可以在洞渣的分级选用控制标准的基础上，将洞渣道砟作为固化道床的骨料使用。通过对比隧道洞渣与铁路道砟在粒径级配、岩石强度等基本参数上的异同，结合铁路沿线工程地质特征，隧道洞渣具备应用于有砟道床的可行性，隧道洞渣满足道砟粒径范围和材质强度等基本物理特性条件，铁路工程的隧道洞渣可作为有砟道床材料，可为相关铁路工程隧道洞渣在有砟轨道道床上的绿色应用提供借鉴。

5.5　隧道洞渣用于造地

隧道洞渣可用于地方造地工程，能够平整场地，造出不同功能的地块，如用于建楼房、广场、公园、牧场、营地等。不同功能的场地标准各异，填筑较高的场地要求边坡稳定、建筑地基要求沉降控制在容许的范围内、公园场地表层应有土壤覆盖等。在青藏高原有铁路隧道利用洞渣造地的案例，如川青铁路、拉林铁路等。川青铁路位于青藏高原东部边缘，沿线高山峡谷区，大面积平地十分短缺，用隧道洞渣进行了应急避难场所、武警训练营地等造地项目。拉林铁路充分利用隧道洞渣建立牧场，为当地牧民放牧提供草场，牧民能够在上面覆盖土壤种植牧草。

6　小结

高速铁路建筑材料资源（河砂、石、掺和料）的严重短缺、工矿业固废的肆意排放和大量堆存、能源的日益危机已经成为我国国民经济可持续发展以及重大基础工程建设的制约因素。本着"物尽其用、就地取材"的原则，将年排放量最大和堆存量最大的固废——尾砂，堆存量远大于粉煤灰的火电厂废弃物——灰渣，农业废弃物——秸秆，铁路工程建设和运营产生的固体废弃物——废弃混凝土，隧道开挖产生的固废——洞渣等引入高速铁路混凝土原材料体系，来缓解高铁建设过程中资源短缺与固废大量堆存之间的矛盾，形成基于地域固废资源的高铁混凝土绿色制备与应用技术标准体系，以期为缓解高速铁路"原材料紧缺"局面及构建"高铁绿色长廊"作出贡献。

作者简介

李晓光 教授，博士生导师。现任长安大学建筑工程学院副院长，西安市城镇低碳建设重点实验室主任、中国硅酸盐学会固废分会理事、陕西省建筑材料标准化技术委员会主任委员、陕西省建设科学技术委员会委员、陕西省硅酸盐学会副理事长、陕西省资源综合利用协会副会长、西安市建筑节能协会副会长。先后主持或承担多项国家自然科学基金项目、陕西省科技统筹创新工程重大科技成果转化项目、陕西省科技计划重点项目等。

梁 坤 工学博士，现为长安大学建筑工程学院教师。主要从事固体废弃物建材资源化、混凝土耐久性、轻骨料混凝土及在装配式中的应用、混凝土导电特性及应用等方面的研究，近年来发表多篇 SCI 论文，主持陕西省自然科学基金 1 项。

尾矿建材资源化产品及其在绿色建筑中的应用

李晓光　梁　坤

1　尾矿的来源、危害及利用

尾矿是指矿山开采和选矿过程中产生的尾矿废石和尾矿细粉。矿石开采时，剥离围岩，排出尾矿废石；矿石磨细并选取有用组分后，排出尾矿细粉。我国矿产资源丰富，常见的尾矿有铁尾矿、金尾矿、铜尾矿等。由于选矿工艺流程不同，不同种类、结构的矿石，在颗粒形态、级配方面通常也存在一定差异。

尾矿产生量巨大，尾矿废石就近堆放，尾矿细粉筑坝堆存，长期占用大量土地，破坏植被，给生态环境带来巨大危害。规模较大的废石堆场和尾矿库在风力、水力、重力等自然力的作用下，容易引起滑坡、塌落、泥石流等地质与工程灾害。有些尾矿含有重金属、放射性物质及其他有害化学物质，污染周围水源、土壤、空气，影响人类健康，破坏生态平衡。受技术水平或成本因素的影响，尾矿中可能还含有其他有价金属，一定程度上造成资源浪费。

目前，我国尾矿固废资源化利用途径有限，主要为有价金属提取和利用尾矿制备建筑材料等，综合利用率仍然处于低位，尚未形成基于市场需求的全面规模化利用方案。尾矿资源化利用需面向需求端，提高产品的成熟度及性价比。同时，产品终端市场的国家、行业、地方政策导向与支持至关重要。

2　绿色建筑创建工作

绿色建筑是指在全寿命周期内，节约资源、保护环境、减少污染，能够为人们提供健康、适用、高效的使用空间，最大限度地实现人与自然和谐共生的高质量建筑。伴随着建筑业绿色低碳高质量发展，绿色建筑得以稳步推进，绿色建筑发展的环境效益日益显现。

为切实提高绿色建筑规模，我国颁布了《绿色建筑评价标准》（GB/T 50378—2019），其实施大大促进了我国绿色建筑创建水平。该标准历经多次修订，2019 版第 7 章资源节约的设置为固废资源化利用创造了良好条件。在 7.2.17 条第 2 款中，提出了利废建材选用及其用量比例，特别指明利废建材中废弃物掺量不应低于生产该建筑材料总量的 30%，分值为 9 分。7.2.18 条是新版绿色建筑评价首次将绿色建材的使用列入评分项，总分值为 12 分。按照《绿色建筑评价标准》（GB/T 50378—2019）的评价技术细则，绿色建材得分项主要包括主体结构 - 预拌混凝土、预拌砂浆；围护墙和内隔墙 - 非承重围护墙、内隔墙；其他 - 保温材料、面砖、涂料等。作为主要的绿色建材认证产品，对固废掺加量均有明确要求。如预拌混凝土和预拌砂浆中固废掺加量不应低于 30%，预制构件则不低于 5%，三星级岩棉制品不低于 40% 等。绿色建筑评价体系将利废建材与绿色建材列入评分项，是市场应用端拉动生产端的重要举措，打通了行业壁垒，有利于生产、设计、建造一体联动发展。城乡建设领域正在大力开展的绿色建筑评价工作，为尾矿等固废资源化利用产品的研发、推广带来了前所未有的机遇。

3 尾矿建材资源化技术与产品

3.1 尾矿骨料、掺和料制备与应用

利用尾矿废石制备骨料是实现预拌混凝土、预拌砂浆绿色化的重要途径，也是尾矿规模化利用的重要途径。由于不同尾矿组成和化学成分存在一定差异，在使用前应首先进行安全性评价。主要包括重金属溶出、放射性物质等检测，明确其达到相关建材标准的要求。在此基础上，对尾矿废石进行破碎、整形、筛分等，经优化级配后，最终形成尾矿机制粗、细骨料（图 1）。

利用铁尾矿及废石生产的粗细骨料硬度高、强度大、密度大，在混凝土中能起到更好的骨架作用，将其应用于预拌混凝土、预拌砂浆生产时，强度一般略高于普通混凝土或砂浆，且后期强度提升明显。铁尾矿骨料在破碎、整形、筛分及选粉后会产生粒度较小的石粉。受其矿物组成等因素的影响，特别是硅铝质尾矿加工产生的石粉具有较强吸附能力，可能会在一定程度上影响拌和物和易性及与外加剂的适应性，但一般可通过技术手段解决，使之满足正常施工要求。

金尾矿是金矿石提取金过程中产生的矿砂，可直接作为细骨料或掺和料用于

图1　铁尾矿骨料破碎、整形设备

生产预拌混凝土或砂浆。由于金尾矿砂粒度较细，可以较好地填充砂浆孔隙，在部分取代普通砂情况下可以改善整个骨料体系级配，提高混凝土密实度与力学性能。但掺量过高可能会引起拌和物和易性变差，导致强度降低。合理确定金尾矿掺量可保证混凝土具有良好的孔隙结构，提高混凝土的力学和耐久性能等。

铜尾矿是由矿石经粉碎、精选后产生的废弃物，与天然砂相比，其物理形态相似，属惰性材料，但由于含有较多的金属矿物，矿物组成更为复杂。铜尾矿密度较大，替代普通砂制备混凝土会增加混凝土密度；铜尾矿砂可以改善混凝土骨料体系的级配，提高混凝土拌和物和易性；铜尾矿掺入混凝土后，可在一定掺量范围内提升混凝土的力学性能和耐久性。

某些特定成分的尾矿矿物可通过多种活化手段相结合的方式，制备成为矿物掺和料用于预拌混凝土和砂浆生产。如某类铁尾矿在机械粉磨作用下，颗粒细化并产生晶格变形，原有晶体结构被破坏，无定形程度提高。当机械粉磨45min时，铁尾矿比表面积为543m²/kg，28d活性指数达72%。将铁尾矿粉和粒化高炉矿渣粉复掺制备水泥基胶凝材料，可产生晶核、稀释等叠加效应，促进水泥水化。水化后形成的水泥石结构致密。

按照《绿色建材评价 预拌混凝土》（T/CECS 10047—2019）和《绿色建材评价 预拌砂浆》（T/CECS 10048—2019）的要求，预拌混凝土及预拌砂浆绿色建材认证产品中固废掺加量不应低于30%。单纯计算混凝土或砂浆中矿物掺和料（如粉煤灰、粒化高炉矿渣粉）的掺加比例无法满足上述规定。将尾矿机制骨料代替或部分代替普通骨料，尾矿矿物掺和料代替部分水泥，将成为满足相关强度等级要求的绿色预拌混凝土和砂浆固废掺量要求的重要选项。在建设领域大力推广绿色建筑的背景下，综合尾矿堆存地、处置成本以及与中心城市运距等多方面因素，各类尾矿骨料在预拌混凝土与砂浆中应用，具有良好的发展前景。

3.2　尾矿轻骨料制备及应用

陶粒是一种表面粗糙、外壳呈陶质或致密釉质、内部具有封闭式细蜂窝状微孔结构的多孔陶质粒状物。陶粒的轻质和多孔性能够使其作为围护结构或屋面的填充材料，满足建筑结构保温隔热需求。强度较高的陶粒可用于装配式轻质预制构件的生产，降低构件及结构自重。尾矿成分复杂，不同于天然矿物，其残留的金属以及氧化物都会影响陶粒制备工艺及其性能。因此在制备过程中存在技术难点。铁尾矿、铜尾矿、金尾矿、钒尾矿等尾矿中如果硅铝含量适宜，接近或满足烧结型陶粒的基本组分要求，可用于制备陶粒。

以铁尾矿为例，该类尾矿 Fe 含量较高，可达15% 左右。研究表明，采用铁尾矿制备陶粒，可明显提升陶粒强度，降低烧成温度，但 Fe 元素较多导致烧成温度区间缩小，需要精准控制烧结的温度区间。铁尾矿细粉可塑性较差，所含黏性颗粒或亲水性颗粒较少，使用纯铁尾矿制备陶粒，其生料球强度较低，不满足相关要求。因此，可采用多种方式提升生料球成型水平，提高生料球质量。脱硫石膏、粉煤灰、水洗机制砂泥浆、垃圾焚烧飞灰、污水处理厂污泥、黏土等材料均被尝试用作铁尾矿陶粒的黏结剂。为达到陶粒表面熔融，烧结温度一般在1100℃ ~ 1300℃之间，最佳烧结温度受陶粒生料球中 Fe 含量及黏结剂等组分影响。大部分烧结铁尾矿陶粒密度等级为 900 级。由于铁尾矿掺量、黏结剂种类和掺量、其他调节材料掺加比例的差别，铁尾矿陶粒的筒压强度、吸水率存在较大差异（图2）。

强度较低的铁尾矿陶粒可用于绿色建筑保温隔热墙体或者屋面填充，具有自重轻、保温隔热性能好、耐久性好的优势。强度较高的铁尾矿陶粒可用于制备轻骨料混凝土，生产装配式轻质预制构件。铁尾矿陶粒可用于制备强度等级为C30 ~ C40、表观密度不大于 1950kg/m³ 的轻骨料混凝土。由于铁尾矿陶粒吸水率高于普通骨料，在混凝土拌和过程中不断吸水，导致拌和物有效水胶比降低、坍落度损失严重，常用的控制方法有预湿法、附加用水量法等。通过分析陶粒吸水过程发现，陶粒一般在 1h 内吸水速率较高，之后趋于平稳，因此，可采用 1h 吸水率计算附加用水量或在制备混凝土前对陶粒进行 1h 的预湿处理。由于陶粒表观密度较小，在混凝土拌和物中易上浮，导致混凝土均匀性变差，一般可采用

图 2　铁尾矿陶粒窑炉与铁尾矿陶粒

增稠剂减缓铁尾矿陶粒上浮速度，实现拌和物均匀浇筑。

铁尾矿陶粒混凝土力学性能、耐久性良好，且具有优良的保温隔热功能，但在工程应用时仍存在一些问题，影响其全面推广。铁尾矿陶粒混凝土弹性模量偏低，一般仅为普通混凝土的三分之二，会降低构件或结构刚度。目前，为快速在预制装配式结构中推广应用，铁尾矿陶粒混凝土主要用于非结构构件，而全结构体系应用仍需系统研究和论证，开展技术攻关。

利用尾矿制备轻质骨料，不仅解决了尾矿利用难题，而且为建筑工程领域提供了一种新型轻质原材料，替代传统天然粗骨料，为轻质预制装配式构件与新型结构体系开发，提供了绿色建材支撑。

3.3　岩棉制品制备及应用

某些低硅类铁尾矿可取代玄武岩制备岩棉制品。铁尾矿中富铁相及含量可调整矿石熔体的熔化温度，降低岩棉纤维成纤过程的生产能耗。Fe_xO_y 在岩棉纤维体系中主要存在两种价态：Fe^{3+} 和 Fe^{2+}。Fe^{3+} 主要作为网络形成离子联结其他四面体，少部分填充于网络结构间隙，提高结构聚合度。Fe^{2+} 可替代网络修饰离子，为体系提供电荷补偿，增强四面体结构的稳定性（图 3）。

通过对比铁尾矿岩棉及普通岩棉在受热条件下劣化过程，发现铁尾矿纤维网络结构聚合程度更高，能够有效抑制高温条件下原子重排，抑制晶粒形成，延缓结晶粉化进程，提高玻璃化转变温度，提升岩棉制品使用温度。在火灾情况下，

图 3　岩棉生产线

铁尾矿岩棉板力学性能衰减程度弱于普通岩棉板，外墙外保温系统不易破坏，具有较好的热稳定性及耐火性能。目前，按照建筑防火规范的要求，经多年市场选择，岩棉板已成为外墙外保温材料的主流产品。按照《绿色建材评价　保温系统材料》（T/CECS 10032—2019）的要求，利用铁尾矿制备岩棉制品，不但可完全满足三星级岩棉制品绿色建材认证产品中 40% 的固废掺加量要求，而且有望提升该类外墙保温材料的服役性能，具有良好的社会效益、环境效益与经济效益。

3.4　烧结类砌体材料的制备与应用

烧结类砌体材料是指利用硅酸盐矿物制成的坯体，经高温烧结而成的具有一定强度的致密性坚硬块体。我国对烧结类砌体材料有着巨大需求，传统的烧结类砌体材料原料主要是用黏土等，消耗大量黏土资源。因此，利用固废制备烧结类砌体材料成为其实现绿色化的重要途径之一。

铁尾矿含有大量的 SiO_2、Al_2O_3、Fe_2O_3，部分铁尾矿成分与黏土类似，可以替代黏土用作原料。大量研究已证实采用铁尾矿生产烧结类砌体材料具有可行性。例如，以铁尾矿为主要原料，以污泥、页岩、黏土等作为黏结剂制作砖坯，在 1000℃ 左右温度下烧结，可制备出具有一定强度等级的铁尾矿烧结砖。

金尾矿和膨润土的化学组成相似，但其塑性较差。以金尾矿为主要原材料，通过添加陶土、黄土、铁尾矿、膨润土、高岭土、黏土等辅料，调整原材料组分，可提升原料成坯性能，1000℃ 烧结后可形成以莫来石为主的硅铝酸盐结构。同时，烧结过程其孔径不断减小，结构趋于致密化。金尾矿烧结制品中孔隙大小是影响其性能的主要因素之一。

相关研究和应用已经证明，利用各类尾矿制备烧结类砌体材料，可以有效减少黏土消耗量，降低对环境和耕地的破坏，不仅技术可行，而且也具有明显的经济优势。目前，我国各地区已经通过制定相关法规、条例限制生产实心黏土制品，客观上为尾矿烧结类砌体材料应用创造了良好的市场和政策环境。《绿色建材评价 砌体材料》（T/CECS 10031—2019）对于烧结类砌体材料评价的资源属性要求为：若没有掺加煤矸石、粉煤灰，则其他固体废弃物掺加量应高于 30%。尾矿作为除煤基固废外的其他类型固废，也是烧结类砌体材料实现绿色属性的重要选项，具有良好的应用前景。

4 尾矿建材资源化产品在绿色建筑中应用实践

利用尾矿资源化利用技术生产复合胶凝材料、预拌混凝土、预拌砂浆、轻质混凝土、岩棉制品、烧结类砌体材料等系列绿色建材产品，将其应用于建筑工程中，不仅可有效提高建筑工程的绿色度，同时还能一定程度上降低建造、运维阶段能耗，从建筑全生命周期角度提升建筑物绿色度，满足新型建筑工业化的发展要求。举例而言，铁尾矿陶粒轻质预制构件在装配式建筑的应用，可较普通混凝土自重降低 20%~25%，减少构件配筋量，显著降低构件生产、运输及安装能耗。另外，以铁尾矿陶粒为骨料，生产发泡混凝土内外隔墙板，其多孔特性可有效降低墙体传热系数，提升建筑围护结构的保温隔热性能，满足建筑节能与装配式建筑等多方面的要求，为建筑业高质量发展贡献力量（图 4）。

图 4 尾矿陶粒轻质构件的浇筑、振捣和安装

5 小结

尾矿固废种类多、活性低、体量大，属于量大、难用固废之一，实现完全资源化利用难度较大。为此，应采用多种资源化消纳途径，以绿色建筑对建造用材的总体要求为指引，以市场化应用场景开拓为重点，将尾矿经多种技术手段制备成为富含绿色属性的预拌混凝土和砂浆、岩棉制品、轻骨料混凝土、烧结类砌体材料等绿色建材产品，构建尾矿资源转化的多种路径，贯通从尾矿资源化、绿色建材到绿色建筑的产业链体系，建立尾矿固废资源化与绿色建筑协同发展模式，为尾矿固废规模化、高值化利用提供市场接受度高的解决方案。

作者简介

陈 平 博士生导师，国家二级教授，省级重点实验室/工程中心主任，全国优秀科技工作者，国务院政府津贴专家，广西优秀专家。现就职于桂林理工大学土木与建筑工程学院，长期从事材料制备新技术开发、绿色生态建材研究与教学及新型建材工厂设计等工作，有着丰富的科学研究、技术开发和工程设计实践经验。先后主持和参加了60余项国家和省部级科研、技术开发，70余项工程设计及技改项目。获国家技术发明二等奖1项，教育部科技进步奖二等奖1项，省部级特别贡献奖1项、科学技术奖一等奖4项、二等奖2项等。在国内外刊物上公开发表论文80余篇，其中SCI/EI/ISTP收录14篇，核心24篇，申请授权国家专利30余项。

胡 成 博士，副研究员，硕士生导师，现就职于桂林理工大学土木与建筑工程学院，长期从事固废资源利用、绿色低碳胶凝材料、高性能水泥基材料等方面的理论研究和开发应用工作，具备了较强的科研实践能力和理论基础。先后主持及参与了国家自然科学基金、广西重点研发计划项目、广西青年科学基金项目等科研项目10余项。在国内外学术期刊发表论文30余篇，其中以第一作者或通讯作者身份在发表SCI、EI论文16篇，申请授权国家专利10余项，获省部级科学技术一等奖2项。

多元固废基复合胶凝材料

陈 平 胡 成

1 多元固废基复合胶凝材料制备的意义

碳达峰碳中和是国家发展的重要战略任务，我国 2020 年 CO_2 排放量达 103 亿吨左右，其中建筑材料生产排放约 17 亿吨，占全国碳排放量的 17% 以上，是位列前三的 CO_2 排放大户，已成为实施国家"双碳"战略必须解决的重大问题。据统计，每生产 1 吨水泥熟料约消耗单位原料 1.6 吨、消耗标准煤炭 110kg、消耗电力 100kW·h 和排放 $CO_2$850kg，且水泥生产排放 CO_2 占建材材料碳排放总量的 80%。当前，我国正处于经济高质量快速发展的重要时期，重大基础工程和大规模城镇化建设对建筑材料需求量巨大。2011 年以来，全国水泥年产量持续稳定达 20 亿吨以上，并仍会持续相当长一段时期。因此，水泥行业正面临着生产量大和碳减排任务艰巨的双重压力。

我国工业化快速发展产生大量各种固废，如钢渣、锰渣、赤泥和尾矿等。近五年来，全国工业固废年排放量约 37 亿吨，综合利用率为 55%，累计堆存高达 600 亿吨，且大多工业固废以填埋、路基回填等低效低值利用为主，造成严重的环境污染和资源浪费，亟待开展固废环保治理和再资源化利用技术研究和应用。研究表明，大部分工业固废具有与水泥材料相近的化学成分与矿相组成，尤其是高温冶金固废多含有潜在水化活性矿物，可作为胶凝材料替代水泥，具有节约资源和碳减排的双重功效。为此，2022 年工业和信息化部、国家发展改革委等八部门联合发布的《关于加快推动工业资源综合利用的实施方案》提出了工业固废综合利用提质增效工程，即着力提升工业固废在低碳水泥、固废基高性能混凝土、节能型建筑材料等领域的高值化利用水平。

固废作为"放错地方的资源"，实现工业固废的"原料化""资源化"和"规模化"不仅是材料自身在全生命周期内的循环、高效、充分利用的内在要求，也是政策重压之下水泥企业和建筑行业履行节能环保责任、实现绿色发展的必然选择。

2 工业固废潜在胶凝活性提升技术

硅酸盐水泥熟料的主要化学成分：CaO 质量分数为 62% ～ 67%；SiO_2 质量分数为 17% ～ 25%；Al_2O_3 质量分数为 3% ～ 8%；Fe_2O_3 质量分数为 2.5% ～ 6%；MgO 质量分数为 0.1% ～ 5.5%，主要矿物相为 C_3S、C_2S、C_3A 和 C_4AF。研究表明，大部分工业固废具有与水泥材料相近的化学成分与矿相组成，尤其是高温冶金固废多含有潜在水化活性矿物，可作为胶凝材料替代水泥，具有节约资源和碳减排的双重功效。其相关成分见表 1。

表 1　部分高温 / 冶炼渣的化学成分

质量分数，%

品种	主要化学组成					主要矿物组成
	CaO	SiO_2	Al_2O_3	Fe_2O_3	MgO	
矿渣	35 ～ 45	30 ～ 38	7.0 ～ 17	0.3 ～ 2.3	5.0 ～ 14	C_2S、CS、RO、玻璃相、f-CaO
锰铁渣	28 ～ 47	21 ～ 37	11 ～ 24	0.1 ～ 1.7	2.0 ～ 8.0	C_2S、CS、RO、玻璃相、f-CaO
煤气化渣	6.0 ～ 10	40 ～ 55	14 ～ 26	8.0 ～ 13	0.5 ～ 2.2	玻璃相、C_2S、α- 石英、f-CaO
磷渣	45 ～ 49	38 ～ 43	2.0 ～ 4.2	0.2 ～ 4.8	0.2 ～ 2.8	玻璃相、CS、C_3S_2、CaF_2
转炉钢渣	30 ～ 55	8.0 ～ 20	1.0 ～ 6.0	2.5 ～ 13	5.0 ～ 15	C_3S、C_2S、C_4AF、RO、f-CaO
粉煤灰	2.0 ～ 10	40 ～ 60	15 ～ 40	4.0 ～ 15	0.5 ～ 2.0	玻璃相、C_2S、α- 石英、A_3S_2
拜耳赤泥	15 ～ 21	17 ～ 23	18 ～ 24	9.0 ～ 25	0.5 ～ 1.4	C_2S、$Al(OH)_3$、NA、氧化铁

2.1 化学激发技术

化学激发是指通过调剂激发剂以控制水化反应化学环境、促进粉体分散、避免团聚和激发、提高颗粒表面反应势能、增加工业固废化学反应活性。化学激发技术根据激发剂的不同可分为碱激发、硫酸盐激发、氯盐激发、酸激发、晶种激发和有机物激发。

常用碱激发剂有 NaOH、KOH、$NaCO_3$、K_2CO_3 和水玻璃等。以 NaOH 为例，其在水泥基材料体系中碱激发作用：NaOH 可使硅化合物溶解形成硅酸钠；NaOH 可溶解铝化合物生成偏铝酸钠；NaOH 中的 OH^- 和体系中 Ca^{2+} 反应生成的 $Ca(OH)_2$ 会继续与硅酸钠和偏铝酸钠反应，此过程中再次生成的 NaOH 将对下一轮反应起到催化效果，并使胶凝材料硬化。另外，在碱性激发剂作用下会促进

n(Ca) /n(Si) 更高的 C-(A)-S-H 凝胶相生成。

硫酸盐激发剂有 Na_2SO_4、K_2SO_4 和石膏（包括二水石膏、半水石膏、硬石膏和煅烧石膏）。其中，Na_2SO_4、K_2SO_4 的激发效果优于石膏。在石膏类激发剂中，一般激发效果从高到低为：煅烧石膏、二水石膏、半水石膏、硬石膏。硫酸盐激发主要机理为：SO_4^{2-} 在 Ca^{2+} 的作用下，与溶解于液相的活性 Al_2O_3 反应生成水化硫铝酸钙（AFt），形成交叉搭接的初期骨架结构，提高胶凝材料早期强度。AFt 最终在颗粒表面形成纤维状或者网状结构的包裹层，其较小的紧密度，有利于 Ca^{2+} 扩散到颗粒内部与 SiO_2、Al_2O_3 反应。同时，SO_4^{2-} 能置换 C-S-H 凝胶中的部分 SiO_4^{4-}，被置换出的 SiO_4^{4-} 与包裹在外层的 Ca^{2+} 反应，生成 C-S-H 凝胶，使固废颗粒的水化继续进行。

常用的氯盐激发剂有 NaCl 和 $CaCl_2$，这两种激发剂均易溶于水，在水中电离出氯离子。氯离子的扩散能力很强，可以深入渗透到颗粒内部，与活性矿相发生反应生成水化氯铝酸钙。另外，CaCl2 还可能与 $Ca(OH)_2$ 反应生成稳定的氧氯化钙，有利于水硬体系强度的发展。但氯盐激发剂一般不能用于钢筋混凝土，因为大量的氯离子会引起钢筋锈蚀，影响混凝土的耐久性。

酸激发是指用 HCl、H_2SO_4、HF 等强酸与矿渣混合进行预处理。用强酸处理后的矿渣、钢渣等固废，具有明显的松散多孔结构。由于矿渣、钢渣等固废经盐酸或硫酸处理后，其含有 $AlCl_3$、$FeCl_3$、$Al_2(SO_4)_3$、$Fe(SO_4)_3$、H_2SiO_3 等多种成分，这些物质水解可形成许多复杂的多核络合物，这些络合物不断缩聚，形成高电荷、高分子聚合物，聚合物与亲水胶体间有特殊的化学吸附与架桥作用，有利于吸附水中悬浮的胶体物质，加快水化的进行。

在胶凝材料中加入晶种可以降低水化产物由离子转变成晶体时的成核势垒，诱导水泥加速水化，从而提高了体系的碱度，为固废中活性矿物结构的解体提供了更有利的外部条件。晶种可选用天然材料或人造材料，一般含有较多的 C-S-H 和托贝莫来石。

难磨固废在粉磨过程中，颗粒裂纹两侧大量 Si-O 和 Ca-O 断键释放许多静电荷没有被外来离子或分子屏蔽时，会彼此吸引，使断裂面重新愈合，颗粒间会重新结合形成大颗粒，从而严重影响粉磨效率和颗粒的细化。乙二醇、三乙醇胺等有机物质的加入可消除静电效应、减小微细的、颗粒聚集的能力和机会，提高细粉物料的分散度，从而减少磨内黏球和糊衬板的现象，提高细粉物料的分散度，提高机械能的利用率，因而可提高磨机的粉磨效率。为此，有机物激发剂长期以来被用作磨剂使用。

2.2 物理激发技术

利用粉磨工艺提高颗粒细度是提高固废活性的常用方法。机械粉磨的主要作用：①粉磨使物料比表面积增大，增加了物料水化面积；②在破碎颗粒表面形成更多的断键、缺陷、晶格畸变，表面自由能增大，增加材料水化活性反应点；③减小颗粒粒径、优化颗粒级配和整形，充分发挥其形态效应和微骨料效应。机械粉磨的过程中，颗粒之间会相互碰撞挤压，可能会使得颗粒内部原有的原子排列出现变异，而这种变异的结构具有更高的能量且不稳定，这其实就是机械能转化为内能的过程。当这种变异结构的数量越多，颗粒所表现出来的外在活性就越高。因此，通过改善粒径或者增加研磨时间，可使矿物相的外在活性得到提高。一般而言，对于同一种固废，粒径越细，矿物相在碱性条件下容易与水发生反应，所表现出来的潜在胶凝活性越高。但是，当矿物相颗粒过于细小，会影响硬化体强度的发展（图1）。

（a）立磨　　　　　　（b）辊压磨机　　　　　　（c）管（球）磨机

图1　主要粉磨方式

2.3 热力激发技术

热力激发也可以称为高温激发，通过提高矿物相水化反应所处的环境，来提高水化反应的速率。热力激发的实质是将外在的热能转化为矿粉内能的过程，在外在热力的作用下，矿物相中玻璃体网络结构的 Ca—O 键、Al—O 键发生断裂，$[SiO_4]^{4-}$ 四面体聚合体解聚成单聚体和双聚体，而且温度越高，破坏作用越强，活性 Al_2O_3、SiO_2 更加容易溶出，加快了矿物结构的转移和水化产物的形成，从而提高了潜在胶凝矿物相的活性。热力活化一般只能应用于砖、砌块、加气混凝土等预制构件，无法用于路面、大坝等大体积混凝土。

2.4　电极化激发技术

电极化激发是指胶凝矿物相处于电场中时，其氧化物空间网络结构处于疲劳应力分子有序振动及不稳定能量状态，电子组态趋向于从价带越过禁带转向空导带，更加加剧了网络结构的潜在不稳定性，同时使晶体各方面的缺陷得到集中表现，一旦具备必要的外界条件，空间网络结构很快发生破坏，化学反应速度急剧增加。比如，粉煤灰 - 水 - 激发剂的混合体系在交变高电压电流电磁场的作用下，网络形成体被极化，网络调整体穿透作用加强，水分子发生转向，且网络调整体阴阳离子基体、活性激发剂、活化水分子等对活化的网络形成体产生协同作用，尤其在阳离子的晶格穿透穿棱作用的配合下，玻璃体外围空间结构频频解体，长键结构大量断裂，极大地提高了粉煤灰的活性。

2.5　高温物相重构技术

高温物相重构是指通过引入适当调质组分如 CaO、MgO、Al_2O_3、SiO_2 和 Fe_3O_4 等调整固废的化学组成，使其与水泥熟料化学组成相同或接近，利用高温余热提供化学反应条件，控制析晶转变速率和活化能，进行矿物相的重构，提高 C_3S 和 C_2S 等胶凝矿物的含量，提升其自身易磨性和胶凝性能。当前，有研究报道利用高温物相重构技术激发冶金渣（如钢渣、锰渣）等难处理固废的活性。比如，在热态钢渣高温重构过程中，引入 M-O 键离子性强的金属氧化物，降低熔体黏度，促进结晶体熔化，打断硅氧骨架网络，缩短链段长度，有利于形成和改善玻璃相，可提高钢渣的易磨性能和水化活性（图 2）。

图 2　钢渣高温重构活化

2.6　复合激发技术

复合激发是指利用上述几种激发方式或几种激发剂共同激发固废活性的方法。一般情况下，复合激发的效果优于单独激发的效果。比如，水玻璃、氢氧化钠和碳酸钠三种激发剂复合激发矿渣的活性效果高于单独使用水玻璃、氢氧化钠和碳酸钠激发剂的效果。利用 CaO、Na_2SO_4 和半水石膏复合激发矿渣的活性时，CaO 与水反应放热并生成了大量 $Ca(OH)_2$，$Ca(OH)_2$ 本身就能够激发矿粉活性，Na_2SO_4 和半水石膏提供了大量的 SO_4^{2-} 离子，促进了单硫型水化硫铝酸钙（AFm）的生成，增加了水化反应产物的种类和含量，弥补了单一激发剂的不足，能够最大限度地激发出矿粉的活性。采用了物理激发和化学激发相结合的方式可将矿粉、钢渣磨得更细，然后再使用碱激发和硫酸盐激发的方式可以显著提高矿粉、钢渣的活性，提高水泥石的强度。

3 多组分固废制备水泥混凝土技术

3.1 制备低钙水泥熟料技术

传统硅酸盐水泥作为建材业应用面最广、使用量最大的水泥种类，其高碳足迹主要来自熟料中的高钙矿物相 C_3S 的高温形成（1450℃）和石灰石的高温分解，每生产 1 吨水泥，其中生料煅烧石灰石分解 CO_2 约 376.7kg，熟料耗煤排放 CO_2 约 193kg。为此，重新设计熟料矿物组成，降低 C_3S 的含量，提高低钙矿物 C_2S、C_3S_2 和 CS 的占比，降低煅烧温度，并利用高 CaO 含量的固废全部或部分替代石灰石，是制备低碳水泥熟料的有效方式。

研究表明，设计 C_4A_3S-C_4AF-C_2S 熟料矿物组成体系，以拜耳法赤泥、粉煤灰、石膏和石灰石为主要原材料，经 1320℃煅烧制备出初凝时间为 58min，终凝时间为 142min，3d 和 28d 抗折强度分别为 5.6MPa、7.2MPa，3d 和 28d 抗压强度分别为 30.6MPa、56.4MPa 的绿色贝利特 - 硫铝酸盐水泥熟料。脱硫石油焦砟、粉煤灰及电石渣等工业固废为主要原料，经 1280℃煅烧制备出 1d、3d、28d 抗压强度分别为 32.7MPa、37.5MPa 和 58.5MPa 的全固废高贝利特 - 硫铝酸盐水泥熟料。设计 $C_{(4-X)}B_XA_3\bar{S}$-C_3S-C_4AF 三元熟料为主的胶凝体系，以拜耳法赤泥、钡泥、石膏、石灰石为主要原料，经过 1290℃煅烧制备出 1d、3d、28d 抗折强度分别为 6.8MPa、7.7MPa、8.5MPa 和 1d、3d、28d 抗压强度分别达到 34.3MPa、45.4MPa、63.7MPa 的高铁阿利特硫铝酸钡钙水泥（图 3）。

3.2 制备绿色生态水泥技术

利用多组分固废制备绿色生态水泥的技术主要有低熟料水泥、无熟料水泥和超硫酸盐水泥三类。

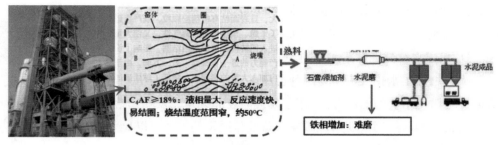

图3　高铁低钙水泥实际生产

　　硅酸盐水泥是由硅酸盐水泥熟料、石膏和混合材按一定配比共同粉磨制成。利用两种或两种以上固废作为复合混合材掺入水泥，可降低熟料在水泥中的比重、降低生产能耗和成本、改善水泥性能，是制备低熟料水泥的有效技术手段。复合混合材的掺入不仅可以促进二次水化，还能填充孔隙、调剂水化热和水泥性能，可以充分发挥各自组分的优势，以达到叠加效应。目前，复合混合材的种类主要有矿渣 - 粉煤灰、矿渣 - 粉煤灰 - 脱硫石膏、钢渣 - 矿渣、矿渣 - 炉渣、矿渣 - 水淬锰渣、钢渣 - 拜耳法赤泥 - 电解锰渣等。

　　无熟料水泥是不用或使用少量硅酸盐水泥熟料作为碱性激发剂而制成的水泥。无熟料水泥由活性混合材料（如粒化高炉矿渣、粉煤灰、火山灰、钢渣等）和碱性激发剂（如石灰、水泥等）或硫酸盐激发剂（Na_2SO_4、石膏等）按比例配合磨细而成。研究表明，以20% ～ 30% 钢渣、60% ～ 70% 矿渣和3% ～ 10%脱硫石膏为主要原料，掺入2% ～ 5% 的水泥熟料能够制备出 7d 抗压强度不小于 25MPa，28d 抗压强度不小于 40MPa 的钢渣 - 矿渣基无熟料水泥。

　　超硫酸盐水泥是以粒化高炉矿渣为主要原料，以石膏为硫酸盐激发剂和以熟料或石灰为碱性激发剂的胶凝材料，其组分比例通常为75% ～ 85% 的矿渣、10% ～ 20% 的硫酸盐类（如磷石膏、脱硫石膏等）和1% ～ 5% 的碱性成分（如熟料、氢氧化钙等），也称为硫酸盐矿渣水泥或石膏矿渣水泥。相对于普通硅酸盐水泥而言，超硫酸盐水泥的优点在于其具有低水化热、微膨胀特性、后期强度较高、良好的抗硫酸盐侵蚀性和抗碱骨料反应能力等方面。

3.3　制备高性能混凝土技术

　　高性能混凝土由水泥、砂、石、掺和料和外加剂配制而成，具有混凝土结构所要求的各项力学性能，具有高耐久性、高工作性和高体积稳定性的混凝土。常用的混凝土掺和料主要有粉煤灰、硅灰和矿渣等。利用组分优化、晶种植入、表面改性、颗粒细化等方法，通过材料性能互补设计、组分与使用环境的协调、性能参数的选择与优化、具有激发活性和补偿收缩功能的优化材料的匹配与控制等技术，能够利用低活性工业固废如钢渣、矿渣、脱硫石膏、电厂粉煤灰、废石粉等制备出中高活性复合掺和料。如 28d 活性指数为 90% ～ 110% 的矿粉 - 粉煤灰复合微粉。28d 活性指数为 70% ～ 90% 的钢渣 - 磷渣复合微粉，28d 活性指数为 95% ～ 105% 的复合超细粉，混凝土中水泥替代率可达 20% ～ 60%（图4）。

图4　高活性复合超细粉生产线

复合掺和料的主要作用有：①起到火山灰作用和碱性激发作用，反应生成的沸石结构，与硅酸盐矿物水化形成的 C-S-H 凝胶交织连生，形成高致密的互穿网络结构，大大改善水化产物界面和结构；②具备填充密实作用，能够填充孔隙，提高浆体密实度，改善混凝土抗渗性和耐久性；③掺和料的碱度低，优化配合比能够减少水泥用量，降低水化热，优化混凝土微观结构。研究表明，利用铅锌尾矿 - 锂渣 - 炉低渣基复合掺和料的掺入取代粉煤灰，可使混凝土的力学强度提高 10%；高钛矿渣 - 钢渣 - 硅灰复合掺和料的掺入改善混凝土的抗碳化性能和抗硫酸盐侵蚀性能；利用钢渣 - 矿渣 - 粉煤灰超细复合粉取代硅灰，可制备出 7d、28d 抗折强度分别为 24.8MPa 和 25.2MPa，7d、28d 抗压强度分别为 129.4MPa 和 150.0MPa，120 干缩低至 545×10^{-6}，56d 电通量为 30C 的超高性能混凝土。

γ-C_2S、C_3S_2、CS、β-C_2S 和 C_3S 等硅酸钙矿物在少量水存在的条件下可通过碳矿化作用吸收储存大量 CO_2，同时快速具备胶结能力。不同硅酸钙矿物的碳化反应活性有较多区别，一般认为，硅酸钙矿物的碳化反应活性顺序为 γ-C_2S>C_3S_2>CS>β-C_2S>C_3S。硅酸钙矿物碳化的本质是酸碱中和形成碳酸钙的过程。精炼钢渣是水精炼后排出的废渣，其主要矿物组成为 γ-C_2S、$C_{12}A_7$ 和

C_3A，具有碳矿化能力。研究表明，精炼钢渣与粉煤灰、电石渣、矿粉、拜耳法赤泥等复配后通过调整碳化温度、碳化时间能够制备出性能优良的新型负碳胶结材料。

3.4 制备地质聚合物技术

地质聚合物是一种由 AlO_4 和 SiO_4 四面体组成的三维立体网状结构无机聚合物。地质聚合物的制备反应过程包括分解、重聚、凝结和固化等步骤。激发剂首先将硅铝酸盐原材料中的 Si-O 和 Al-O 断裂解聚，分解为硅氧、铝氧四面体单体，接着将这两种单体重组为低聚物，并通过聚合反应形成由 Si-O-Al 和 Si-O-Si 组成的网状凝胶结构，最后固化为地质聚合物材料。地质聚合物具有独特的三维网状结构，因此具有优良的机械及耐火、耐高温、耐酸碱性能，可以用来制作建筑材料、密封固定核反应物材料等高强材料以及一些耐高温的材料。地质聚合物多以富含硅铝酸盐类的具有火山灰特性的矿物为原材料，目前常用的固废原材料包括粉煤灰、炉渣、磷渣、镍铁渣、钢渣以及矿渣等。研究表明，利用碱激发剂($NaCO_3$、水玻璃和拜耳法赤泥等）激发富镁镍渣 - 粉煤灰、矿渣 - 粉煤灰、铜渣 - 粉煤灰、矿渣 - 淤泥、炉渣 - 粉煤灰以及煤矸石 - 矿渣 - 粉煤灰等多元固废均能制备出性能较为优良的地质聚合物。

4 小结

综合运用化学激发技术、物理激发技术、热力激发技术、电极化激发技术、高温物相重构技术及其复合激发技术可以显著地提升工业固废的潜在水化胶凝活性，突破了工业固废粉体活性低的技术难题，推进了工业固废在水泥混凝土领域的应用，大幅度提高了固废利用率。

利用多组分固废协同制备绿色生态水泥、高性能混凝土、负碳胶凝材料以及地质聚合物等建筑材料技术，解决了工业固废种类多、成分复杂影响材料性能的应用难题，实现了高附加值固废再生产品的生产与应用，对推动绿色低碳水泥发展和工业固废资源化利用具有重要意义。

作者简介

管学茂 河南理工大学二级教授、博士生导师，河南省深地材料科学与技术重点实验室主任。河南省科技创新杰出人才，河南省"矿业材料"创新型科技团队带头人，河南省材料科学与工程重点学科带头人，《混凝土材料学》国家一流课程负责人，河南省教学名师。主要研究方向是 CO_2 与固废资源化利用、低碳建材和深地工程材料，主持国家重点研发课题、国家自然科学基金重点项目等国家级项目 10 多项，主持全国建材行业和省级揭榜挂帅项目、重大项目及企业项目 40 多项，获得省级科技奖 14 项，获得发明专利 20 多项，发表学术论文 200 多篇。

刘松辉 工学博士，副教授，硕士生导师，河南省优秀博士学位论文获得者，河南理工大学杰出青年、"元培学者"，香港理工大学博士后，长期从事固体废弃物资源化利用，二氧化碳矿物封存，绿色建筑材料等方面的研究。主持在研国家自然科学基金青年基金、国家自然科学基金重点项目子课题、国家重点实验室开放基金、中国博士后基金面上项目等 8 项。获得河南省科学技术进步奖三等奖、中国发明协会发明创业奖创新奖一等奖、中国建筑材料联合会建筑材料科学技术奖一等奖等科技奖励 7 项。授权国家发明专利 7 项，国际发明专利 1 项，发表 SCI 论文 50 篇，出版专著 1 部。

作者简介

张 程 工学硕士，目前就职于苏州混凝土水泥制品研究院。主要的研究方向是CO_2与固废资源化利用，参与河南省"揭榜挂帅"科技项目、青年科学基金项目、河南省科技攻关计划等项目，发表4篇论文，获得发明专利1项。

沈园园 河南理工大学材料科学与工程学院硕士研究生。主要研究方向固废协同CO_2制备绿色建材。主要参与课题CO_2废气协同烧结法赤泥固废制备高活性混凝土掺合料及制备多孔人造骨料的应用研究。在Cement and Concrete Composites 和 Construction and Building Materials 发表论文3篇，专利申请2项。

镁铝冶金固废制备碳固化胶凝材料及制品

管学茂　刘松辉　张　程　沈园园

1　镁铝冶金固废资源化利用的必要性

1.1　镁渣利用现状

生产金属镁的工艺主要是皮江法，简单来说就是白云石高温煅烧后研磨成粉末，与硅铁和萤石粉末混合形成颗粒，然后送入还原炉；在还原炉中，MgO 被还原成镁，镁以蒸气的形式逸出；冷却结晶后得到粗镁，还原炉中的还原渣（镁渣）在高温下排出，每生产 1 吨金属镁产出 5 ～ 7 吨镁渣。采用自然冷却方式产生的镁渣多是以粉末的形式存在，易造成扬尘污染并危害人体健康；经过雨水冲刷后，镁渣中的重金属离子溶出，土地易出现板结和盐碱化的现象，同样危害生态环境。我国年排放镁渣 600 多万吨，目前还堆存 6000 多万吨镁渣未能得到有效处理。

在过去的几十年，科研者探索各种利用镁渣的方式，主要应用领域有脱硫剂或二氧化硫吸附剂、硅钙镁复合肥、土壤调节剂或稳定剂、重金属离子固化、建材产品。在这些领域中制备建材产品具有成本低、安全系数高、消耗规模大等优势，这是最有望成为大批量消耗镁渣的途径。目前建材行业中，将镁渣应用在煅烧水泥熟料、矿物掺和料或胶凝材料、制备透水砖等领域。由于镁渣中含有游离态的 MgO 和 CaO，容易造成体积安定性不良，且镁渣的水硬活性较差，难以直接制备建筑材料，这两点问题一直限制镁渣在建材行业中的发展。

1.2　赤泥利用现状

赤泥是在铝土矿炼铝过程中排出的强碱固体废物，每生产 1 吨氧化铝，大约 1.5 吨赤泥被排出。我国年赤泥产生量为 1.2 亿吨左右，累计赤泥堆存量超过 6 亿吨，赤泥的综合利用率小于 5%。

根据氧化铝的生产工艺，赤泥分为拜耳法赤泥和烧结法赤泥。赤泥的主要化学成分是 SiO_2、Al_2O_3、CaO、Fe_2O_3、Na_2O 等，但各种成分含量不同。烧结法赤泥的 SiO_2、Al_2O_3、CaO 含量在 60% 以上，主要矿物是硅酸二钙，水化活性低，

- 243 -

但是与 CO_2 有很好的碳化反应活性；拜耳法赤泥成分较为复杂，成分变化较大，SiO_2、Al_2O_3、CaO 含量小于 50%，大部分赤泥中 Fe_2O_3 含量在 30% 左右，主要矿物是赤铁矿，没有水化和碳化活性。

由于拜耳法工艺和烧结法工艺产生赤泥的化学和矿物组成存在较大的差异，这也是两者综合利用难度不同的关键原因。直接利用赤泥回收有价金属如铁和铝等从经济效益角度来看并不划算。赤泥颗粒非常细，比表面积很大，很适合制作吸附剂，国内外很多学者也做了这方面的研究。赤泥作为吸附剂使用虽然效果较好，但工业用量太少。如今能够大批量利用赤泥的方法一般是将赤泥作为结构材料，例如利用赤泥制作路基材料、用于生产水泥和制作免烧砖等，但由于赤泥碱性较强且难以脱碱，作为结构材料在建材领域利用时，容易出现泛霜现象。

1.3 碳化养护对镁铝冶金固废的意义

镁铝冶金固废中含有大量的硅酸钙矿物，理论上可以进行碳化养护制备各种建材制品。以往的建材产品包括蒸压养护砖、砌块、墙体板材等都是通过蒸压养护得到的，消耗了大量的能源。若采用碳化养护取代现有的蒸汽养护技术，采用固废作为原材料生产各种固碳制品，这不仅符合绿色建材发展理念、大规模消纳工业废料、永久封存 CO_2，更是降低了传统蒸汽养护阶段的能耗，有利于绿色可持续发展和环境保护。

2 镁渣制备碳固化胶凝材料及固碳纤维板

2.1 镁渣制备碳固化胶凝材料技术

镁渣的化学成分主要为 CaO、SiO_2、MgO 和 Al_2O_3，其中 CaO、SiO_2 和 MgO 含量较高。镁渣在排放过程自然冷却或淋水冷却得到的组成有一定的区别，自然冷却方式下镁渣中 $\beta\text{-}C_2S$ 会发生相变转化为 $\gamma\text{-}C_2S$，相变同时会发生体积膨胀而出现自粉化，这也是导致扬尘的原因；而采用淋水冷却方式，部分 $\beta\text{-}C_2S$ 能够稳定存在，少量 $\beta\text{-}C_2S$ 转化成 $\gamma\text{-}C_2S$，同时淋水冷却方式下 $\beta\text{-}C_2S$ 或者 CaO 和 MgO 会水化产生 $Ca(OH)_2$、$Mg(OH)_2$。在长期填埋储存过程中，部分 C_2S 会被空气中的 CO_2 碳化产生 $CaCO_3$。

2.1.1　力学性能

将镁渣与水混合均匀后，经过压制成型，制备成 40mm×40mm×50mm 的试件；随之试件放置在反应釜中，室温下进行碳化养护，工艺流程如图 1 所示，可测试其力学性能。影响碳固化胶凝材料性能的因素有成型压力、水固比和碳化制度等，以下分别讨论。

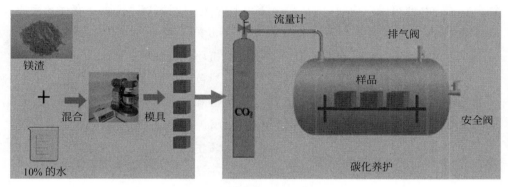

图 1　镁渣成型与碳化养护流程图

（1）成型压力

成型压力主要是为了将粉末状试块压制成较为密实的试件，但不同成型压力对试块的密实度有着不同的影响。随着成型压力增加，抗压强度先增加后减少。成型压力为 2MPa 时，抗压强度为 33.4MPa；成型压力增大为 10MPa 时，抗压强度达到最高，为 91.4MPa，但是随着成型压力继续增加，抗压强度逐渐衰减；CO_2 的吸收量也有着相似的趋势。因为较低成型压力时，碳化形成的产物难以填充空隙，随成型压力提升，镁渣颗粒堆积更紧密，大孔减少而小孔增加，表现出 CO_2 与试块内部的反应接触点增加，从而增加了 CO_2 吸收量。此时，碳化产物填充更多的小孔隙，使试块的致密度增加，表现出宏观力学性能增加。随着成型压力进一步增加，试块密实度进一步增加，阻碍了 CO_2 的扩散，造成后续反应程度下降。

（2）水固比

碳化过程中水分主要起介质作用，将 CO_2 转变为碳酸根离子，然后与镁渣发生碳化反应。随着水固比的增加，抗压强度和 CO_2 吸收量均先增加后减小。首先水固比在 0.05～0.1 范围内，随着水固比增加，抗压强度增加，在水固比为 0.1 时，抗压强度达到最高，为 86.4MPa。然后随着水固比增加，抗压强度大幅度下降，水固比为 0.2 时，仅达到水固比为 0.1 抗压强度的 3.1%。这是因为含水过高，水会填充孔隙，抑制 CO_2 的扩散，降低 CO_2 吸收量；但是含水量过低会减少 CO_2 溶解量，碳化反应难以进行。

（3）碳化时间

通常水泥基材料水化需要 28d 才有较高的强度，但是碳化体系中养护时间较短，通常 24h 便可以取得较好的力学性能。随碳化时间增加，抗压强度逐渐增加，碳化养护 8h 后抗压强度达到 76.8MPa，达到 48h 抗压强度的 81.9%；碳化 24h 后，抗压强度达到 86.4MPa；试块碳化养护 48h 后抗压强度为 93.7MPa。

随着碳化养护时间的增加，试块喷酚酞后显色的区域逐渐减少，如图 2 所示，图 2（a）～图 2（d）分别是碳化 0.2h、4h、8h 和 24h 显色图，0.2h 碳化面积率为 37.49%，碳化 8h 试块的碳化面积率达到 100%，说明 CO_2 已经渗透到试块内部，并发生了碳化反应，但是不能说明达到了 100% 的碳化程度。如何提升碳化程度是目前的重点研究方向。

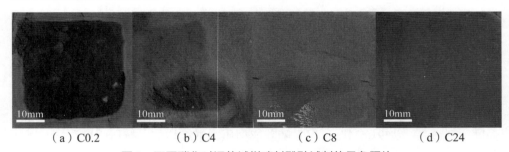

（a）C0.2　　　　　（b）C4　　　　　（c）C8　　　　　（d）C24

图 2　不同碳化时间的试样喷射酚酞试剂的显色照片

2.1.2　安定性

镁渣中含有大量游离氧化镁和氧化钙，这对后期体积安定性有很大的影响，这也是在水泥基材料中利用率较少的原因。对不同碳化时间后的镁渣试块进行压蒸安定性测试，未碳化试块外观呈现均匀分布的裂纹，如图 3（a）所示，这是由于镁渣中游离的氧化钙、氧化镁水化，从而造成体积膨胀开裂；碳化 0.2h 后，试块中心区域被破坏，从内到外造成贯穿的裂缝，如图 3（b）；随着碳化时间的延长，碳化 1h 试块的开裂现象得到改善，如图 3（c）；当碳化 2h 后，试块外观完好，未出现裂纹，如图 3（d）所示。

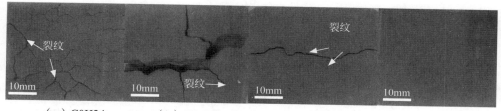

（a）C0H24　　　（b）C0.2H24　　　（c）C1H24　　　（d）C2H24

图3　不同碳化时间镁渣试块经过压蒸后的外观图片

2.1.3　碳化产物

镁渣碳化前的矿相组成主要是 -C_2S、γ-C_2S、f-CaO、MgO 等，此外还存在微量的方解石。碳化后，主要产物方解石、文石、二氧化硅凝胶。随碳化时间增加，方解石和文石的衍射峰逐步增加，碳化时间的改变对镁渣的碳化产物 $CaCO_3$ 的晶型影响不大，碳化养护的整个过程都存在方解石和文石两种 $CaCO_3$ 晶型，但以方解石为主。在碳化后，Si-O 四面体呈现出三维网络结构，出现具有高聚合度的二氧化硅聚合物。

2.2　镁渣制备固碳纤维板技术

将镁渣和纸浆纤维混合制备成料浆，采用流浆法工艺成型，通过二氧化碳养护制备镁渣固碳纤维板。

2.2.1　力学性能

纤维的掺量与纤维水泥板的物理力学性能的关系比较大，国内外纤维水泥行业针对蒸压养护纤维水泥板做了大量的试验。针对碳化纤维板的研究较少，在碳化体系中，随着纸浆纤维掺量增加，抗折强度增加，8% 的纸浆纤维掺量可以取得最好的抗折强度，达到 20.0MPa 以上，而后因为纸浆纤维掺量过大使得抗折强度下降；纸浆纤维降低板的表观密度，但吸水率与孔隙率却持续上升，8% 纤维掺量，固碳纤维板的表观密度为 1.83g/cm^3、吸水率为 13%。

在固碳纤维板成型过程中，成型压力对其力学性能也有影响。随着成型压力的增加，固碳纤维板的抗折强度也随之增加，成型压力 5MPa 时固碳纤维板的抗折强度为 10.6MPa，成型压力增大为 10MPa 时，抗折强度为 21.5MPa，提升了 102.6%，继续再增加成型压力抗折强度的增加较少。同时，随着成型压力的增加，固碳纤维板的密度增加，而吸水率、孔隙率降低，这说明增加成型压力使纤维板更加致密。另外，在配方设计过程中，可以加入一些功能性填料，添加少量文石型碳酸钙可以增强固碳纤维板力学性能，加入膨胀珍珠岩可以降低表观密度。

2.2.2　固碳纤维板的深加工

在固碳纤维板应用过程中，通常会对板材表面进行深加工，制成工程需要的不同性能和色彩的板材。例如仿大理石板、仿木板材，色彩可以变化，如图4所示。

图4　固碳纤维板的深加工

3　赤泥制备碳固化胶凝材料

3.1　烧结法赤泥制备碳固化辅助胶凝材料

烧结法赤泥的主要化学组成是 CaO、SiO_2、Al_2O_3、Fe_2O_3、Na_2O 等，其中 CaO 和 SiO_2 含量较高，矿物组成主要是硅酸二钙，浸出液 pH 约为 12，含碱量大，表层都有大量泛碱现象。通过湿法碳化技术可以将赤泥转化为高活性辅助胶凝材料，将水和赤泥粉末以一定的比例加入搅拌容器中混合均匀，然后通入 CO_2，待碳化一定时间后可得到碳化赤泥微粉。

3.1.1　力学性能及活性增强机理

将未碳化和碳化后的赤泥分别替代 30% 基准水泥，测试其力学性能，未碳化组早期强度比基准水泥强度低，且 28d 龄期强度显著降低，且泛碱严重；碳化后的赤泥组，早期强度和后期强度均高于未碳化组，且能达到基准水泥强度，无泛碱问题。

活性增强机理，没有碳化的烧结赤泥掺入水泥中，由于其碱含量高，在早期碱促进水泥水化，早期强度降低相对较少，但是后期强度显著降低，且泛碱严重。碳化后的赤泥，生成了大量的微纳米 $CaCO_3$、二氧化硅和氧化铝凝胶，碳化反应生成物有晶核效应，为水泥水化产物的非均相沉淀和生长提供活性成核点；另外碳化赤泥产物还有化学反应效应，微纳米 $CaCO_3$、二氧化硅和氧化铝凝胶均具有较高的反应活性，能够与水泥及其水化产物中的铝酸盐矿物、CH 等反应，生成水化碳铝酸钙、C-S-H 等；第三有填充效应，碳赤泥化生成的微纳米产物有利于细化孔结构，提高水泥基材料的密实度。

3.1.2　赤泥碳化的除碱效果

由于赤泥碱性较强且难以脱碱，作为辅助胶凝材料使用，容易出现泛碱现象。而赤泥通过碳化处理后泛碱现象消失。研究表明通过水洗 Na^+ 浸出率最高仅为 36.4%，而通过赤泥碳化处理，赤泥中钠离子浸出速率大大提高，Na^+ 浸出率达到为 81.8%，此外通过对滤液进行蒸发结晶还能回收较高纯度的碳酸钠。

3.1.3　CO_2 吸收量

湿法碳固化技术被认为是缓解 CO_2 排放的一个有前途的方法，在室温和常压下，几小时内就可以完全碳化，该方法可以直接使用来自工业生产和燃烧植物产生烟气中 CO_2，对 CO_2 浓度没有严格要求，并且对碳化反应过程和产物影响很小。这意味着湿法碳化过程中可以直接使用工业尾气。通过对烧结法赤泥的湿法碳化固碳能力进行研究，烧结法赤泥的固碳能力质量分数为 15.3%，采用湿法碳化方式利用赤泥既可以封存 CO_2，碳化产物还是高活性的辅助胶凝材料，实现了固废与 CO_2 协同利用。

3.2　拜耳法赤泥制备 C2S-C4AF-C12A7 体系碳固化胶凝材料

3.2.1　设计与制备

C_2S-C_4AF-$C_{12}A_7$ 体系碳固化胶凝材料的矿物组成相图如图 5（a）所示，拜耳法赤泥的用量不少于 50%，设计矿物区域的化学组成范围如图 5（b）所示，各矿物的合理组成范围如图 5（c）中红色区域。煅烧温度 1200℃，主要矿物为 C_2S、C_4AF、$C_{12}A_7$。拜耳法赤泥中的碱主要赋存在铝酸盐矿物中，煅烧过程中氧化钠没有明显挥发。

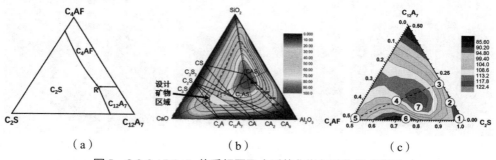

（a）　　　　　　　（b）　　　　　　　（c）

图 5　C_2S-C_4AF-$C_{12}A_7$ 体系相图及合适的化学与矿物组成范围

3.2.2 力学性能

C_2S-C_4AF-$C_{12}A_7$ 低钙碳固化胶凝材料未碳化仅水化养护 90d，其抗压强度达到 41.8MPa；掺入石膏后水化 90d 的抗压强度为 45.0MPa。而低钙碳固化胶凝材料碳化 2h 后，抗压强度达到 51.8MPa；碳化 24h 后，抗压强度达到 71.8MPa。说明碳化养护能显著提高试块各龄期的抗压强度，且随着碳化时间的延长，试块的碳化程度提高，抗压强度提高。

3.2.3 碳化产物

C_2S-C_4AF-$C_{12}A_7$ 低钙碳固化胶凝材料中硅酸二钙、七铝酸十二钙、铁铝酸四钙发生碳化反应，碳化生成碳酸钙、氢氧化铝（铁）凝胶和高度聚合的二氧化硅凝胶。随着碳化时间延长，硅酸二钙、七铝酸十二钙、铁铝酸四钙含量降低，碳酸钙、氢氧化铝（铁）凝胶、二氧化硅凝胶含量逐渐增加。

3.3 烧结法赤泥制备仿岩砖技术

采用烧结法赤泥，固定水固比为 10%，陈化 2h 后在 20MPa 下成型 240mm×115mm×53mm 的砖坯体，然后把砖坯体进行碳化养护，控制二氧化碳分压为 0.3MPa，室温下碳化 8h 后得到固碳仿岩砖，如图 6（a）所示。根据建材行业《非烧结垃圾尾矿砖》（JC/T422—2007）标准测试碳化仿岩砖的抗折强度为 2.6MPa、抗压强度为 18.2MPa、吸水率为 17.4%、干燥收缩为 0.05%、增重率为 14.4%、干密度为 1.44g/cm³。另外利用烧结法赤泥还能制备固碳板材和固碳人造骨料，分别如图 6（b）和图 6（c）所示。

| （a） | （b） | （c） |

图 6　烧结法赤泥制备的固碳仿岩砖和板

4 结论及建议

镁铝冶金固废与 CO_2 协同利用，制备的碳固化胶凝材料具备高强度、安全封存 CO_2、解决安定性和泛碱现象；镁铝冶金固废与 CO_2 协同利用还能制备高活性辅助胶凝材料、固碳纤维板、固碳仿岩砖、板材和人造骨料等，可以大规模消纳固废，突破镁铝冶金固废绿色发展的瓶颈，具有良好的经济效益、社会效益和环境效益，对节约资源、减少 CO_2 气体排放等具有重要的意义。

固废与 CO_2 协同制备固碳材料在国家"双碳"战略中必将大有作为，但是在以下几方面问题需要加大政产学研合作力度。第一是固废制备固碳熟料的烧成装备和工艺技术；第二是固废制备辅助固碳胶凝材料的装备和工艺技术；第三是固碳材料的应用领域需要开拓；第四是固碳建材制品的生产设备和技术的开发；第五是固碳材料生产企业与 CO_2 和固废排放企业对接形成产业链的体制和机制。

作者简介

蹇守卫 博士，武汉理工大学，研究员，博士生导师。首批全国高校黄大年式教师团队核心成员，中国材料与试验团体标准委员会建材环境风险及污染控制技术委员会委员。主要从事废弃物资源化制备绿色建筑材料和建筑节能方面的研究工作。先后承担和参与国家自然科学基金、国家"863"计划、国家科技攻关计划、国家科技支撑计划、国家重点研发计划、湖北省科技攻关计划等在内的国家、省部级项目40余项（其中作为项目负责人承担国家和省部级项目16项），覆盖固废建材化利用的基础理论、关键技术、应用示范等过程，公开发表学术论文30余篇，申请并获得国家发明专利60余项，获得国家级、省部级科技奖励10余项。

多源固废制备海绵城市建材

蹇守卫

1 引言

随着工业化和城市化进程的不断加快，我国各类固废产生量增速迅猛，对土壤、空气、地下水等造成了严重的污染。与此同时，为了构建完善的雨水资源管理系统缓解城市用水供需矛盾，我国在"十三五"期间大力推广"海绵城市"建设，以"海绵城市"建设为代表的城镇功能提升，日益成为提升人民生活质量、改善生活环境的重要需求，是我国生态文明建设的重要内容。因此，研究固废制备生态建材具有重大的环境价值、社会价值、经济价值。长江中游典型城市如"长株潭"城市群发展不断加速，建筑垃圾、道路垃圾快速增长，铅锌尾矿、锰尾矿、花岗岩粉等工业固废排放量日益增长、利用形势日益迫切。尽管目前在长江中游地区已有一定的固废建材化应用案例，但相关基础研究、关键技术、关键装备和应用技术亟待突破，仍存在产品附加值低、固废资源化率不高、制备能耗高和二次污染等问题。

针对长江中游地区海绵城市建设需求，围绕长江中游地区多源固废的产排特性和海绵城市建设需求，根据固废的资源属性开发高值化利用技术，制备透水材料、净水材料、生态陶粒、矿物棉制品等生态化再生建材，形成建筑垃圾、花岗岩石粉、铅锌尾矿、锰尾矿等无机固废和有机固废资源化制备海绵城市建设用建材的关键技术，将为建筑垃圾、道路垃圾、工业尾矿和废渣等大宗固废的综合利用提供技术支撑。同时，项目开发了有机-无机固废复合制备透水材料技术与装备，形成尾矿砂基透水材料、有机/无机复合透水材料、再生骨料透水材料三种透水材料，并应用于不同场景的海绵城市透水场地铺装；开发多源无机固废制备陶粒轻骨料、熔融法处置花岗岩废料、铅锌尾矿等固废制备功能化建材制品，将固废转变成具有高附加值的功能材料，为"生态银行"的构建奠定基础。

2 固废基功能型透水材料制备

我国城市化快速发展带来的建筑和交通产业大规模改造和拆迁所产生的建筑垃圾日益增多。据统计，我国每年建筑垃圾的产生总量超过 15 亿吨，约占城市垃圾总量的 30%~40%。由于缺乏统一完善的建筑垃圾管理办法和科学有效、经济可行的处置技术，绝大多数的建筑垃圾被运往市郊露天堆放或者简单填埋，将其转化为可再生资源的利用率却仅为 5%。

同时我国城市内涝频繁发生，对城市的环境、卫生、交通以及社会经济发展的可持续性带来消极影响。重庆、北京皆曾因暴雨灾害造成人员伤亡和经济损失；辽宁地区在 2013 年的洪涝灾害中多达 9 个城市，其中 35 个县市级区域受灾，并同样造成了 63 人死亡的代价；2017 年哈尔滨的大暴雨造成直接经济损失 32 亿元；2017 年，广州市突发特大暴雨，市内多地出现严重水浸，导致 2000 多人受困。2019 年 4 月，深圳市突发短时高强度暴雨，几乎一半的降雨集中在十分钟内，达到 50 年或 100 年一遇；2021 年 7 月 17 日，河南省发生特大暴雨事件，内涝积水淹没多个城市，瘫痪城市交通，涝水涌入地铁空间，造成严重人员伤亡。据《中国水旱灾害防御公报》统计，近五年来，中国每年有 180 多个城市发生内涝灾害，中国东部基本每个城市均发生过城市内涝，从 2016 到 2020 五年来，每年均有数千万乃至上亿人口因内涝受灾，经济损失达到数千亿元，如图 1 所示。

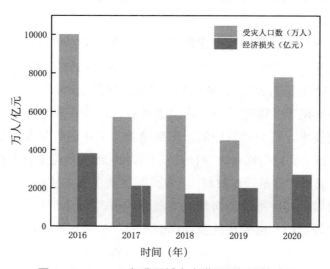

图 1 2016—2020 年我国城市内涝问题概况统计图

我国目前各类固废累计堆存约 800 多亿吨，每年产生将近 120 亿吨，且呈现逐年增长趋势。固废所带来的环境污染和资源浪费问题，已引起社会各界广泛关注。为此当下亟待提高固废的综合利用率，积极寻求更多的消耗方式。在满足透水材料各项性能的前提下，将固废用于透水材料制备，不仅可以解决废弃物造成的环境污染问题，对缓解城市内涝灾害也有一定的促进作用。

针对以上需求，开发了利用再生骨料、尾矿、工业废渣等多源固废制备有机-无机复合透水材料、再生骨料透水混凝土、再生透水砌块等多种透水材料的技术。

2.1 多源无机固废制备再生骨料透水混凝土

针对再生骨料表面存在大量浮浆，使用时容易导致透水混凝土强度大幅下降，难以达到工程要求，以及透水混凝土在长期使用时易堵塞，特别是生物侵蚀堵塞无法采用常规方法进行清理，导致材料透水功能快速丧失，不能满足长期使用要求两个技术难点，开展的研究有：

①研究了再生骨料粒径、用量、种类对透水混凝土透水系数和强度等方面的影响规律，发现再生骨料与胶凝材料比为2：1时，透水系数可达到相关标准要求；

②研发了界面增强、微结构增韧等协同技术，大幅提高了再生骨料的强度和耐磨性，实现了固废掺量不小于70%，透水系数不小于1.0mm/s，抗滑性BPN值不小于45，性能指标经过第三方检测，满足项目和《再生骨料透水混凝土应用技术规程》（CJJ/T 253—2016）标准要求。

③针对再生骨料透水混凝土耐磨性差的问题，提出了利用高炉矿渣和铜渣中含铁耐磨物相提高再生骨料透水混凝土耐磨性能的方法，发现当高炉矿渣和铜渣的掺量均为10%时，再生骨料透水混凝土的耐磨性能相比于空白组提高了38.78%。

相关技术用于湖南省常德市中建生态智慧城等项目中（图2），取得了很好的效益。

2.2 尾矿基有机/无机复合透水材料关键技术

针对以铁尾矿等为代表的尾矿具有粒度低、含泥量高等问题，以环氧树脂为原料，研究了不同粒径尾矿对所制备透水材料性能的影响，发现粒径小于0.15mm时，其透水系数降低到0.5mm/s（标准最低限值），已不能满足标准要求（图3）。为达到资源化率98%的项目指标要求，特提出利用超细尾砂制备人工骨料技术。

（a）再生骨料透水混凝土用于人行道基层　　（b）再生骨料透水砖用于人行道面层

图2　湖南省常德市透水混凝土路面铺装

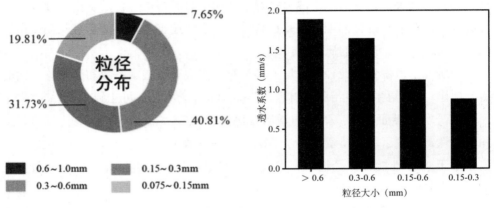

（a）铁尾矿粒径分布　　（b）铁尾矿粒径大小与透水系数的关系

图3　铁尾矿制备透水材料资源化利用率分析

　　研究了环氧树脂和聚氨酯两种有机胶黏剂及其固化剂的搭配及掺量、不同的成型方式对透水材料力学强度、透水系数和孔隙率的影响，得到了合适的胶黏剂和固化剂的搭配和较优的制备工艺，发现在环氧树脂：聚醚胺：铁尾矿砂=56：16.8：700时（固废掺量达90%），可制备出系列有机 - 无机复合透水材料；通过加入纳米颗粒改善胶黏剂的混合料强度，通过掺入硅烷偶联剂使胶黏剂和铁尾矿黏结界面处产生偶联作用，从而增强铁尾矿砂颗粒表面和胶黏剂的结合力，进一步提高透水材料的力学性能，提高了透水材料的抗压、抗折强度。当使用环氧树脂作为胶黏剂时，制备得到的有机 / 无机复合透水材料的抗压强度为 27.1MPa，抗折强度为 15.6MPa，透水系数为 3.19mm/s；当使用聚氨酯作为胶黏剂时，制备得到的有机／无机复合透水材料的抗压强度为 23.2MPa，抗折强度为 13.1MPa，透水系数为 3.24mm/s，其相关性能均符合《砂基透水砖》（JG/T 376—2012）标准要求。

2.3　透水材料抗堵塞性能评价

针对透水材料生物堵塞现象普遍，但评价方法缺失、解决手段有限的问题，首次研究了不同透水材料的抗生物堵塞性能，发明了透水材料抗生物堵塞评价装置（图 4），研究了温度、湿度和 pH 对透水材料生物侵蚀的规律。通过模拟微生物或者苔藓、藻类等生物在最适宜生长的自然条件下，通过各阶段生物生长率和透水材料的连续孔隙保持率、透水系数保持率表征材料内部生物的生长状况和抗生物堵塞性能。基于上述研究，提出了团体标准《透水材料抗生物堵塞评价方法》（CSTM LX 030401164—2023E），引起了国内同行的高度关注。

（a）现场调研：被生物侵蚀　　（b）透水混凝土抗生物　　（c）室外对比实验
　　　的透水砖　　　　　　　　侵蚀实验装置

图 4　透水混凝土抗生物侵蚀实验装置

3　多源无机固废制备生态陶粒性能研究

海绵城市建设的核心是城市区域水环境的综合治理，建筑是城市建设的主题和核心，诸多海绵试点城市也包含了大量成功的绿色建筑小区及绿色公共建筑群的案例，虽然这些案例都十分强调区域水环境治理效果，但与绿色建筑评价体系仍缺乏一定关联；因此推动海绵城市建设中相关应用规范标准，如生态轻骨料、透水混凝土等建材的创新研发，达到高性能化与高值化利用目成为必然；海绵城市建设是以充分发挥自然下垫面海绵体功能，缓解生态、环境、资源的压力为目的，所以通过灰绿结合，降低工程造价和运维成本建设具有重要意义。目前该产品已在一些大中型企业进行了生产和试生产，据陶粒项目行业调研，陶粒年产能达到900万立方米/年以上，年产值达到15亿元以上，生产区域覆盖湖北、福建、山东、四川、浙江、内蒙古、深圳、天津等多个省份。陶粒应用的工程，在能满足其基本性能的同时，还需满足一些外观附加值，如应用在家用绿色屋面的陶粒材料，应满足住宅防渗、隔热、美观、空间利用等诸多问题，从而取得良好的环保效果及经济效益。

随着工业的快速发展和城镇化进程的加快，大量的固废随之产生。根据《2020年全国大、中城市固体废物污染环境防治年报》，2019年我国大、中城市一般工业固废产生量为13.8亿吨，工业危险废物产生量为4498.9万吨，医疗废物产生量为84.3万吨，城市生活垃圾产生量为23560.2万吨。由此可见，工业固废是我国大、中城市最主要的废弃物，但其综合利用率低，2019年我国工业固废综合利用量为8.5亿吨，其余工业固废随意露天堆放，占用大量的土地资源。同时，国家大力推广海绵城市建设，建材行业亟待研发高性能化与高值化的生态轻骨料。若能以高掺量固废制备海绵城市建设用陶粒，能够减少成本，有效地缓解固废利用问题。

针对固废资源化利用和海绵城市建设所需功能陶粒两大特点，利用铅锌尾矿、河道淤泥、污泥等多源固废为原料，在固废掺量达90%以上的条件下，制备出蓄水-净水功能性陶粒，重点攻克了固废在制备生态陶粒过程中的重金属固化、陶粒功能化两大技术难点，开发了可工业化应用的模块化烧结装备，建立了生产线并在湖南常德、湖北武汉等地开展了应用，在此基础上，结合海绵城市特点，提出了海绵城市建设用陶粒产品标准。

3.1 含重金属陶粒的多组分设计方法和体系建立

针对尾矿、淤泥中含有的重金属在陶粒制备和使用中易溢出、存在环境污染的问题，研究了Pb、Zn、Ni等不同类型重金属在陶粒制备过程中的迁移、转化规律，分析发现Cl、S等原料中常见的酸性元素对重金属挥发具有极大的影响，而重金属在陶粒中稳定固化的特征物相为尖晶石相和玻璃相。

在此基础上，提出了通过掺入铜渣等工业废渣以形成尖晶石相，进而实现重金属高效固化的陶粒物相调控方法，为多源固废制备安全陶粒奠定了理论基础。通过该理论支撑，实现长江中游地区铅锌尾矿、淤泥、生活污泥等多种固废制备生态陶粒掺量大于90%（图5）。

图5 生态陶粒制样、成型及烧结过程样品对比

3.2 开发了海绵城市建设用陶粒的功能调控方法

针对海绵城市"渗、滞、蓄、净、用、排"六大功能需求，采用植物秸秆烧结成孔、高温烧结液相分解成孔等系列成孔工艺，研发出蓄水能力达80% ~ 110%的新型蓄水材料；发明了利用污泥、尾矿等多种固废制备净水 - 蓄水功能生态陶粒的新方法；利用污泥 - 淤泥中有机质燃烧成孔技术、铁尾矿等固废中氧化物分解成孔技术，实现了生态陶粒孔结构可调可控；利用锂渣等固废中的长石相烧结增强技术、污泥中磷氯物质助熔增强技术，攻克了多孔材料强度与孔隙率难以平衡的重大难题；在此基础上，结合物相设计方法，在蓄水材料中引入高钙、高铝组分，研发出具有高效吸附含磷废水、含铜废水的净水型蓄水材料；形成了污泥、淤泥、尾矿、锂渣等多源固废协同制备净水 - 蓄水生态陶粒的组分设计和功能调控方法。相关产品应用于武汉东湖、涨渡湖等多个水体治理工程，图6为武汉东湖及鄂州某水体治理前后效果对比。

（a）东湖某水体治理前　　　　　　　（b）东湖某水体治理后

（c）鄂州某水体治理过程　　　　　　（d）鄂州某水体治理方案

图6　武汉东湖及鄂州某水体治理前后效果对比

3.3　研发了模块化生态陶粒烧结装备

针对多数固废细度低、含水率高，导致陶粒原料需要多次转运、制备能耗高的问题，首次提出模块化、可移动式制备生态陶粒的整体思路，研究了物料含水率对其塑性和成型性能的影响规律，开发了高塑性、高含水物料挤出成型与整形工艺，攻克了高含水率物料分散、高速成型的难题。在此基础上，研究了陶粒烧结工艺参数，开发了模块化烧结装备（图7），构建了标准化生产线，与常规脱水 - 成型 - 烧结工艺相比，实现了80%含水污泥直接成型、坯体就地烧结制备蓄水材料，同比降低污泥和淤泥处置成本50%以上，为多源固废制备生态陶粒的工业化奠定了基础。

图7　模块化生态陶粒烧结装备

4　小结

本课题开展了多源无机固废和有机固废制备海绵城市建设用透水材料以及多

源无机固废制备生态陶粒的基础理论研究。针对现有透水材料固废掺量低、强度和透水性难以平衡、易堵塞的缺点，开发了固废界面增强及改性技术，通过复合胶凝材料和有机 - 无机界面改性提高界面黏结能力，研发了透水材料耐磨性能提升及抗堵塞评价方法；针对固废中有害成分多、掺量较低、性能单一、资源化利用附加值低的问题，开发了重金属高效固化技术，建立了烧结、熔融和聚合等多种工艺的多组分设计方法，开发了功能型再生建材的原料调质技术和功能调控方法，研发了模块化生态陶粒烧结装备。

多元固废制备海绵城市建材课题的实施，为多源无机固废的"变废为宝"提供支持，为长江中游固废的资源化利用提供技术途径，为"长株潭"地区海绵城市建设提供高性能建材制品，对于构建长江中游多源无机固废集约化利用综合解决方案与商业化运行模式具有重要推动作用。

作者简介

吴　跃　中国建材报《固废利用》《混凝土与水泥制品专刊》主编。2012 年 8 月进入《中国建材报》社，长期关注固废、混凝土产业链上下游领域的新闻报道。曾连续 4 年参与全国"两会"报道，在两会期间共采访人大代表、政协委员 40 多人；并多次参与如"服贸会""进口博览会"等大型活动报道。混凝土领域的代表作品有"聚焦 3D 打印系列报道"，曾对话 3D 打印之父、美国工程院院士、南加州大学教授 BehrokhKhoshnevis，美国密歇根大学教授李志辉（Victor C.Li），荷兰代尔夫特理工大学教授埃里克·施兰根（Erik Schlangen）等，以及"当混凝土能够'自愈合'，建筑寿命将再被延长""原料价格持续上涨混凝土行业如何应对？""逆势增长背后，塔牌靠的是什么？"等多篇行业分析报道，在从事新闻报道工作期间，一直为建材行业宣传工作不懈努力。

记者眼中的固废与生态材料

吴　跃

我国一年新增多少大宗固废？

——大宗固废指单一种类年产生量在 1 亿吨以上的固废，包括煤矸石、粉煤灰、尾矿、工业副产石膏、冶炼渣、建筑垃圾和农作物秸秆等七个品类，是资源综合利用重点领域。目前，每年新增堆存量近 30 亿吨。

当前大宗固废的堆存量是多少？

——当前，大宗固废累计堆存量约 600 亿吨，对环境的影响巨大，开展资源综合利用已经成为我国深入实施可持续发展战略的重要内容。

目前，我国大宗固废综合利用情况怎样？

——据统计，2021 年我国大宗工业固废综合利用量达到 23.28 万吨，同比增长 8%，综合利用率 57.65%，同比增长 0.74 个百分点，其中以煤矸石、粉煤灰、尾矿等固废综合利用增长幅度居前。从应用领域来看，大宗工业固废的主要利用方式依旧是作为建筑材料应用于下游建筑市场，此外矿井充填发展态势迅猛。

这就是目前我国大宗固废现状。严峻的形势，给"双碳"目标的实现带来了严峻的挑战，但如果加以合理利用同样可以带来巨大前景。

图 1　堆积如山的建筑垃圾

1 正在引起人们的广泛关注

一个领域的发展离不开一群人的努力。在固废利用领域同样活跃着这样一群人。他们将热情投入到自己的工作，为了推进大宗固废综合利用对提高资源利用效率、改善环境质量、促进经济社会发展全面绿色转型不懈努力着，在各自领域讲述着从固废到生态材料的故事。

中国硅酸盐学会固废与生态材料分会理事长，中国矿业大学（北京）化学与环境工程学院教授、博士生导师，中国矿业大学（北京）混凝土与环境材料研究院院长王栋民，从 2010 年开始，将研究方向和工作重点从水泥混凝土材料转向和聚焦于固废的资源化利用，是固废与生态材料领域的发起人、倡导者和积极实践者，不仅在我国率先提出"固废与生态材料"概念，还创办了国家级的"固废与生态材料"学术组织。在对王栋民的采访中，他句句不离固废利用，每个话题聚焦的都是固废与生态材料。他告诉记者，在从事固废利用工作这些年，我发现固废处理在我国越来越受到重视，这让一直从事这个领域的人备受鼓舞。

同济大学土木工程学院建筑工程系主任和绿色建造研究中心主任肖建庄，长期从事建筑固废资源化与再生混凝土基础理论、关键技术与产业化应用研究。在接受记者采访时他表示，近年来，我国建筑固废的排放量仍处于逐年上升的态势。据住房城乡建设部提供的测算数据，目前我国城市建筑固废年排放量超过 20 亿吨，约占城市固废总量的 40%。如此大体量的建筑固废如果不及时处理和再利用，必将给社会、环境和资源带来不利影响。因此，他呼吁，建筑固废资源化利用要从源头进行绿色"拆解"，通过对建筑构配件的提前分类与有序、低损伤拆解，提升旧构件整体再利用的可行性，减小施工过程的噪声、粉尘、振动等对环境的影响，并对多成分混杂的、难以整体利用的建筑固废在拆解现场第一时间进行分类处理、分别运输，后续才能更好地实现对建筑固废高附加值利用。

20 世纪 80 年代，随着传统建筑施工过程中资源消耗高、危险系数高，以及生产效率低等问题的日益加重，遵循绿色环保、文明施工、劳动强度降低等理念的 3D 打印技术应运而生。围绕 3D 打印与固废综合利用，东南大学材料科学与工程学院教授、南京绿色增材智造研究院院长张亚梅和清华大学建筑学院教授徐卫国都在接受记者采访中发表了看法。

其中，张亚梅表示，近年来混凝土 3D 打印取得的主要进展体现在设计与应用、装备、材料研发、配筋技术和标准等方面。一是设计和应用；二是装备；三是混凝土材料；四是配筋技术；五是标准。在消纳固废方面，3D打印技术和传统混凝土技术没有太多的区别。实际上，3D打印技术对混凝土原材料的要求更高。固废在3D打印技术中的应用，不仅要关注混凝土的打印性，更要关注其硬化后的性能，包括变形、开裂、耐久性等。固废在3D打印混凝土的应用本身是提升了材料层面的低碳性，但如果因为应用不当带来使用性能差等问题，从全生命周期来说，反而是不低碳的。在固废对3D打印混凝土的长期性能影响不明确的情况下，建议可以用在非结构工程中，而对于固废在结构等重要工程的应用，应该在充分的科学研究基础上慎重使用，确保3D打印结构使用的安全性和长期耐久性。

徐卫国则认为，混凝土3D打印技术本身不是一个单项技术，而是一个技术的集成，包含数字建筑设计、机器人系统、打印技术、材料技术等，优势在于具有高效率、免模板、省人力、节省材料、低碳环保等优点，不仅适合传统房屋造型设计建造，还能实现各种精美不规则曲面形体的建造，未来大有可为。

图2　到贵州磷化集团采访

2　现阶段仍然存在不少问题

当前，在固废利用方面很多细分领域都取得了不小的进展，但仍然面临着很多问题。大宗固废量大面广，其中让行业头疼的问题之一就是如何实现大规模消纳。

　　围绕这些问题，行业内展开了大量研究工作。其中，中国建筑学会建筑材料分会副理事长兼秘书长、北京工业大学教授周永祥表示，在我国每年消耗的大量土木工程材料中，用量最大的就是混凝土。实现固废在土木工程材料中的资源化利用，是发展循环经济、促进上下游产业链协同发展的必然途径。当前，固废以掺和料的形式在混凝土中已经得到了广泛的应用，但仍有部分低品质固废没有得到很好利用。固废基人造骨料可为大规模消纳多种低品质固废开辟一条新的渠道，进一步推进固废在土木工程材料中的资源化利用。

　　围绕混凝土如何更好地发挥固废利用潜力，北京建筑材料科学研究总院副院长陈旭峰接受采访时表示，在工业固废众多利用方式中，当前很多方法所能利用的固废量有限，而且有的会产生二次固废甚至危废。从目前情况来看，能够大量利用工业固废的非混凝土行业莫属，可以说混凝土在固废综合利用领域发展空间巨大，是固废利用的中流砥柱。

　　在生活中，很多人知道砖瓦里蕴含着传统文化和悠久历史，但很少有人知道里面还"藏"着大量工业固废。

　　中国砖瓦工业协会秘书长周炫表示，当前我国烧结墙体屋面及道路用制品行业可利用煤矸石、粉煤灰、建筑垃圾和污水处理厂污泥等各类大宗废弃低热值固废，生产节能、节土、利废、环保的烧结墙体屋面及道路用制品，已成为消纳大宗固废最大的行业之一。据不完全统计，砖瓦行业年利用各种大宗工业废弃低热值固废已达到 1.35 亿吨以上，年节约能源 3200 万吨标煤以上。

　　在钢渣消纳方面，我国钢渣年排放量超 1 亿吨，累计堆存超 10 亿吨，但综合利用率不足 30%，近年来尽管国内外开展了大量的研究，主要将钢渣用于路基填料、混凝土粗细骨料、辅助性胶凝材料等，在钢渣大规模、稳定高效利用方面仍有待突破。

　　对此，南京工业大学教授莫立武提出，全球首条钢渣捕集水泥窑烟气 CO_2 制备固碳辅助性胶凝材料与低碳水泥生产线正式投产，标志着我国水泥行业 CO_2 捕集利用技术和产业化运用迈上新的台阶，为钢渣规模化安全应用于建材，实现高值资源化利用开辟了新的途径。全国人大代表方建平建议，加快钢铁行业含铁锌尘泥资源化技术布局。他表示，我国作为世界第一钢铁生产大国，2022年粗钢产量达到 10.13 亿吨，大量固废中仅含铁锌尘泥年产生量就约为 1 亿吨。河北省作为我国第一大钢铁产能大省，粗钢年产量为 2.1 亿吨，占全国总产量的

图 3　到江西铜业集团采访

20.7%。含铁锌尘泥产生量约为 2100 万吨，占粗钢产量的 1/10 左右，造成堆存占地、环境污染、资源浪费、经济损失等重大影响。在综合利用方面，由于缺少专业的工艺处理技术，历年来的含铁锌尘泥只能由钢铁行业被迫回收，造成综合利用率低、二次污染、经济效益差且安全隐患高。可以说，目前含铁锌尘泥的绿色、高效处理已成为世界性难题，也是制约钢铁行业实施"双碳"战略（减污降碳）的卡脖子问题。

　　除了大规模消纳问题，观念和认识问题也是当前固废利用领域面临的主要问题之一。

　　河北省固废建材化利用重点实验室主任付士峰提出，我国是全球尾矿产生量最大的国家，仅在京津冀地区尾矿堆存量超过 200 亿吨。如此巨大的堆存量，给人类生产生活带来了严重的污染与危害，而且耗费大量治理费用。当前，废石、尾矿消纳最大的难点也是人们的观念和认识。

　　付士峰表示，发展首先依赖于大众的认知，只有大家认识了、接受了，技术才能落地和迭代，因此宣传教育很重要。在提高认识、转变观念方面，需要重点实验室不断投入力量去宣传，组织学术交流会议，制作科普宣传视频，撰写专业图书等，但单纯靠个人的力量还是有限的，需要发动更多参与者，如政府、企业、

图4　利用固废生产的建材产品

专家等相关团队和个人的力量去扩大宣传，让大众了解固废建材化的意义，让企业明白固废建材化的优势。

除了加大宣传，如何多角度提升固废利用率也是需要面对的问题。东南大学首席教授、江苏苏博特高性能土木工程材料国家重点实验室首席科学家冉千平是我国高性能混凝土外加剂行业的领军人物，自2000年正式踏上混凝土外加剂的研究之路以来，一直走在科研路上。近日在接受采访时，冉千平表示，混凝土外加剂是制备现代高性能、高耐久混凝土必不可少的第五组分，在混凝土制备过程中加入"微量"化学外加剂，可显著调节混凝土性能。可以说，利用混凝土外加剂来减碳是最划算、最简便的方式之一。

3　跨行业、跨学科现象增多

在过去的十几年采访之路上，记者接触的大多是同一领域间的合作与交流。进入固废利用"圈"，记者发现跨行业、跨学科现象越来越多。

贵州磷化（集团）有限责任公司是成立于2019年6月的大型国有企业，作为一家化工龙头企业，为了消纳固废，全面促进磷石膏综合利用产业化发展，在全国率先解决了安全环保无害化堆存问题，实现了磷石膏综合利用率从2018年

48%到2022年80.54%的跨越，让磷石膏摇身变为绿色建材，实现了变废为宝。

贵州磷化集团下属贵州磷化绿色环保产业有限公司董事长陈忠华在接受记者采访时说得最多的一句话就是："一切不以增加磷石膏消纳量为目的的工作都是无用功。"在他看来，采用硫酸法湿法磷酸工艺生产高浓度复合肥，每生产1吨磷酸产品将副产4~5吨磷石膏，传统堆存处置方式不仅需要占用大量土地资源，还存在溢坝、溃坝等隐患。而且，"以渣定产"后磷石膏的综合利用直接关系到集团磷化工主业的发展，无论从社会责任还是从公司发展角度来说，都必须全力以赴提高磷石膏消纳量。

拥有类似情况的还有江西铜业集团有限公司和中国黄金集团公司。

图5 到透水砖生产企业调研

江西是我国铜资源的富集之地。在我国市场每7吨铜当中，就有1吨产自该省内唯一一家世界500强企业——江西铜业集团有限公司。如此大的产量，让身为江西铜业集团有限公司重要资源地之一的城门山铜矿，不仅要承担巨大的生产任务，还要面对大宗铜尾矿该如何处置的难题，因此加大与建材领域的合作，让铜尾矿走上大规模建材化利用的示范道路成为企业最关注的事情之一。

江西万铜环保材料有限公司（以下简称"万铜公司"）副总经理杨文表示，对尾矿进行再生资源化利用研究，可提高其综合利用率，由此可节约大量的土地资源，减轻企业的经济负担，保护矿区周边环境和矿区居民的人身安全。除此之外，项目建设在城门山已闭库的尾矿库上，在增加当地建设用地有效供给的同时，推进了工业用地改造升级和集约利用。如今，万铜公司每天可消纳铜尾矿7000吨，基本实现铜尾矿零排放，再加上万铜公司临近水路，相比其他运输方式，水路运输更具优势，未来发展潜力巨大。

作为一名潜心尾矿综合利用的全国人大代表，山东黄金集团有限公司前党委书记、董事长满慎刚不仅参与了"黄金尾渣资源化利用联合创新研究基地"建设，还集中优势科技资源，攻克浮选尾矿、氰化尾渣资源化利用等关键技术。为了全方位推动行业的高质量发展，在2022年全国两会上，满慎刚除了带来"关于进一步完善矿业权出让收益政策的建议"，还在"关于稳步推进非煤矿山智能化建设努力实现安全高质量发展的建议"中指出，随着5G、工业物联网、大数据等信息技术的迅速发展和智能装备的加快应用，为矿山企业优化生产组织、强化管控能力、促进安全生产提供了难得机遇和有力支撑。

除了矿产行业加入了用固废生产建材的大军，新能源领域也正在与建材行业紧密联系。

图6 贵州磷化集团磷石膏堆场和磷石膏综合利用生产线

　　中国科学院电工研究所高级工程师吕芳表示，太阳能电池板的使用寿命为20～30年，随着全球太阳能制造业的大发展，全世界将出现一波光伏板的"报废潮"。据相关数据统计，到2050年废旧光伏组件甚至会达到8000万吨。因此，加强废旧光伏组件的回收利用至关重要。据了解，光伏组件中玻璃约占70%、铝材占比18%、硅材料占比3.5%，有色金属铜约占1.5%，稀有金属约占1%、黏合封胶占比6%，这些都可以加以利用生产新的材料。

　　张亚梅也表示，3D打印建造是一个复杂的系统工程，包括设备系统、软件系统、混凝土材料、打印、建筑结构设计、施工、验收交付等。3D打印建造技术向前推进，缺少任何一个环节都不行，因此需要学科之间、学界与业界之间的通力合作。

浙江波普环境服务有限公司

浙江波普环境服务有限公司成立于 2008 年，是国家高新技术企业、浙江省环卫行业龙头企业、再生资源龙头骨干企业。公司坚持"绿水青山就是金山银山"的生态理念，走"生态优先、绿色发展、双碳经济"为导向的高质量发展道路；围绕环卫、环保、环境"三位一体"战略，立足环卫主业，开拓环保市场，打造美好人居环境。发展循环经济综合产业，业务涵盖四大模块：城市大管家、固体废弃物处置、再生资源综合循环利用、城市智慧化建设。截至 2023 年，业务覆盖全国 18 个省，运营项目 100 余个，服务面积超 1 亿平方米。

公司秉承"艺术清洁，工匠精神"理念，以"进驻一个城市，树立一个标杆，打造一个精品"为目标。依靠专业优质服务，成功运营了 G20 杭州峰会保障、杭州亚（残）运会、杭州金名片：钱江新城、延安宝塔区、波普清道夫："杭州模式"垃圾分类全链条一体化服务等多个标志性项目。在助力无废城市建设上，公司推进产学研协同合作，建立北大 - 波普固废资源化联合研发实验室。波普环境致力于成为百年环境综合运营商、中国循环经济的领航者、美丽中国的建设者！

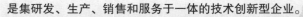

北京江磷科技有限公司

北京江磷科技有限公司成立于 2021 年 3 月，公司是中国硅酸盐学会固废与生态材料分会理事单位、中国散协固废专委会副会长单位、中国散协固废综合利用化学外加剂产业联盟副会长单位。公司与建筑材料工业技术情报研究所、中国矿业大学（北京）和北京工业大学建立了产学研战略合作关系，是集研发、生产、销售和服务于一体的技术创新型企业。

公司提供煤基固废和冶金渣固废全产业链资源化技术咨询服务，经营的主要产品有：粉煤灰活化剂、矿粉活化剂、水泥助磨剂母液、粉煤用超分散剂（适用于水泥、粉煤灰、活化煤矸石、玻璃微珠、二氧化硅粉、超细无机颜料、塑料橡胶填料等材料超细粉磨）、地聚物水泥专用化学外加剂等。

公司拥有先进的外加剂生产线两条，外加剂年生产能力 12 万吨。